ICONOGRAPHIE

ET

HISTOIRE NATURELLE

DES COLÉOPTÈRES D'EUROPE.

TYPOGRAPHIE DE MARCELLIN LEGRAND, PLASSAN ET Cie.

IMPRIMERIE DE PLASSAN ET Cie,
RUE DE VAUGIRARD, N° 15.

ICONOGRAPHIE

ET

HISTOIRE NATURELLE

DES COLÉOPTÈRES D'EUROPE;

PAR M. LE COMTE DEJEAN,

Pair de France, lieutenant général des armées du Roi, commandeur de l'ordre royal de la Légion
d'Honneur, chevalier de l'ordre royal et militaire de Saint-Louis, membre de la société Philomatique
et de plusieurs autres sociétés savantes nationales et étrangères;

ET LE DOCTEUR J.-A. BOISDUVAL,

membre de plusieurs sociétés savantes nationales et étrangères

TOME SECOND.

A PARIS,

CHEZ MÉQUIGNON-MARVIS, LIBRAIRE-ÉDITEUR,

RUE DU JARDINET, n° 13;

A BRUXELLES,

AU DÉPÔT GÉNÉRAL DE LA LIBRAIRIE MÉDICALE FRANÇAISE.

—

1830.

CARABUS.

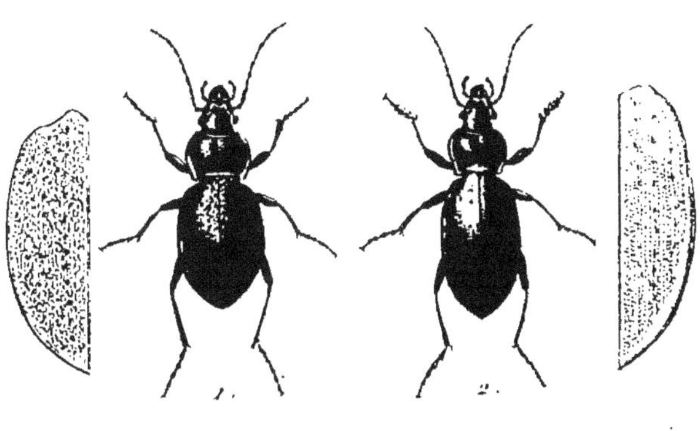

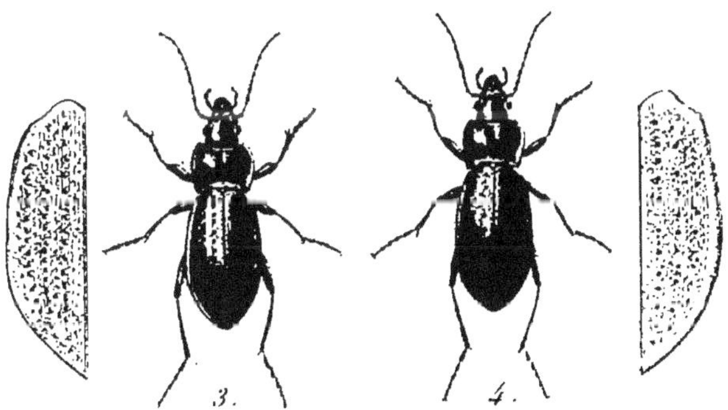

1. C. Trojanus.   3. C. Fossulatus.

2. C. Bessarabicus.   4. C. Bosphoranus

P. Dumenil Pinxit et Direxit

ICONOGRAPHIE

ET

HISTOIRE NATURELLE

DES COLÉOPTÈRES D'EUROPE.

———————

106. C. Trojanus.

Pl. 61. fig. 1.

Ovatus, niger; thorace quadrato; elytris ovatis, subrugosis,
punctisque obsoletissimis impressis triplici serie.

Dej. *Spec.* ii. p. 146. n° 89.

Long. 10, 11 lignes. Larg. 4, 4 ½ lignes.

Plus petit que l'*Hungaricus*, et ressemblant, au pre--
mier coup d'œil, à certains *Procrustes*, tels que *Græcus*
et *Cerisyi*.

D'un noir assez luisant.

Tête moins grosse que celle de l'*Hungaricus*.

Corselet à peu près le double plus large que la tête,
moins long que large, plus petit et un peu plus arrondi
sur les côtés, un peu rétréci postérieurement, et plus

plane que celui de l'*Hungaricus*; très-finement ponctué et ayant des rides irrégulières très-peu marquées; presque pas échancré antérieurement, avec les bords latéraux un peu déprimés, très-légèrement rebordés et à peine relevés vers les angles postérieurs.

Élytres plus larges que le corselet, en ovale allongé, plus courtes et un peu moins convexes que celles de l'*Hungaricus*; couvertes de points enfoncés très-serrés, assez irréguliers, qui se confondent entre eux et qui les font paraître chagrinées, presque disposées en lignes longitudinales; chaque élytre ayant, en outre, trois rangées de points enfoncés très-peu marqués.

Dessous du corps et pattes noirs.

Il habite l'île de Mytilène, l'Asie-Mineure et la Grèce.

DOUZIÈME DIVISION.

107. C. BESSARABICUS. *Stéven.*

Pl. 61. fig. 2.

Oblongo-ovatus, niger; thorace quadrato, postice subtruncato; elytris oblongis, lævigatis, punctisque obsoletissimis impressis triplici serie.

DEJ. *Spec.* II. p. 147. n° 90.

FISCHER? *Entomographie de la Russie.* II. p. 100. n° 26. T. 34. fig. 3.

C. Concretus? FISCHER. *Idem.* p. 102. n° 27. T. 29. fig. 2.

C. Nomas. HOFFMANSEGG. DEJ. *Cat.* p. 6.

Long. 9 ½, 11 lignes. Larg. 3 ¾, 4 ¼ lignes.

Beaucoup plus allongé que l'*Hungaricus*, ressemblant un peu au *Glabratus*, et d'un noir assez luisant.

Tête très-finement ponctuée, et ayant quelques rides très-peu marquées qui se confondent entre elles.

Corselet à peu près le double plus large que la tête, moins long que large, presque carré et un peu arrondi sur les côtés, assez convexe, très-finement ponctué, légèrement rugueux, un peu échancré antérieurement, avec les bords latéraux très-légèrement rebordés, et les angles postérieurs nullement relevés.

Élytres un peu plus larges que le corselet, en ovale assez allongé et assez convexes, paraissant lisses, mais couvertes de très-petits points élevés, presque rangés en lignes longitudinales, et ayant en outre sur chaque, trois rangées de points enfoncés très-peu marqués et presque pas sensibles.

Dessous du corps et pattes noirs.

Il habite la Russie méridionale, et surtout les environs de Bender.

108. C. Fossulatus.

Pl. 61. fig. 3.

Elongato-ovatus, niger; thorace quadrato; elytris punctis minutis elevatis in striis quasi dispositis, foveolisque impressis triplici serie.

Dej. *Spec.* 11. *Suppl.* p. 489. n° 130.
C. Perforatus. Henning.

C. Hæres? FISCHER. *Entomographie de la Russie.* II. p. 89. n° 18. T. 29. fig. 3.

Long. 11 lignes. Larg. 4 $\frac{1}{4}$ lignes.

Un peu plus grand et plus allongé que *Bosphoranus*, auquel il ressemble beaucoup par la forme et la grandeur.

Corselet un peu plus court, plus large, plus arrondi sur les côtés, moins ponctué et couvert de rides irrégulières plus marquées, qui le font paraître presque réticulé.

Élytres plus larges, avec les points beaucoup moins rapprochés les uns des autres, et les points enfoncés des trois rangées beaucoup plus gros et beaucoup plus marqués.

Il se trouve en Sibérie.

109. C. BOSPHORANUS. *Stéven.*

Pl. 61. fig. 4.

Elongato-ovatus, niger; thorace quadrato, subelongato; elytris subtilissime punctatis, punctis in striis quasi dispositis, punctisque obsoletis impressis triplici serie.

DEJ. *Spec.* II. p. 149. n° 91.

FISCHER. *Entomographie de la Russie.* II. p. 87. n°. 17. T. 34. fig. 6.

Long. 10 $\frac{1}{2}$ lignes. Larg. 4 lignes.

Ressemble un peu au *Scabriusculus*, mais plus grand, plus allongé et entièrement noir en dessus.

Corselet moitié plus large que la tête, un peu moins

CARABUS.

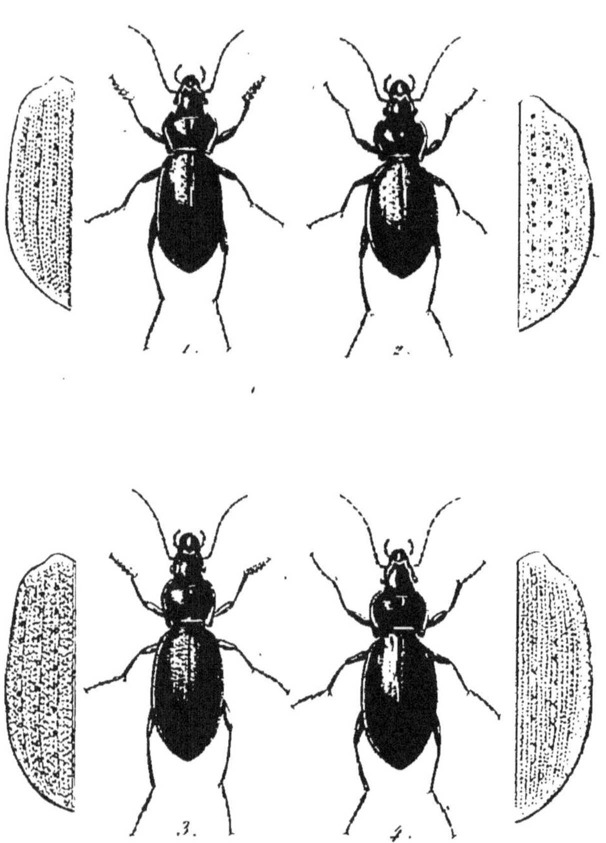

1. C. Sibiricus.

2. C. Obsoletus.

3. C. Besseri.

4. C. Campestris.

long que large, presque carré, légèrement ponctué, ayant
des rides qui se confondent avec les points; un peu
échancré antérieurement, avec les bords latéraux un peu
déprimés et fortement relevés surtout vers les angles postérieurs, qui sont assez aigus.

Élytres un peu plus larges que le corselet, en ovale
allongé, couvertes de très-petits points presque rangés en
stries et paraissant enfoncés; mais avec une forte loupe
ils paraissent au contraire relevés comme les aspérités
d'une râpe; trois rangées de points enfoncés peu marqués
sur chaque élytre.

Dessous du corps et pattes d'un noir brillant.

Il se trouve sur les bords de la mer Noire, près de
Taman.

110. C. Sibiricus. *Bœber.*

Pl. 62. fig. 1.

*Oblongo-ovatus, niger; thorace quadrato, subrotundato;
elytris punctis minutissimis elevatis in striis quasi dispositis, punctisque obsoletis impressis vel oblongis elevatis
triplici serie.*

Dej. *Spec.* II. p. 150. n° 92.

Fischer. *Entomographie de la Russie.* I. p. 107. n° 29.
T. 10. fig. 29.

Long. 9 ½, 11 lignes. Larg. 5 ¾, 4 ½ lignes.

Plus grand et un peu plus allongé que le *Scabriusculus,* auquel il ressemble un peu, et entièrement noir en
dessus.

Corselet moitié plus large que la tête, moins long que large, presque carré, arrondi sur les côtés, légèrement ponctué, avec des rides irrégulières qui se confondent avec les points; peu échancré antérieurement, avec le milieu assez convexe et les bords latéraux déprimés, et assez fortement relevés, surtout vers les angles postérieurs.

Élytres un peu plus larges que le corselet, en ovale allongé, couvertes de très-petits points élevés, un peu allongés, presque triangulaires, un peu relevés comme dans *Scabriusculus*, et presque rangés en stries, ayant en outre trois rangées de points enfoncés peu marqués; les intervalles entre chaque point quelquefois un peu relevés, et formant trois rangées peu distinctes de points oblongs élevés.

Dessous du corps et pattes d'un noir luisant.

Il se trouve en Sibérie, dans le voisinage de Ridders.

B. D.

111. C. Obsoletus.

Pl. 62. fig. 2.

Ovatus, niger; thorace quadrato, subrotundato, margine subreflexo; elytris punctis minutissimis elevatis in striis quasi dispositis, punctisque obsoletis impressis triplici serie.

Fischer. *Entomographie de la Russie.* II. p. 90. n°. 19. T. 29. fig. 1.

C. Obliteratus. Fischer. *Idem.* III. p. 211. n° 74.

Long. 9 $\frac{1}{2}$, 10 $\frac{1}{2}$ lignes. Larg. 4 $\frac{1}{4}$, 4 $\frac{3}{4}$ lignes.

Très-voisin du *Sibiricus,* mais plus large et moins allongé.

Corselet plus large; bords latéraux un peu plus relevés.

Élytres un peu plus courtes, plus larges, moins convexes; bords latéraux un peu plus relevés, ponctués à peu près de la même manière, mais les intervalles entre les points des trois rangées ne paraissant pas relevés.

Il se trouve en Sibérie.   C. D.

112. C. Besseri. *Ziegler.*

Pl. 62. fig. 3.

Oblongo-ovatus, niger; thoracis clytrorumque margine subcyaneo; elytris punctatis; punctis in striis quasi dispositis, foveolisque triplici serie; antennarum basi femoribusque rufis.

Dej. *Spec.* ii. p. 153. n° 95.

Fischer, *Entomographie de la Russie.* i. p. 117. n° 36. t. 11. fig. 36.

Palliardi. *Beschreibung zweyer decaden neuer und wenig bekannter Carabicinen.* p. 15. t. 2. fig. 7.

Dej. *Cat.* p. 6.

Long. 12, 13 lignes. Larg. 4 $\frac{1}{2}$, 5 lignes.

Plus grand, plus allongé que *Hortensis* et d'un noir plus brillant, avec une légère teinte d'un bleu violet sur les bords du corselet et des élytres.

Tête assez grosse, large, très-légèrement ponctuée.

Corselet plus large que la tête, moins long que large , presque carré, un peu arrondi sur les côtés , finement ponctué et ridé , assez échancré antérieurement, un peu convexe au milieu, avec les bords latéraux déprimés et assez relevés , surtout vers les angles postérieurs.

Élytres un peu plus larges que le corselet, en ovale assez allongé, couvertes de très-petits points enfoncés disposés par lignes longitudinales; les intervalles entre chaque point paraissant quelquefois presque triangulaires et un peu relevés de la pointe , ayant en outre trois rangées de points enfoncés, assez gros, et les intervalles entre ces points quelquefois un peu relevés et formant trois rangées de points oblongs élevés très-peu marqués.

Dessous du corps d'un noir brillant, avec les cuisses d'un brun rougeâtre et les jambes et tarses noirs.

Il est assez commun dans la Podolie méridionale, dans les terres fraîchement labourées.

113. C. Campestris. *Stéven.*

Pl.. 62 fig. 4.

Ovatus , supra nigro-æneus ; elytris punctatis ; punctis in striis quasi dispositis , punctisque obsoletis impressis triplici serie.

Dej. *Spec.* II. p. 154. n° 96.
Fischer. *Entomographie de la Russie.* I. p. 106. n° 28.
T. 10. fig. 28.
Dej. *Cat.* p. 6.
C. Pallasii. Schœnherr.

CARABUS.

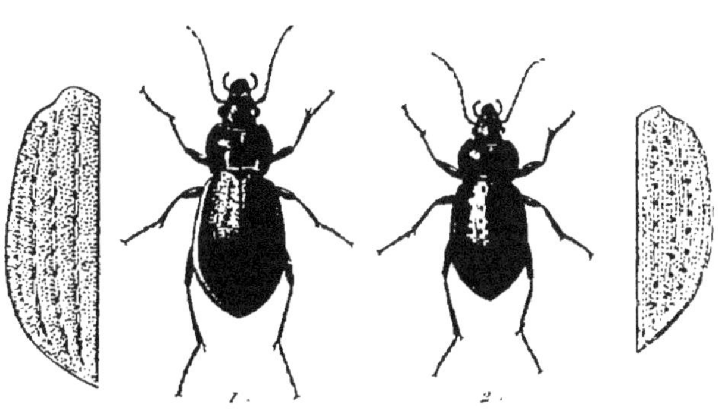

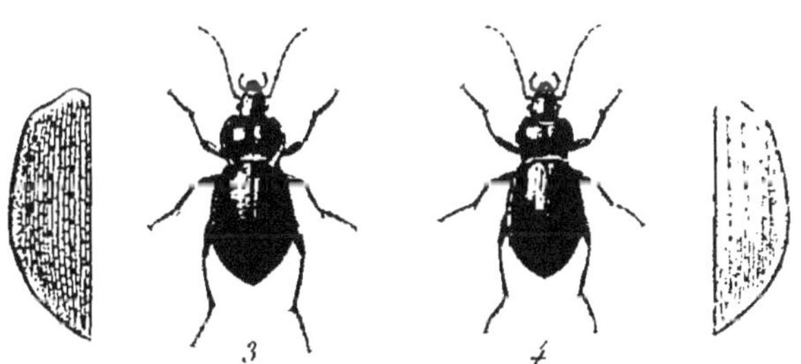

1 . C . Hortensis .   3 . C . Dilatatus.

2 . C . Monticola .   4 . C . Convexus

Var. *C. Perrinii.* FALDERMANN.

Long. 10 ½, 12 lignes. Larg. 4, 4 ¾ lignes.

Un peu plus allongé que l'*Hortensis,* auquel il ressemble beaucoup, et d'un noir-bronzé obscur.

Tête légèrement ponctuée et ridée.

Corselet moitié plus large que la tête, moins long que large, presque carré, un peu arrondi sur les côtés, légèrement ponctué et ridé, un peu échancré antérieurement, un peu convexe au milieu, avec les bords latéraux un peu déprimés et un peu relevés vers les angles postérieurs.

Élytres plus larges que le corselet, en ovale allongé, couvertes de petits points enfoncés, disposés par lignes longitudinales, ayant en outre trois rangées de points enfoncés peu marqués.

Dessous du corps et pattes noirs.

Il se trouve en Géorgie, près de Tiflis.

Le *C. Perrinii* est une légère variété de cette espèce.

114. C. HORTENSIS.

Pl. 63. fig. 1.

Ovatus, supra viridi vel nigro-œneus; thoracis elytrorumque margine cupreo-violaceo; elytris oblongo-ovatis, subrugosis; punctisque impressis triplici serie.

DEJ. *Spec.* II. p. 156. n° 97.

FABR. *Syst. El.* I. p. 172. n° 18.

OLIV. III. 35. p. 27. n° 22. T. 4. fig. 33. a.

SCH. *Syn. Ins.* I. p. 171. n° 20.

Sturm. iii. p. 94. n° 38.

Dej. *Cat.* p. 6.

C. Nemoralis. Illiger. *Kæfer Preus.* i. p. 152. n° 15.

Gyllenhal. ii. p. 58. n° 6.

Duftschmid. ii. p. 27. n° 15.

Long. 10, 12 lignes. Larg. 4, 5 ¼ lignes.

Varie beaucoup par la grandeur, ordinairement plus petit que le *Violaceus,* et proportionnellement plus court, plus large et plus renflé; d'une couleur bronzée, tantôt verdâtre, tantôt plus ou moins obscure, quelquefois cuivreuse et quelquefois même noire ou bleuâtre, avec les bords latéraux du corselet et des élytres ordinairement d'une couleur cuivreuse un peu violette.

Corselet à peu près le double plus large que la tête, moins long que large, presque carré, assez fortement ponctué et ridé, un peu échancré antérieurement, avec les bords latéraux rebordés, légèrement déprimés et un peu relevés vers les angles postérieurs.

Élytres un peu plus larges que le corselet, en ovale plus ou moins allongé et assez convexes, couvertes de petits points élevés, un peu allongés, qui se confondent souvent entre eux, rangés presque sans ordre, ayant en outre trois rangées de points enfoncés peu marqués.

Dessous du corps et pattes d'un noir assez brillant; femelle ordinairement beaucoup plus large et plus convexe que le mâle.

Il se trouve communément dans presque toute l'Europe, particulièrement dans les bois, sous la mousse au pied des arbres.

Les individus que l'on prend dans les montagnes sont ordinairement plus petits, plus allongés et moins convexes que ceux des plaines, et les points des élytres sont plus disposés en stries. M. Dejean possède une variété prise dans les Pyrénées occidentales, qui est d'un bleu un peu violet, et dans laquelle les intervalles entre les points enfoncés sont assez relevés et forment trois rangées de points oblongs élevés assez distinctes.

115. C. Monticola.

Pl. 63. fig. 2.

Ovatus, supra obscuro-æneus; thoracis elytrorumque margine obscuro-violaceo; elytris ovatis, obsolete rugosis, substriatis, punctisque impressis triplici serie.

Dej. *Spec.* ii. p. 157. n° 98.

Long. 8, 8 $\frac{1}{2}$ lignes. Larg. 3 $\frac{1}{2}$ 3 $\frac{3}{4}$ lignes.

Ressemble beaucoup à l'*Hortensis,* dont il n'est peut-être qu'une variété; mais beaucoup plus petit, d'une forme plus large, plus courte, plus convexe, qui le rapproche un peu du *Convexus.* D'une couleur bronzée, presque noirâtre, avec les bords latéraux très-légèrement bleuâtres.

Tête plus lisse que celle de l'*Hortensis.*

Corselet proportionnellement plus petit.

Élytres plus larges, plus courtes et un peu plus convexes, paraissant un peu plus lisses, et leurs points élevés paraissant presque former des stries distinctes.

Il se trouve dans les montagnes du département des Basses-Alpes.

116. C. DILATATUS. *Ziegler.*

Pl. 63. fig. 3.

Ovatus, niger; thoracis elytrorumqué margine violaceo; elytris latioribus, subtilissime crenato-striatis, interstitiis interruptis, punctisque obsoletis oblongis elevatis triplici serie.

DEJ. *Spec.* II. p. 158. n° 99.
DEJ. *Cat.* p. 6.
C. Illyricus. STURM.
C. Funkii. HOPPE.

Long. 7 $\frac{3}{4}$, 8 $\frac{1}{4}$ lignes. Larg. 3 $\frac{1}{2}$, 3 $\frac{3}{4}$ lignes.

Ressemble beaucoup au *Convexus,* dont il n'est peut-être qu'une variété; mais ordinairement un peu plus large, et un peu moins convexe, et d'une couleur un peu plus opaque et moins brillante.

Élytres plus larges, surtout antérieurement; leur bord latéral un peu plus déprimé, et l'angle de la base un peu plus marqué et moins arrondi; les stries plus marquées; les intervalles plus relevés et plus fortement interrompus; les points enfoncés des trois lignes longitudinales paraissant séparés par un point oblong élevé.

Il se trouve dans les montagnes de la Carniole, de l'Il-lyrie et de la Croatie.

117. C. CONVEXUS.

Pl. 63. fig. 4.

Ovatus, niger; thoracis elytrorumque margine violaceo; elytris subtilissime crenato-striatis, punctisque obsoletis impressis triplici serie.

Dej. *Spec.* ii. p. 158. n° 100.
Fabr. *Syst. El.* i. p. 175. n° 29.
Sch. *Syn. Ins.* i. p. 173. n° 35.
Gyllenhal. ii. p. 61. n° 8.
Duftschmid. ii. p. 24. n° 11.
Sturm. iii. p. 98. n° 40.
Dej. *Cat.* p. 6.
Le Bupreste azuré. var. c. Geoff. i. p. 144. n° 4.
Var. *C. Tristis.* Gebler.
C. Striolatus. Stéven. Fischer. *Entomographie de la Russie.* ii. p. 93. n° 21. t. 34. fig. 4.
C. Simplicipennis. Ziegler.

Long. 6 ¾, 8 lignes. Larg. 3, 3 ½ lignes.

L'un des plus petits du genre, court, convexe, d'un noir assez luisant, quelquefois un peu bleuâtre, avec les bords latéraux d'un bleu un peu violet.

Corselet à peu près le double plus large que la tête, moins long que large, presque carré, un peu arrondi sur les côtés, un peu convexe, assez fortement ponctué et ridé, un peu échancré antérieurement, avec les bords latéraux légèrement rebordés et très-peu relevés vers les angles postérieurs.

Élytres plus larges que le corselet, en ovale peu allongé,
assez convexes, couvertes de stries crénelées, très-serrées,
peu marquées, dont les intervalles sont plus ou moins
interrompus, ayant en outre sur chaque trois rangées de
points enfoncés très-peu marqués.

Dessous du corps et pattes noirs.

Il se trouve dans presque toute l'Europe, particulièrement dans les bois des montagnes. Il habite aussi la
côte de Barbarie.

118. C. Hornschuchii.

PI. 64. fig. 1.

*Ovatus, niger; elytris subtilissime crenato-striatis, subreti-
culatis, punctisque obsoletissimis impressis triplici serie.*

Dej. *Spec.* ii. p. 160. n° 101.
Hoppe. *Nov. Act. Acad.* C. L. C. *nat. cur.* xii. p. 482.
n° 6. t. 45. fig. 6.
Dej. *Cat.* p. 6.

Long. 6 ¾ lignes. Larg. 3 lignes.

Plus petit, d'un noir plus terne que le *Convexus*, dont
il n'est peut-être qu'une variété; bords latéraux sans
bordure bleue.

Corselet un peu plus court, avec la ligne du milieu
plus marquée.

Élytres ayant les stries un peu plus marquées, moins
distinctes, se confondant souvent entre elles, ce qui fait

CARABUS.

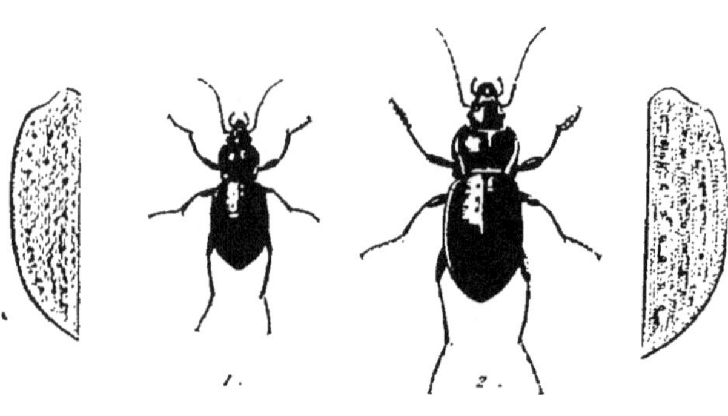

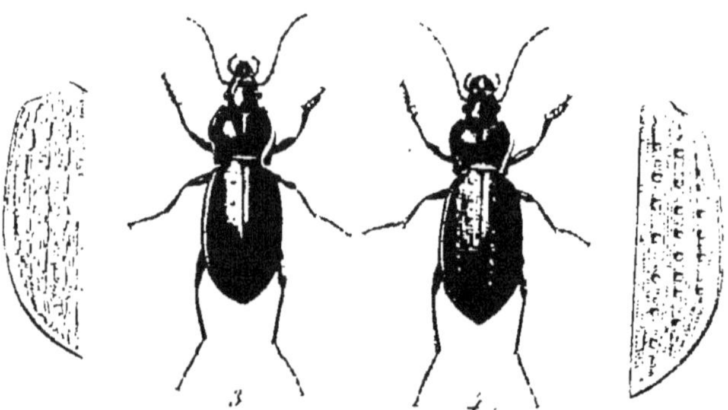

1. C. Hornschuchii.

2. C. Vladsimirskyi.

3. C. Preslu.

4. C. Gemmatus.

paraître les élytres presque réticulées; les trois rangées
de points enfoncés presque pas marquées.

Il se trouve dans les montagnes de la Carinthie.

B. D.

119. C. Vladsimirskyi. *Mannerheim.*

Pl. 64. fig. 2.

Ovatus, niger; thorace latiore quadrato, margine subre-
flexo; elytris brevioribus, subtilissime crenato-striatis,
punctisque impressis triplici serie.

Long. 10 lignes. Larg. 4 lignes.

A peu près de la grandeur de l'*Hortensis*, mais plus
court, et d'un noir assez brillant.

Corselet large, presque carré, avec quelques rides ondulées et quelques petits points enfoncés à peine distincts;
bords latéraux relevés, angles postérieurs très-prolongés
en arrière.

Élytres ovales, assez courtes, un peu plus larges que
le corselet, couvertes de stries crénelées, très-serrées
et peu régulières; trois rangées de points enfoncés assez
distincts; le fond de ces points et les bords des élytres
ayant une très-légère teinte cuivreuse.

Décrit et figuré sur un individu mâle qui m'a été envoyé par M. le comte de Mannerheim, comme venant de
la Daourie, dans la Sibérie orientale.

120. C. Preslii. *Parreys.*

Pl. 64. fig. 3.

Ovatus, supra nigro-subcyaneus; thorace subquadrato, margine subreflexo; elytris confertissime crenato-striatis, punctisque impressis triplici serie.

Long. 10, 11 lignes. Larg. 4; 4 ½ lignes.

Un peu plus petit et moins allongé que le *Gemmatus*, et entièrement d'un noir un peu bleuâtre en dessus.

Corselet presque carré, légèrement arrondi sur les côtés, entièrement couvert de petits points enfoncés et de rides ondulées qui se confondent avec les points; bords latéraux relevés, surtout postérieurement; angles postérieurs assez fortement prolongés en arrière et presque arrondis.

Élytres en ovale peu allongé, assez convexes, striées à peu près comme celles du *Gemmatus*, mais les stries un peu moins marquées et plus fortement crénelées; les trois rangées de points enfoncés beaucoup plus petits, peu distincts et n'ayant pas de couleur métallique; les intervalles entre ces points quelquefois un peu relevés, et formant presque trois rangées de points oblongs élevés.

Il se trouve dans les îles Ioniennes et en Morée.

C. D.

TREIZIÈME DIVISION.

121. C. GEMMATUS.

Pl. 64. fig. 4.

Oblongo-ovatus, supra nigro-æneus; elytris confertissime striatis, foveolisque subcordatis cupreis triplici serie.

DEJ. *Spec.* II. p. 162. n° 103.
FABR. *Syst. El.* I. p. 172. n° 17.
OLIV. III. 35. p. 27. n° 21. T. 3. fig. 30.
SCH. *Syn. Ins.* I. p. 171. n° 19.
STURM. III. p. 106. n° 44.
DEJ. *Cat.* p. 6.
C. *Hortensis.* LINNÉ. *Syst. Nat.* 1. p. 668. n° 3.
GYLLENHAL. II. p. 59. n° 7.
DUFTSCHMID. II. p. 27. n° 14.

Long. 11 ½, 12 ½ lignes. Larg. 4 ½, 5 lignes.

Plus grand et beaucoup plus allongé que l'*Hortensis,* et d'un noir un peu bronzé, avec les bords latéraux quelquefois légèrement cuivreux.

Corselet à peu près le double plus large que la tête, presque aussi long que large, très-légèrement en cœur, presque plane, assez fortement ponctué et ridé, un peu échancré antérieurement, avec les bords latéraux rebordés et assez fortement relevés vers les angles postérieurs.

Élytres un peu plus larges que le corselet, en ovale assez allongé, couvertes de stries très-serrées et bien marquées, entre lesquelles il y a une rangée de petits points enfoncés qui les font paraître crénelées; trois rangées de gros points enfoncés, presque en cœur, dont le fond est d'une couleur dorée un peu cuivreuse.

Dessous du corps et pattes noirs.

Il se trouve en Suède et en Allemagne, sous les mousses et les troncs d'arbres pourris, dans les bois et sous les pierres dans les montagnes.

122. C. Hoppii. *Sturm.*

Pl. 65. fig. 1.

Oblongo-ovatus, supra viridi vel nigro-œneus; elytris crenato-striatis, striis sæpe confluentibus, foveolisque triplici serie.

Dej. *Spec.* ii. p. 164. n° 104.

Germar. *Coleopt. Sp. Nov.* p. 8. n° 13.

Hoppe. *Nov. Act. Acad.* C. L. C. *nat. cur.* xii. p. 481. n° 4.

Dej. *Cat.* p. 6.

C. *Alpestris.* Ziegler. Sturm. iii. p. 111. n° 47. t. 65. fig. b. B.

Long. 8, 8 ½ lignes. Larg. 3 ¼, 3 ½ lignes.

Plus petit que le *Sylvestris,* auquel il ressemble beaucoup et d'une couleur bronzée, moins cuivreuse, qui est quelquefois un peu verdâtre, quelquefois plus ou moins obscure, et quelquefois tout-à-fait noire.

Corselet proportionnellement un peu plus court.

CARABUS.

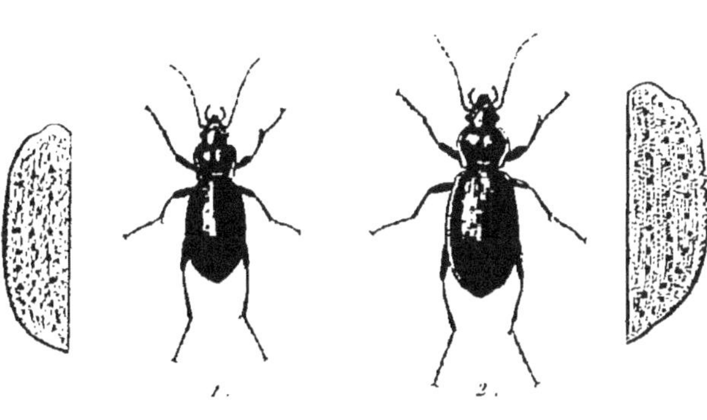

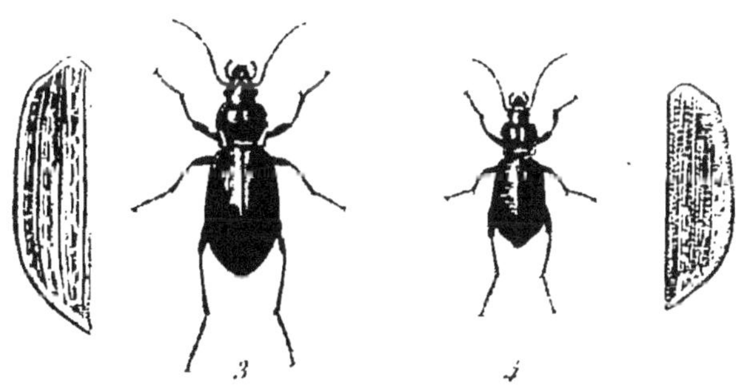

1. C. Hoppii.   3. C. Alpinus.

2. C. Sylvestris.   4. C. Latreillei.

P. Dumenil Pinxit et Direxit.

Élytres ayant les stries moins régulières et se confondant souvent entre elles, surtout celles près de la suture
et entre les lignes de points enfoncés; les points enfoncés
ordinairement un peu plus gros et plus profondément
marqués; extrémité des élytres un peu plus arrondie.

Il se trouve dans les Alpes de la Carinthie et de la
Styrie.

1123. C. Sylvestris.

Pl. 65. fig. 2.

*Oblongo-ovatus, supra-æneus; elytris crenato-striatis,
punctisque impressis triplici serie.*

Dej. *Spec.* ii. p. 165. n° 105.
Fabr. *Syst. El.* i. p. 173. n° 19.
Sch. *Syn. Ins.* i. p. 172. n° 22.
Duftschmid. ii. p. 28. n° 16.
Sturm. iii. p. 109. n° 46.
Dej. *Cat.* p. 6.
C. Arvensis? Oliv. iii. 35. p. 29. n° 24. t. 4. fig. 33. b.
Var. A. *C. Transylvanicus.* Koilar.

Long. 9, 10 lignes. Larg. 3 ½, 4 lignes.

Un peu plus petit et plus allongé que l'*Hortensis*, et
d'une couleur bronzée un peu cuivreuse.

Corcelet à peu près le double plus large que la tête,
moins long que large, un peu en cœur et assez plane,
fortement ponctué, comme chagriné, un peu échancré
antérieurement, avec les bords latéraux rebordés et un
peu relevés.

Élytres un peu plus larges que le corselet, en ovale allongé, un peu sinuées et déprimées vers l'extrémité, couvertes de stries très-serrées et bien marquées, dans lesquelles il y a une rangée de points enfoncés qui les font paraître crénelées, ayant en outre sur chaque trois rangées de points enfoncés bien distincts.

Dessous du corps et pattes noirs.

Il se trouve dans les montagnes, en Allemagne, en Autriche, en Suisse, et en France, dans le Jura et dans les Vosges.

124. C. Alpinus. *Bonelli.*

Pl. 65. fig. 3.

Oblongo-ovatus, supra-æneus ; elytris subdepressis, striatis, striis subcrenatis, lineis duabus subelevatis, punctisque impressis vel oblongis obsoletis elevatis triplici serie.

Dej. *Spec.* ii. p. 166. n° 106.
Dej. *Cat.* p. 7.
C. *Conspicuus.* Sturm.

Long. 8 ½, 9 ½ lignes. Larg. 3 ¼, 3 ¾ lignes.

Un peu plus aplati que le *Sylvestris,* auquel il ressemble beaucoup.

Tête un peu plus lisse.

Corselet plus petit, plus carré, moins en cœur, plus lisse, avec les impressions près de la base plus marquées.

Élytres plus planes et un peu plus étroites, avec les stries un peu moins ponctuées; les intervalles un peu plus larges et plus relevés, surtout ceux du milieu entre les rangées de points enfoncés, et formant deux lignes élevées assez distinctes; les intervalles entre les points enfoncés un peu relevés et formant presque trois rangées de points oblongs élevés.

Il habite les hautes sommités des Alpes de la Suisse et de l'Italie.

125. C. LATREILLEI. *Bonelli.*

Pl. 65. fig. 4.

Oblongo-ovatus, subdepressus, supra obscuro-æneus; elytris elevato-lineatis, interstitiis elevato-punctatis, foveolisque subcordatis cupreis rarioribus triplici serie.

DEJ. *Spec.* ii. p. 168. n° 108.
DEJ. *Cat.* p. 6.

Long. 6 ¾ lignes. Larg. 3 lignes.

Beaucoup plus petit et plus déprimé que le *Sylvestris*, et d'une couleur-bronzée-obscure un peu verdâtre.

Tête légèrement ponctuée et ridée.

Corselet presque le double plus large que la tête, un peu moins long que large, presque carré, légèrement ponctué et ridé, assez échancré antérieurement, avec les bords latéraux rebordés et un peu relevés vers les angles postérieurs.

Élytres plus larges que le corselet, assez déprimées, en ovale peu allongé, ayant leur bord extérieur un peu sinué près de l'extrémité, couvertes de lignes peu élevées, dans l'intervalle desquelles on aperçoit une ligne de points élevés assez irréguliers; trois rangées de gros points enfoncés presque cordiformes, assez éloignés les uns des autres, dont le fond est d'une couleur dorée un peu cuivreuse.

Dessous du corps et pattes noirs.

Il habite les Alpes du Piémont.   B. D.

126. C. Loschnikovii. *Gebler.*

Pl. 66. fig. 1.

Oblongo-ovatus, supra cupreo-æneus; thorace quadrato, rugoso; elytris crenato-striatis, striis sæpe confluentibus, punctisque impressis triplici serie; pedibus rufescentibus.

Fischer. *Entomographie de la Russie.* II. p. 78. n° 11. T. 45. fig. 3. et III. p. 223. n° 92.

Long. 6 lignes. Larg. 2 ¾ lignes.

Plus petit que l'*Hoppii*, et d'un bronzé cuivreux en dessus, plus obscur sur le corselet, et plus brillant sur les élytres.

Corselet presque carré, très-légèrement rétréci postérieurement, assez plane et couvert de points enfoncés assez marqués, et de rides irrégulières qui se confondent avec les points, et qui le font paraître assez rugueux; angles postérieurs peu prolongés en arrière.

Élytres assez convexes, striées à peu près comme celles de l'*Hoppii*, mais les points enfoncés des trois rangées un peu moins marqués.

CARABUS.

1. C. Leuchnikovii.   3. C. Splendens.

2. C. Linnei.   4. C. Viridis.

P. Duménil Pinxit et Direxit.

Dans l'individu mâle que je possède, pattes entièrement d'un brun roussâtre; cependant M. Fischer dit que les pieds sont noirs avec les jambes rouges.

Il se trouve en Sibérie.

C. D.

127. C. Linnei. *Megerle.*

Pl. 66. fig. 2.

Oblongo-ovatus, supra cupreo-œneus; thoracis elytrorumque margine carinato subreflexo; thorace angustato, subcordato; elytris crenato-striatis, punctisque impressis triplici serie; antennarum basi tibiisque rufis.

Dej. *Spec.* ii. p. 169. n° 109.

Panzer. *Fauna German.* 109. 5.

Duftschmid. ii. p. 42. n° 33.

Sturm. iii. p. 114. n° 49.

Fischer. *Entomographie de la Russie.* ii. p. 76. n° 10. t. 45. fig. 6.

Dej. *Cat.* p. 7.

Long. 7 $\frac{1}{2}$, 8 $\frac{1}{2}$ lignes. Larg. 3, 3 $\frac{1}{2}$ lignes.

Var. A. *C. Scopolii.* Ziegler.

Long. 9 lignes. Larg. 3 $\frac{1}{2}$ lignes.

Var. B. *C. Macaieri.* Dahl. *Coleoptera und Lepidoptera.* p. 4.

Long. 7 lignes. Larg. 3 lignes.

Plus petit que le *Sylvestris,* et d'une couleur bronzée un

peu cuivreuse, quelquefois un peu dorée sur la tête et le corselet.

Corselet presque le double plus large que la tête, moins long que large, assez étroit, un peu en cœur, légèrement ponctué et ridé, un peu échancré antérieurement, avec les bords latéraux un peu déprimés, rebordés et très-relevés, surtout vers les angles postérieurs.

Élytres moitié plus larges que le corselet, en ovale allongé, assez convexes, avec le bord extérieur très-relevé, presque en carène et un peu sinué vers l'extrémité, couvertes de stries très-serrées et crénelées, et ayant chacune trois rangées de points enfoncés à peu près comme dans le *Sylvestris*.

Dessous du corps et cuisses noirs, avec les jambes d'un brun rougeâtre et les tarses d'un brun obscur.

Il se trouve en Hongrie, en Gallicie et en Podolie. M. Sturm dit qu'il se trouve aussi en Silésie et dans les montagnes du Hartz.

La variété A, ou *C. Scopolii* de Ziegler, est un peu plus grande, et les stries des élytres, surtout celles près de la suture et celles qui sont entre les rangées de points enfoncés sont moins régulières et se confondent souvent entre elles.

Elle se trouve en Volhinie.

La variété B, ou *C. Macaicri* de Dahl, est plus petite; le corselet est un peu moins en cœur, et ses bords latéraux, ainsi que ceux des élytres, sont moins relevés et moins en carène.

Elle se trouve en Hongrie, dans les montagnes du Bannat.

QUATORZIÈME DIVISION.

128. C. SPLENDENS.

Pl. 66. fig. 3.

*Elongato-ovatus, supra aureo-viridis; thorace elongato;
elytris lævissimis.*

DEJ. *Spec.* II. p. 171. n° 110.
FABR. *Syst. El.* I. p. 175. n° 31.
OLIV. III. 35. p. 22. n° 15. T. 1. fig. 2.
SCH. *Syn. Ins.* I. p. 174. n° 38.
GERMAR. *Fauna Ins. Europ.* VIII. T. 3.
DEJ. *Cat.* p. 6.

Long. 11 $\frac{1}{2}$, 12 $\frac{1}{2}$ lignes. Larg. 4 $\frac{1}{2}$, 5 lignes.

Un peu plus allongé que l'*Auronitens*, et d'un beau
vert doré, avec des reflets plus ou moins cuivreux.

Tête allongée, très-légèrement ponctuée.

Corselet plus large que la tête, à peu près aussi long
que large, et un peu plus allongé dans le mâle que dans
la femelle, un peu échancré antérieurement, avec les
bords latéraux rebordés et assez relevés surtout vers les
angles postérieurs.

Élytres un peu plus larges que le corselet, en ovale
assez allongé, très-lisses, ayant seulement quelques petits
points élevés le long du bord extérieur.

Dessous du corps et pattes noirs.

Dans quelques individus on trouve quelques points enfoncés qui paraissent appartenir à trois rangées de points

enfoncés qui seraient effacés, et dont il ne resterait que quelques traces.

Ce très-beau *Carabus* se trouve dans les Pyrénées, dans les vallées et les prairies autour des lieux habités; il se trouve aussi dans l'Aragon et la Navarre.

129. C. Viridis.

Pl. 66. fig. 4.

Elongato-ovatus, supra viridis; thorace quadrato, subcordato; elytris lævissimis, punctisque obsoletis impressis triplici serie; antennarum basi pedibusque piceis.

Dej. *Spec.* II. p. 172. n° 111.
Dej. *Cat.* p. 6.

Long. 12 $\frac{1}{2}$ lignes. Larg. 4 $\frac{1}{2}$ lignes.

Cet insecte est peut-être factice. Le seul individu que l'on connaisse existe dans la collection de M. le comte Dejean. On pourrait croire, avec quelque raison, qu'il serait fabriqué avec un *Auratus*, sur lequel on aurait collé des élytres de *Splendens*; mais, comme il est en très-mauvais état, il est impossible de s'en assurer. Cependant le corselet paraît un peu plus en cœur et un peu moins rebordé que celui de l'*Auratus*, les élytres sont plus vertes et moins dorées que celles du *Splendens*, et elles ont trois rangées de points enfoncés peu distincts, mais un peu plus marqués cependant que ceux que l'on voit dans le *Splendens*.

On ignore d'où vient cet insecte.

CARABUS.

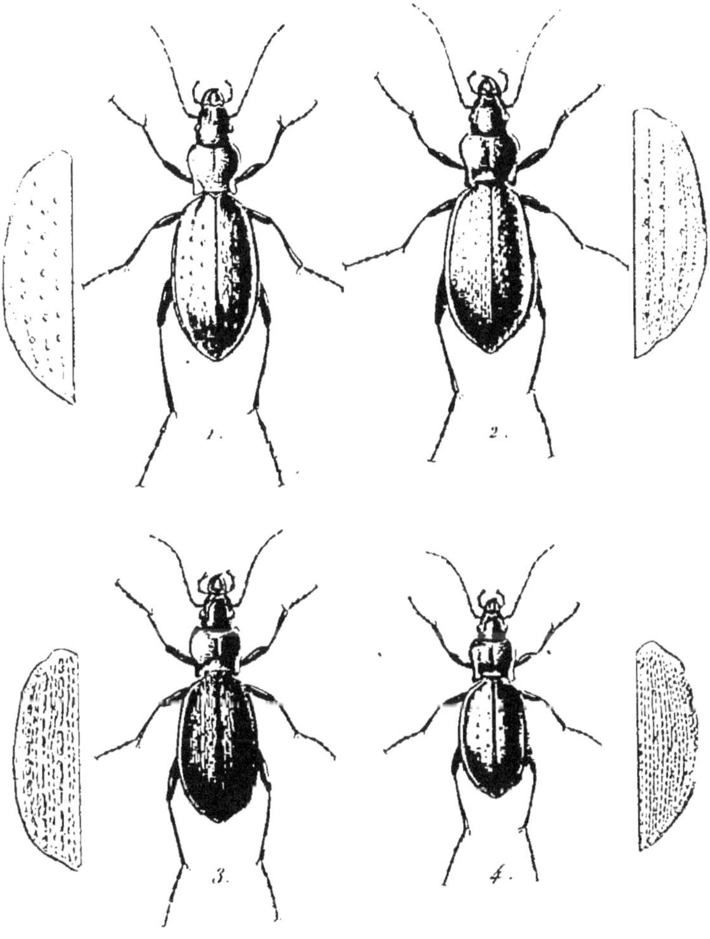

1. C. Rutilans.
2. C. Hispanus.
3. C. Cyaneus.
4. C. Lefebvrei.

P. Duménil l'insit et Duvest

150. C. RUTILANS. *Latreille.*

Pl. 67. fig. 1.

*Elongato-ovatus, supra aureo-viridis, nitidissimus; thorace
elongato; elytris lævissimis, lineis tribus cupreo-purpu-
reis, punctisque impressis triplici serie.*

DEJ. *Spec.* II. p. 173. n° 112.

Long. 13 ½, 15 ½ lignes. Larg. 5, 6 lignes.

Plus grand que le *Splendens,* et d'un vert doré très-
brillant, avec de beaux reflets d'un rouge cuivreux.

Tête assez grosse et assez allongée.

Corselet un peu plus large que la tête, à peu près aussi
long que large, un peu rétréci postérieurement, un peu
échancré antérieurement, avec les bords latéraux un peu
relevés et les angles postérieurs assez aigus.

Élytrés en ovale allongé, assez étroites vers la base et
presque le double plus larges que le corselet dans leur
milieu, très-lisses, et ayant chacune trois rangées longitudinales de points enfoncés bien marqués, joints ensemble par une ligne d'un rouge cuivreux plus ou moins
marquée.

Dessous du corps et pattes noirs.

Ce superbe insecte se trouve dans les Pyrénées orientales, dans les vallées, les prairies et près des lieux habités.

On trouve quelquefois des individus qui sont beaucoup
moins brillans.

QUINZIÈME DIVISION.

131. C. HISPANUS.

Pl. 67. fig. 2.

Elongato-ovatus, subdepressus ; capite thoracǫque cyaneis ; elytris rugosis, aureis, margine violaceo, punctisque obsoletis impressis triplici serie.

DEJ. *Spec.* II. p. 174. n° 113.
FABR. *Sys. El.* I. p. 171. n° 13.
OLIV. III. 35. p. 22. n° 14. T. I. fig. 9.
SCH. *Syn. Ins.* 1. p. 170. n° 14.
GERMAR. *Fauna Ins. Europ.* VIII. T. 2.
DEJ. *Cat.* p. 5.

Long. 11, 16 lignes. Larg. 4, 5 ¾ lignes.

Ressemble beaucoup au *Cyaneus*, par la forme et la grandeur.

Corselet d'un bleu un peu violet, plus large que la tête, un peu moins long que large, presque en cœur, un peu rétréci postérieurement, plane, assez fortement ponctué et ridé, un peu échancré antérieurement, avec les bords latéraux légèrement rebordés et un peu relevés vers les angles postérieurs.

Élytres d'une belle couleur dorée plus ou moins brillante et cuivreuse, avec les bords d'un violet un peu cuivreux, plus larges que le corselet, un peu déprimées, en ovale allongé, assez étroites vers leur base, s'élargissant vers l'extrémité, comme celles du *Cyaneus*; couvertes de points enfoncés plus ou moins rangés en stries et plus ou moins irréguliers, qui les font paraître un peu inégales; ayant en outre trois rangées de points enfoncés plus marqués, mais peu distincts, qui sont quelquefois séparés par un point oblong élevé.

Dessous du corps et pattes noirs.

Cet insecte, l'un des plus brillans du genre, se trouve sous les pierres, près des ruisseaux qui descendent des montagnes, dans les départemens du Tarn, de l'Aveyron, de la Lozère et du Gard; il ne se trouve point en Espagne, comme son nom semble l'indiquer.

132. C. CYANEUS.

Pl. 67. fig. 3.

Elongato-ovatus, subdepressus, supra cyaneus; thoracis elytrorumque margine violaceo; thorace subcordato; clytris punctis intricatis rugosis, punctisque obsoletis oblongis elevatis triplici serie.

Dej. *Spec.* II. p. 176. n° 114.

Fabr. *Syst. El.* 1. p. 171. n° 11.

Oliv. III. 35. p. 21. n° 13. T. 5. fig. 47.

Sch. *Syn. Ins.* 1. p. 170. n° 12.

Sturm. III. p. 32. n° 3.

Fischer. *Entomographie de la Russie.* II. p. 63. n° 2. T. 45. fig. 2.

Dej. *Cat.* p. 5.

C. Intricatus. Linn. *Faun suec.* n° 780.

GYLLENHAL. II. p. 54. n° 2.
DUFTSCHMID. II. p. 39. n° 31.

Long. 11, 14 lignes. Larg. 4, 5 ½ lignes.

Plus allongé et plus déprimé que la plupart des précédens, et d'un bleu assez foncé, avec les bords latéraux d'une couleur violette plus ou moins distincte.

Corselet plus large que la tête, aussi long que large, presque en cœur, un peu rétréci postérieurement, légèrement ridé au milieu, plus fortement ponctué sur les bords, un peu échancré antérieurement, avec les bords latéraux un peu déprimés et relevés, surtout vers les angles postérieurs.

Élytres un peu déprimées, en ovale allongé, assez étroites antérieurement, à peu près le double plus larges que le corselet dans leur milieu, couvertes de gros points enfoncés plus ou moins rangés en stries, et séparés par des points élevés qui forment des lignes interrompues plus ou moins régulières, dont trois ordinairement plus marquées.

Dessous du corps et pattes noirs.

Il se trouve dans les bois, sous les mousses, sous les écorces et dans les trous des vieux arbres, en Allemagne, en Suède, en Pologne, et dans le nord et les parties orientales de la France; il est très-rare aux environs de Paris.

153.ᵃ C. LEVEBVREI.

Pl. 67. fig. 4.

Oblongo-ovatus, subdepressus, supra nigro-cyaneus; thoracis elytrorumque margine violaceo; thorace subquadrato; elytris intricato-striatis, subrugosis, punctisque impressis vel oblongis elevatis obsoletis triplici serie.

DEJ. *Spec.* II. p. 177. n° 115.

Long. 11, 12 lignes. Larg. 4, 4 ½ lignes.

Ressemble beaucoup au *Cyaneus*, mais un peu plus petit, proportionnellement moins allongé, et sa couleur est en dessus d'un bleu plus foncé, avec les bords latéraux d'un beau bleu violet.

Corselet proportionnellement plus large, plus carré, moins rétréci postérieurement, avec les angles postérieurs un peu plus prolongés.

Élytres proportionnellement un peu plus courtes, un peu moins rétrécies antérieurement, avec les points moins marqués, plus distinctement rangés en stries, et les points élevés aussi moins marqués, moins interrompus, et formant des lignes plus régulières; ayant chacune trois rangées de points enfoncés assez distincts.

Dessous du corps et pattes noirs.

Il se trouve en Sicile.

SEIZIÈME DIVISION.

134. C. CREUTZERI.

Pl. 68. fig. 1.

Elongato-ovatus, depressus, supra nigro-æneus; thorace elongato, subcordato; elytris planis, subrugoso-striatis, punctisque impressis triplici serie.

DEJ. *Spec.* II. p. 178. n° 116.
FABR. *Syst. El.* I. p. 173. n° 22.
SCH. *Syn. Ins.* I. p. 172. n° 25.
DUFTSCHMID. II. p. 42. n° 34.
STURM. III. p. 116. n° 50.
DEJ. *Cat.* p. 7.

Long. 11 , 13 lignes. Larg. 4 , 5 lignes.

A peu près de la grandeur du *Cyaneus*, mais beaucoup plus déprimé et d'un noir bronzé, avec les bords latéraux un peu cuivreux ou d'un bleu verdâtre.

Tête allongée, légèrement ponctuée et ridée.

Corselet à sa partie antérieure presque le double plus large que la tête, presque aussi long que large, rétréci postérieurement, presque en cœur, plane, ayant quelques points enfoncés et quelques rides, un peu échancré antérieurement, avec les bords latéraux légèrement rebordés et la base coupée presque carrément.

Élytres très-planes, en ovale allongé, assez étroites antérieurement, à peu près le double plus larges que le

CARABUS.

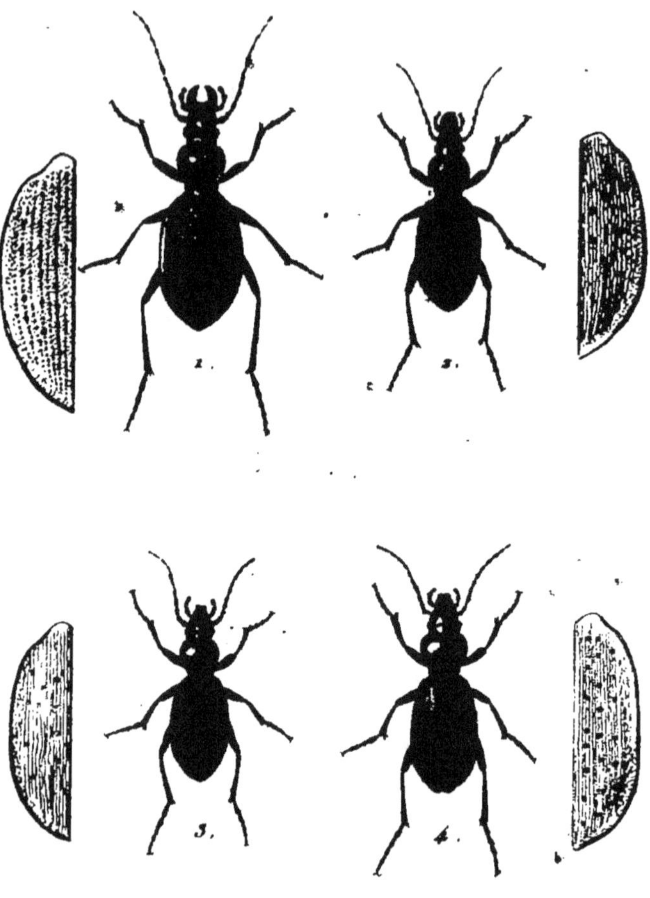

1. C. Creutzeri.   3. C. Bonellii.

2. C. Depressum.   4. C. Osseticus.

corselet dans leur milieu, avec leur bord extérieur un
peu relevé, légèrement sinué à l'extrémité, couvertes de
petits points élevés, presque rangés en stries, qui les
font paraître chagrinées, ayant en outre trois rangées de
points enfoncés, dont le fond est quelquefois un peu
cuivreux ou un peu verdâtre, mais souvent aussi de la
couleur des élytres.

Dessous du corps et pattes noirs, avec les cuisses
minces et très-allongées.

Il se trouve communément dans les montagnes de la
Carniole, de l'Illyrie et de la Croatie.

135. C. Depressus.

Pl. 68. fig. 2.

*Elongato-ovatus, depressus, supra cupreo-æneus ; thorace
subelongato, cordato ; elytris planis, obsolete striatis,
foveolisque cupreis triplici serie, internis sæpe obsoletis.*

Dej. *Spec.* ii. p. 180. n° 117.
Bonelli. *Observations entomologiques.* i. p. 56. n° 8.
Ahrens. *Fauna Ins. Europ.* iii. t. 3.
Dej. *Cat.* p. 7.

Long. 9, 11 lignes. Larg. 3 $\frac{1}{2}$, 4 $\frac{1}{4}$ lignes.

Plus petit et plus allongé que le *Creutzeri*, auquel il
ressemble beaucoup.

Corselet un peu moins allongé que celui du *Creutzeri*,
un peu plus en cœur, un peu moins ponctué, peu échan-

cré antérieurement, avec les angles postérieurs un peu moins allongés.

Élytres un peu moins larges et plus allongées que celles du *Creutzeri*, couvertes de stries peu marquées et très-légèrement crénelées, ayant chacune trois rangées de gros points enfoncés, dont le fond est d'une couleur cuivreuse, quelquefois un peu verte, et dont la rangée extérieure ordinairement composée de cinq à sept points; les deux autres rangées étant souvent incomplètes.

Dessous du corps et pattes noirs, avec les jambes d'un brun noirâtre.

Il se trouve assez communément en Suisse et en Piémont, dans les Alpes et les Apennins.

136. C. Bonellii. *Sturm.*

Pl. 68. fig. 3.

Elongato-ovatus; depressus, supra virescente-æneus; thorace cordato; elytris planis, obsolete striatis, foveolisque viridibus sæpe obsoletis triplici serie; tibiis tarsisque rufis.

Dej. *Spec.* ii. p. 181. n° 118.
Dahl. *Coleoptera und Lepidoptera.* p. 3.
C. Depressus. var. Dej. *Cat.* p. 7.

Long. 9, 10 lignes. Larg. 3 $\frac{1}{2}$, 4 lignes.

Ressemble beaucoup au *Depressus;* d'une couleur bronzée un peu plus verdâtre et moins cuivreuse, avec les palpes d'un brun-rougeâtre.

Corselet plus court, plus large antérieurement et plus en cœur.

Élytres avec les stries un peu crénelées, les points enfoncés plus verts ; ceux de la rangée extérieure manquant souvent, comme ceux des deux rangées intérieures.

Jambes et tarses d'un brun rougeâtre.

Il habite les montagnes de la Carinthie.

137. C. Osseticus.

Pl. 68. fig. 4.

Elongatus, depressus, supra nigro-violaceus ; thorace cordato ; elytris oblongis, planis, striatis, punctisque impressis violaceis triplici serie.

Dej. *Spec.* II. p. 182. n° 119.

Adams. *Mémoires de la Société imp. des Naturalistes de Moscou.* v. p. 293. n° 14.

Plectes Osseticus. Fischer. *Entomographie de la Russie.* II. p. 55. n° 2. T. 33. fig. 3.

Long. 11 lignes. Larg. 4 lignes.

Un peu plus petit, plus allongé que le *Creutzeri*, auquel il ressemble beaucoup, et d'un noir un peu violet, surtout sur les bords latéraux.

Tête un peu plus grosse et moins allongée, très-lisse.

Corselet plus large et plus court que celui du *Creutzeri*, dans son milieu à peu près le double plus large que la tête, arrondi sur les côtés, rétréci postérieurement, presque en cœur, moins long que large, très-lisse, presque plane, très peu échancré antérieurement, avec les bords latéraux rebordés et la base coupée presque carrément.

Élytres plus étroites, plus allongées et plus parallèles que celles du *Creutzeri*, couvertes de stries très-lisses, dont les intervalles sont un peu relevés, et ayant chacune trois rangées de points enfoncés, dont le fond est un peu violet, placés sur les quatrième, huitième et douzième intervalles.

Dessous du corps et pattes noirs.

Il se trouve dans les montagnes du Caucase.

MM. Adams et Fischer disent qu'il se trouve assez fréquemment dans l'Ossétie, près des villages de Baltha, Tchim et Lars, et dans l'Ibérie cisalpine.

138. C. Deplanatus. *Stéven.*

Pl. 69. fig. 1.

Elongatus, depressus, niger; thorace subquadrato; elytris oblongis, planis, striatis, punctisque impressis triplici serie.

Dej. *Spec.* ii. p. 183. n° 120.

Plectes Deplanatus. Fischer. *Entomographie de la Russie.* ii. p. 57. n° 3. t. 33. fig. 4.

Long. 10 lignes. Larg. 3 ¾ lignes.

Un peu plus petit que l'*Osseticus,* auquel il ressemble beaucoup, et entièrement d'un noir obscur en dessus.

Corselet plus étroit que celui de l'*Osseticus,* moins

CARABUS.

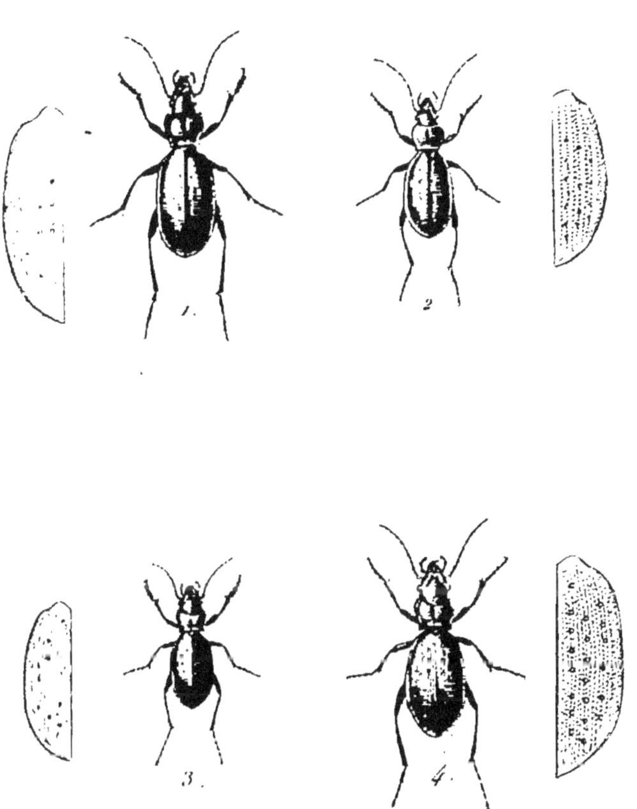

1. C. Deplanatus.
2. C. Fabricii.
3. C. Bæberi.
4. C. Irregularis.

arrondi antérieurement, presque carré, ayant quelques points et quelques rides, peu échancré antérieurement, avec les bords latéraux rebordés et un peu relevés vers les angles postérieurs.

Élytres un peu plus allongées et un peu plus ovales que celles de l'*Osseticus*, avec les stries un peu moins marquées et les intervalles moins saillans et moins lisses ; les points enfoncés moins distincts, plusieurs entièrement effacés, tous de la couleur des élytres.

Dessous du corps et pattes d'un noir un peu plus brillant que le dessus.

Il habite aussi les montagnes du Caucase.

159. C. FABRICII. *Megerle.*

Pl. 69. fig. 2.

Elongato-ovatus, subdepressus, supra cupreo-æneus; thorace subcordato; elytris subconvexis, obsolete crenato-striatis, margine foveolisque triplici serie viridibus; antennarum basi, tibiis tarsisque rufis.

DEJ. *Spec.* II. p. 184. n° 121.
PANZER. *Fauna Germ.* 109. 6.
DUFTSCHMID. II. p. 43. n° 35.
STURM. III. p. 120. n° 52.
DEJ. *Cat.* p. 7.

Long. 7 ½, 9 lignes. Larg. 3, 3 ½ lignes.

Plus petit et moins aplati que le *Depressus*, et entièrement d'une couleur bronzée cuivreuse, avec les bords latéraux des élytres et quelques reflets d'un beau vert sur le corselet.

Tête légèrement ponctuée et ridée.

Corselet plus large que la tête, moins long que large, rétréci postérieurement, presque en cœur, légèrement convexe, ayant quelques points et quelques rides, un peu échancré antérieurement, avec les bords latéraux légèrement rebordés et les angles postérieurs non relevés.

Élytres plus larges que le corselet, en ovale allongé, légèrement convexes, couvertes de stries très-peu marquées qui se confondent souvent entre elles, et dont les intervalles paraissent crénelés et formés de points élevés, ayant en outre sur chaque trois rangées de points assez grands, peu enfoncés, dont le fond est d'une belle couleur verte, et au milieu desquels on voit un petit point.

Dessous du corps et cuisses noirs, avec les jambes et les tarses d'un brun rougeâtre.

Ce beau *Carabus* se trouve dans les endroits les plus élevés des Alpes de l'Autriche et de la Styrie.

DIX-SEPTIÈME DIVISION.

140. C. Bœberi.

Pl. 69. fig. 3.

Oblongo-ovatus, depressus, suprà cupreo-æneus ; capite crassiore ; thorace transverso, subcordato ; elytris subplanis, crenato-striatis, punctisque impressis sæpe obsoletis triplici serie.

Dej. *Spec.* ii. p. 185. n° 122.

Adams. *Mémoires de la Soc. imp. des Naturalistes de Moscou.* v. p. 290. n° 12.

Fischer. *Entomographie de la Russie.* 1. p. 108. n° 30. T. 10. fig. 30.

Long. 7 lignes. Larg. 2 $\frac{3}{4}$ lignes.

Beaucoup plus petit que l'*Irregularis*, auquel il ressemble par la forme, et d'une couleur bronzée, avec quelques reflets cuivreux assez brillans.

Tête grosse, large, très-légèrement ponctuée et ridée.

Corselet un peu plus large que la tête à sa partie antérieure, beaucoup moins long que large, presque transversal, rétréci postérieurement, fortement échancré antérieurement, avec les bords latéraux un peu relevés et rebordés.

Élytres plus larges que le corselet, en ovale allongé, presque planes, couvertes de stries très-serrées, bien marquées et assez fortement crénelées, ayant en outre trois rangées de points enfoncés peu distincts, dont la plus grande partie manque quelquefois entièrement.

Dessous du corps et pattes noirs.

Il habite les montagnes du Caucase.

141. C. Irregularis.

Pl. 69. fig. 4.

Oblongo-ovatus, depressus, supra cupreo-æneus; capite crassiore; thorace transverso, subcordato; elytris subplanis, subrugosis, foveolisque cupreis triplici serie; antennarum basi rufis.

DEJ. *Spec.* II. p. 123. n° 187.
FABR. *Syst. El.* I. p. 173. n° 21.
OLIV. III. 35. p. 29. n° 25. T. 11. fig. 131.
SCH. *Syn. Ins.* I. p. 172. n° 24.
DUFTSCHMID. II. p. 41. n° 32.
STURM. III. p. 118. n° 51.
DEJ. *Cat.* p. 7.

Long. 10, 12 $\frac{1}{2}$ lignes. Larg. 3 $\frac{3}{4}$, 5 lignes.

Moins allongé et un peu plus petit que le *Creutzeri*, et d'une couleur bronzée plus ou moins obscure et plus ou moins cuivreuse.

Tête grosse, assez large, légèrement ponctuée et ridée.

Corselet plus large que la tête à sa partie antérieure, beaucoup moins long que large, presque transversal, rétréci postérieurement, légèrement ponctué et ridé, fortement échancré antérieurement, avec les bords latéraux un peu déprimés, rebordés et un peu relevés.

Élytres à peu près le double plus larges que le corselet dans leur milieu, en ovale allongé, assez plane, couvertes de petits points élevés presque rangés en stries, qui les font paraître un peu chagrinées, ayant en outre sur chaque trois rangées de gros points enfoncés, dont le fond est un peu cuivreux et dont plusieurs manquent quelquefois.

Dessous du corps et pattes noirs.

Il se trouve dans les bois et les montagnes, en Allemagne, en Suisse et dans les parties orientales de la France.

SIMPLICIPÈDES.

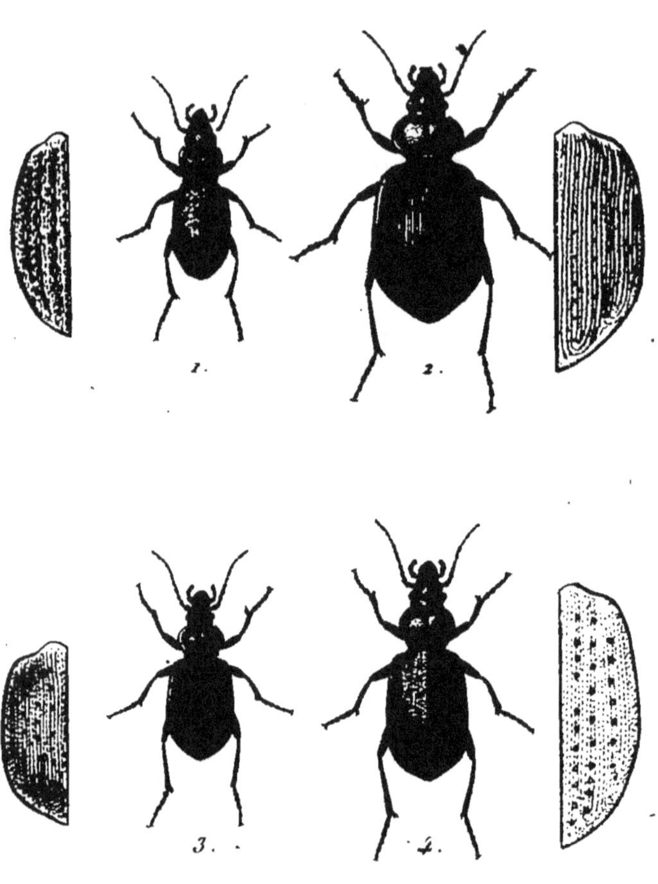

1. Carabus Pyrenæus.   3. Calosoma Inquisitor.
2. Calosoma Sycophanta.   4. —————— Auropunctatum.

142. C. Pyrenæus. *Dufour.*

Pl. 70. fig. 1.

*Oblongo-ovatus, depressus, supra viridi vel cupreo-æneus
vel nigro-violaceus; thoracis elytrorumque margine cupreo vel violaceo; capite crassiore; thorace transverso,
subcordato; elytris subplanis, crenato-striatis, subreti-
culatis, punctisque impressis vel oblongis elevatis obsoletis
triplici serie.*

Dej. *Spec.* ii. p. 188. n° 124.
Dej. *Cat.* p. 7.

Long. 7 ½, 10 lignes. Larg. 3, 4 lignes.

Plus petit et plus allongé que l'*Irregularis*, et d'une
couleur bronzée plus ou moins obscure, plus ou moins
cuivreuse, quelquefois même presque verte et quelquefois
d'un bleu violet, avec les bords latéraux tantôt d'un
rouge cuivreux, tantôt d'un violet plus ou moins pur-
purin.

Tête grosse, très-légèrement ponctuée et ridée.

Corselet plus large que la tête à sa partie antérieure,
beaucoup moins long que large, presque transverse, rétréci
postérieurement, un peu en cœur, assez fortement ponctué, fortement échancré antérieurement, avec les bords
latéraux un peu déprimés, rebordés et un peu relevés.

Élytres un peu plus larges que le corselet, en ovale
allongé, assez larges à leur base, presque parallèles;
couvertes de stries crénelées assez irrégulières, qui les

font paraître presque réticulées, ayant en outre trois
rangées de points enfoncés très-peu marqués; les intervalles entre ces points formant quelquefois, par leur élévation, trois rangées de points oblongs peu distincts.
Dessous du corps et pattes noirs.

Ce bel insecte se trouve dans les Hautes-Pyrénées et
dans les Pyrénées-Orientales.

IX. CALOSOMA. *Weber. Fabricius. Fischer.*

CARABUS. *Olivier.* CALLISTENES. *Fischer.*

*Les quatre premiers articles des tarses antérieurs dilatés
dans les mâles ; les trois premiers très-fortement, le
quatrième souvent un peu moins. Dernier article des
palpes très-légèrement sécuriforme. Antennes filiformes ;
le troisième article légèrement comprimé, tranchant extérieurement et sensiblement plus long que les autres.
Lèvre supérieure bilobée. Mandibules larges, très-légèrement arquées, plus ou moins aiguës, striées transversalement et n'ayant pas de dents sensibles intérieurement.
Une forte dent au milieu de l'échancrure du menton.
Corselet court, presque transversal et plus ou moins arrondi. Élytres ordinairement en carré plus ou moins
allongé, rarement ovales ou arrondies. Le plus souvent
des ailes propres au vol.*

Le genre *Calosoma* établi par Weber a été adopté par
Fabricius et par tous les auteurs qui ont écrit après lui,
et il est maintenant bien connu de tous les entomologistes.

Les insectes qui le composent ont presque tous un *facies* particulier qui les fait aisément reconnaître ; cependant leurs caractères génériques diffèrent bien peu de ceux des *Carabus*, et la plupart de ces caractères ne sont pas constans et manquent quelquefois dans quelques espèces ; mais au défaut des uns il faut avoir recours aux autres.

Les mandibules sont ordinairement un peu plus larges, moins arquées et moins aiguës ; elles n'ont pas de dents sensibles à la base, et elles sont toujours striées transversalement en-dessus. La dent qui se trouve au milieu de l'échancrure du menton est ordinairement un peu moins forte et moins avancée. Le dernier article des palpes est toujours très-légèrement sécuriforme. Le troisième article des antennes est toujours légèrement comprimé, tranchant extérieurement et toujours un peu plus long que les autres. Le corselet est plus court, presque transversal, plus ou moins arrondi et n'est jamais que légèrement échancré postérieurement. Les élytres sont ordinairement presque en carré plus ou moins allongé, quelquefois ovales ou arrondies. Presque toutes les espèces ont des ailes et volent très-bien ; cependant quelques-unes en sont dépourvues. Les jambes intermédiaires et postérieures sont souvent arquées, surtout dans les mâles. Les autres caractères leur sont communs avec les *Carabus*.

Le genre *Callisthenes* que M. Fischer a établi dans son *Entomographie de la Russie*, ne peut être séparé des *Calosoma*.

Les *Calosoma* sont répandus sur toute la surface du globe ; on en trouve plusieurs espèces en Europe, en Sibérie et dans les deux Amériques. On en connaît une espèce du Cap de Bonne-Espérance, une de Madère, une du Sénégal et une autre de la Chine; je n'en ai pas encore vu de la Nouvelle-Hollande. Ces insectes se rencontrent ordinairement dans les bois et presque toujours sur les arbres; leurs larves se nourrissent dans les nids des chenilles de ces Bombix qui vivent en société comme nos Processionnaires; cependant elles ne s'en nourrissent pas exclusivement, car l'on trouve le *Calosoma indagator* dans beaucoup de lieux où le *B. Processionea* est tout-à-fait inconnu.

1. C. SYCOPHANTA.

Pl. 70. fig. 2.

Violaceum; elytris viridi-aureis, crenato-striatis, punctisque minutis impressis triplici serie.

DEJ. *Spec.* II. p. 193. n° .
FABR. *Syst. El.* 1. p. 212 n° 5.
SCH. *Syn. Ins.* 1. p. 227. n° 6.
GYLLENHAL. II. p. 42. n° 1.
DUFTSCHMID. II. p. 13. n° 1.
STURM. III. p. 125. n° 1. T. 66. fig. a.
DEJ. *Cat.* p. 7.

Carabus Sycophanta. OLIV. III. 35. p. 42. n° 43. T. 3. fig. 31.

Le Bupreste quarré couleur d'or. GEOFF. 1. p. 144. n° 5.

Long. 11 $\frac{1}{2}$, 13 $\frac{1}{2}$ lignes. Larg. 5 $\frac{1}{2}$, 6 $\frac{1}{2}$ lignes.

Tête d'un noir violet, quelquefois légèrement verdâtre, assez fortement ponctuée et ridée.

Corselet d'un bleu violet, avec les bords latéraux plus ou moins verdâtres, moitié plus large que la tête dans son milieu, presque moitié moins long que large, très-arrondi sur les côtés, entièrement ponctué, avec les bords latéraux un peu déprimés, rebordés et légèrement relevés.

Élytres d'un beau vert doré, avec un reflet un peu cuivreux, moitié plus larges que le corselet, presque en forme de carré un peu allongé, coupées obliquement, un peu arrondies vers l'extrémité, légèrement convexes, couvertes de stries assez serrées, dans lesquelles il y a une rangée de points enfoncés qui les fait paraître légèrement crénelées.

Dessous du corps d'un bleu violet, avec les pattes noires.

Il se trouve assez communément dans les bois, dans presque toute l'Europe, particulièrement lorsqu'il y a beaucoup de chenilles; il est plus commun dans le midi que dans le nord. Cet insecte a une odeur forte, très-désagréable et très-différente de celle des *Carabus.*

2. C. INQUISITOR.

Pl. 70. fig. 3.

Supra cupreo vel nigro-æneum; elytris punctato-striatis, transversim rugatis, punctisque impressis triplici serie; subtus viridi-cupreum.

DEJ. *Spec.* II. p. 194. n° 3.

Fabr. *Syst. El.* i. p. 212. n° 7.

Sch. *Syn. Ins.* i. p. 227. n° 7.

Gyllenhal. ii. p. 50. n° 2.

Duftschmid. ii. p. 13. n° 2.

Sturm. iii. p. 129. n° 3.

Dej. *Cat.* p. 7.

Carabus Inquisitor, Oliv. iii. 35. p. 40. n° 40. t. i. fig. 3.

Le Bupreste quarré couleur de bronze antique. Geoff. i. p. 145. n° 6.

Long. 7 $\frac{1}{4}$, 9 lignes. Larg. 3 $\frac{1}{2}$, 4 $\frac{1}{2}$ lignes.

De la même forme que le *Sycophanta*, mais beaucoup plus petit, et d'une couleur plus ou moins bronzée, plus ou moins cuivreuse, quelquefois presque noire et quelquefois un peu violette.

Tête assez fortement ponctuée et ridée.

Corselet dans son milieu à peu près moitié plus large que la tête, très-court, moitié moins long que large, très-arrondi sur les côtés, entièrement ponctué et ridé, avec les bords latéraux un peu déprimés, relevés et rebordés, et la base légèrement sinuée.

Élytres à peu près de même forme que celles du *Sycophanta*, striées; chaque strie ayant une rangée de points enfoncés qui les fait paraître crénelées; les intervalles assez relevés, et ridés transversalement, surtout vers les bords latéraux; chaque élytre ayant en outre trois rangées de points enfoncés assez marqués, placés sur les quatrième, huitième et douzième intervalles, et dans lesquels il y a un petit point élevé.

Dessous du corps d'un vert-métallique plus ou moins cuivreux, plus ou moins obscur et quelquefois d'un noir violet, avec les pattes noires.

Il se trouve assez communément dans les bois en Allemagne et dans le nord de l'Europe ; il est plus rare en France.

3. C. Auropunctatum.

Pl. 70. fig. 4.

Supra viridi vel nigro-æneum; elytris substriatis, transversim undulato-rugatis, punctisque impressis æneis.triplici serie; tibiis intermediis incurvis.

Dej. *Spec.* ii. p. 203. n° 10.
Dej. *Cat.* p. 7.
C. *Indagator.* Gyllenhal. ii. p. 52. n° 4.
Sturm. iii. p. 132. n° 5.
Carabus Auropunctatus. Paykull. i. p. 129. n° 42.
Carabus Sericeus. Illiger. *Kæfer preus.* i. p. 142. n° 4.

Long. 11, 12 lignes. Larg. 4 ¾, 5 ¼ lignes.

Var. A. C. *Sericeum.* Duftschmid. ii. p. 15. n° 4.
Dej. *Cat.* p. 7.

Long. 9 ½, 10 ½ lignes. Larg. 4, 4 ½ lignes.

Beaucoup plus grand et plus allongé que l'*Inquisitor,* et en dessus d'une couleur bronzée obscure, quelquefois presque noire, et quelquefois un peu verdâtre.

Tête très-finement ponctuée et ridée.

Corselet dans son milieu moitié plus large que la tête, beaucoup moins long que large, très-arrondi sur les côtés, très-légèrement chagriné, coupé presque carrément antérieurement, avec les bords latéraux un peu déprimés, rebordés et très-légèrement relevés.

Élytres plus larges que le corselet, proportionnellement plus étroites et beaucoup plus allongées que celles de l'*Inquisitor*, presque en forme de carré allongé, avec les angles de la base et l'extrémité assez arrondis, couvertes de stries transversales ondulées, qui paraissent presque former de petites écailles imbriquées et disposées en lignes longitudinales peu régulières, les intervalles paraissant former des stries longitudinales peu distinctes; chaque élytre ayant trois rangées de points enfoncés dont le fond est d'une couleur un peu cuivreuse et quelquefois un peu verdâtre.

Dessous du corps et pattes noirs.

Il se trouve, mais rarement, en Suède et dans le nord de l'Allemagne.

La variété A, ou *C. Sericeum* de Duftschmid, est toujours beaucoup plus petite; il ne faut pas la confondre avec le véritable *C. Sericeum* de Fabricius.

Elle se trouve en Autriche, en Allemagne et en France; mais elle est rare partout.

4. C. INDAGATOR.

.Pl. 71. fig. 1.

Nigrum; elytris substriatis, obsoletissime transversim un-

CALOSOMA.

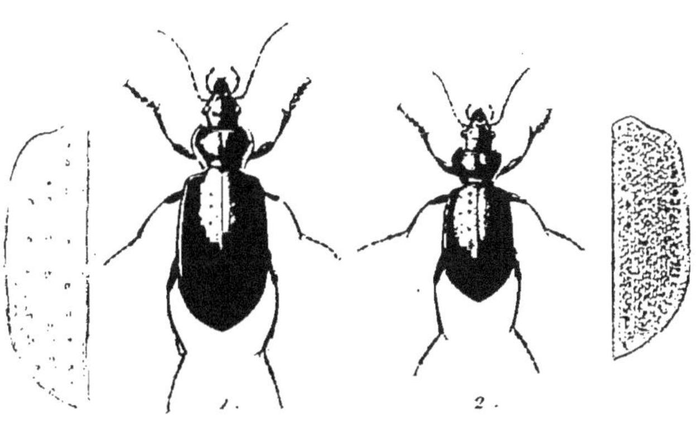

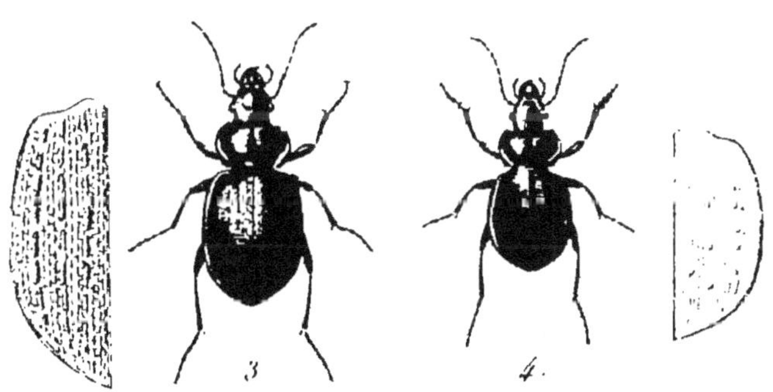

1. C. Indagator.   3. C. Reticulatum.

2. C. Sericeum.   4. C. Panderi.

P. Duménil Paris et Passad

*dulato-rugatis, punctisque impressis æneis triplici serie ;
tibiis intermediis incurvis.*

Dej. *Spec.* ii. p. 205. n° 11.
Fabr. *Syst. El.* i. p. 211. n° 4.
Sch. *Syn. Ins.* i. p. 128. n° 4.
Dej. *Cat.* p. 7.
Carabus Indagator. Oliv. iii. 35. p. 43. n° 44. t. 8.
fig. 88.
Carabus Hortensis. Rossi. *Fauna Etr.* i. p. 205. n° 506.
t. 1. fig. 3.
Carabus Auropunctatus. Rossi. *Mant.* 1. p. 75, n° 175.

Long. 11 $\frac{1}{2}$, 12 lignes. Larg. 4 $\frac{3}{4}$, 5 lignes.

Ressemble beaucoup à l'*Auropunctatum*, mais tout noir.

Tête et corselet proportionnellement plus petits et plus
finement ponctués.

Élytres paraissant à la vue simple tout-à-fait lisses,
mais avec la loupe laissant apercevoir des lignes longitudinales de très-petits points enfoncés disposés en stries,
et des stries transversales ondulées formant presque des
écailles imbriquées, beaucoup moins marquées que dans
l'*Auropunctatum;* chaque élytre ayant en outre trois rangées de points enfoncés, dont le fond est d'une couleur
cuivreuse, quelquefois un peu verdâtre

Dessous du corps et pattes noirs.

Il se trouve en Barbarie, en Espagne, et dans les
parties méridionales et occidentales de la France, mais
il est assez rare.

5. C. SERICEUM.

Pl. 71. fig. 2.

Supra obscuro-æneum; elytris subrugosis, foveolisque cu-
preis triplici serie; tibiis intermediis rectis.

DEJ. *Spec.* II. p. 206. n° 12.
FABR. *Syst. El.* 1. p. 212. n° 6.
SCH. *Syn. Ins.* I. p. 226. n° 5.
STURM. III. p. 130. n° 4. T. 66. fig. n.
Carabus Investigator. ILLIGER. *Kæfer preus.* 1. p. 142.
n° 3.

     Long. 8 $\frac{1}{2}$, 9 lignes. Larg. 4, 4 $\frac{1}{4}$ lignes.

VAR. A. *C. Caspium.* FISCHER.

     Long. 10 lignes. Larg. 4 $\frac{3}{4}$ lignes.

A peu près de la taille de l'*Inquisitor,* mais un peu
moins large et d'une couleur bronzée plus ou moins
obscure et quelquefois noirâtre.

Tête assez fortement ponctuée et ridée.

Corselet dans son milieu à peu près le double plus large
que la tête, beaucoup moins long que large, arrondi sur
les côtés, surtout antérieurement, un peu rétréci postérieurement, presque en cœur, très-fortement ponctué
et ridé.

Élytres plus étroites que celles de l'*Inquisitor* et plus
courtes que celles de l'*Auropunctatum,* couvertes de.

points élevés formés par des lignes longitudinales et transversales qui se croisent et les font paraître chagrinées; chaque élytre ayant en outre trois rangées de points enfoncés ordinairement plus grands et plus marqués que ceux de l'*Auropunctatum*, dont le fond est d'une couleur cuivreuse plus brillante.

Dessous du corps et pattes noirs.

Il se trouve en Russie et en Sibérie, et quelquefois, mais très-rarement, dans la Prusse orientale.

Le *C. Caspium* de Fischer est une variété, qui n'en diffère que par sa taille un peu plus grande.

6. C. Reticulatum.

Pl. 71. fig. 3.

Supra viridi vel nigro-æneum; thorace transverso; elytris ovatis, rugoso-reticulatis, punctisque impressis obsoletis triplici serie.

Dej. *Spec.* ii. p. 208. n° 13.
Fabr. *Syst. El.* i. p. 213. n° 9.
Sch. *Syn. Ins.* i. p. 228. n° 9.
Gyllenhal. ii. p. 51. n° 3.
Duftschmid. ii. p. 14. n° 3.
Sturm. iii. p. 127. n° 2.
Dej. *Cat.* p. 7.
Carabus Reticulatus. Olivier iii. 35. p. 42. n° 42. t. 12. fig. 134. a. b.

Long. 9 ½, 10 ½ lignes. Larg. 4 ½, 5 ¼ lignes.

Un peu plus grand que l'*Inquisitor*, proportionnellement beaucoup plus large et d'une couleur bronzée verdâtre, plus ou moins claire, plus ou moins obscure,
quelquefois presque verte et quelquefois presque tout-à-
fait noire.

Tête grosse, large, légèrement ponctuée.

Corselet dans son milieu moitié plus large que la tête,
moitié moins long que large, transverse, arrondi sur les
côtés, légèrement ponctué et ridé, un peu échancré antérieurement, avec les bords latéraux un peu déprimés,
rebordés, un peu relevés vers les angles postérieurs.

Élytres un peu plus larges que le corselet, en ovale
très peu allongé, assez convexes, couvertes de points
élevés presque disposés en stries longitudinales qui se
confondent souvent entre eux, et qui les font paraître
comme chagrinées ou réticulées; chaque élytre ayant en
outre trois lignes de points enfoncés très-peu marqués.

Dessous du corps et pattes noirs.

Il se trouve en Suède, dans le nord de l'Allemagne et
en Autriche, mais il est rare partout.

7. C. PANDERI.

Pl. 71. fig. 4.

*Supra nigro-cyaneum; elytris rotundatis, crenato-striatis,
transversim rugatis; subtus nitido-violaceum.*

Dej. *Spec.* II. p. 211. n° 76.

Callisthenes Panderi. Fischer. *Entomographie de la Russie.* 1. p. 85. т. 7.

Long. 8 ½ lignes. Larg. 4 ½ lignes.

A peu près de la taille de l'*Inquisitor,* mais beaucoup plus court et d'un bleu foncé presque noir, avec les bords latéraux d'un bleu plus clair et un peu violet.

Tête assez allongée, légèrement réticulée.

Corselet beaucoup moins long que large, un peu arrondi sur les côtés et un peu rétréci postérieurement, réticulé, un peu échancré antérieurement, avec les bords latéraux déprimés et relevés.

Élytres beaucoup plus larges que le corselet, courtes, presque orbiculaires, couvertes de stries bien marquées et légèrement crénelées; les intervalles marqués de stries transversales.

Dessous du corps et pattes d'un bleu violet.

Il se trouve dans les sables des Kirguises, au midi d'Orenbourg.

X. LEISTUS. *Frœhlich.*

Pogonophorus. *Latreille.* Carabus. *Fabricius.* Manticora. *Jurine. Panzer.*

Les trois premiers articles des tarses antérieurs des mâles dilatés en carré plus ou moins allongé. Palpes très-allongés; le dernier article s'élargissant insensiblement vers l'extrémité. Antennes sétacées. Lèvre supérieure entière et presque arrondie. Mandibules peu saillantes, non

*dentées intérieurement et dilatées extérieurement à leur
base. Une dent bifide au milieu de l'échancrure du menton.
Tête rétrécie postérieurement. Corselet cordiforme. Élytres en carré ou ovale allongé.*

Frœhlich a le premier distingué ce genre, et lui a donné
le nom qu'il porte maintenant. Presque dans le même
temps Latreille l'avait aussi établi sous le nom de *Pogonophorus*; mais celui de *Leistus* a été adopté par presque
tous les entomologistes et par Latreille lui-même dans ses
derniers ouvrages. Plus tard Panzer, d'après Jurine, a
cru que ces insectes pouvaient être réunis au genre *Manticora*, et il a donné sous ce nom leurs caractères génériques et les figures des deux espèces les plus connues.

Les *Leistus* sont de très-jolis insectes, très-vifs et très-
agiles, tous à peu près de la même grandeur, que l'on
reconnaîtra facilement aux caractères suivans :

La tête est arrondie et rétrécie postérieurement. La
lèvre supérieure est entière et presque arrondie antérieurement. Les mandibules sont peu avancées, courbées,
aiguës à leur extrémité, non dentées intérieurement et
dilatées extérieurement à leur base presque en demi-
cercle. Le menton est assez grand, un peu concave, et
il a une dent bifide au milieu de son échancrure. Le côté
extérieur des mâchoires est garni de soies très-raides,
très-fortes et presque épineuses, et il y a une rangée de
soies semblables à la base de la tête. Les palpes sont
minces et très-allongés; leurs premiers articles sont
cylindriques; le dernier des maxillaires s'élargit un peu
vers l'extrémité, et le dernier des labiaux est presque en

LEISTUS.

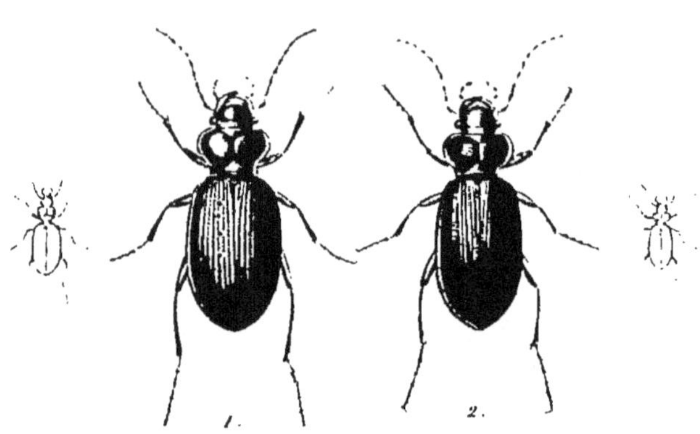

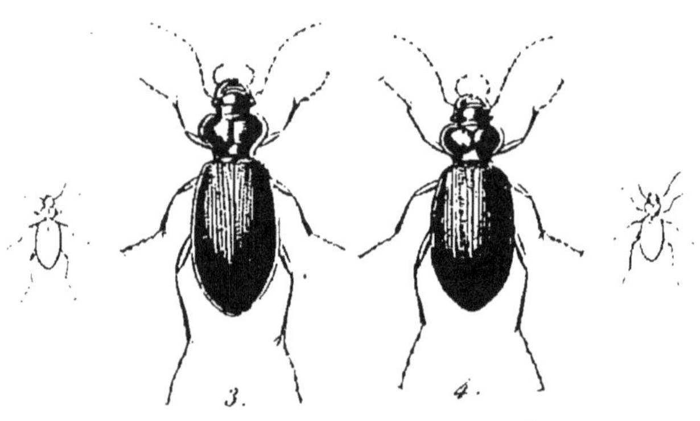

1. L. Spinibarbis.   3. L. Rufomarginatus.
2. L. Fulvibarbis.   4. L. Nitidus.

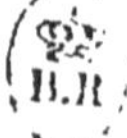

P. Dumenil Pinxit et Direxit

triangle très-allongé. Les antennes sont minces, sétacées
et à peu près de la longueur de la moitié du corps. Les
yeux sont arrondis et assez saillans. Le corselet est arrondi, plus ou moins rétréci postérieurement et plus ou
moins cordiforme. Les élytres sont assez allongées, plus
ou moins carrées où plus ou moins ovales. Les pattes sont
assez allongées ; les jambes antérieures sont simples, et
ne paraissent pas échancrées intérieurement; les trois
premiers articles des tarses antérieurs des mâles sont
assez fortement dilatés; le premier en carré allongé qui
s'élargit un peu vers l'extrémité, et les deux suivans en
carré dont les angles sont un peu arrondis.

Jusqu'à présent toutes les espèces connues de ce genre
appartiennent exclusivement à l'Europe. On les trouve
ordinairement sous les pierres et au pied des arbres, sous
la mousse et les feuilles sèches.

1. L. Spinibarbis.

Pl. 72. fig. 1.

*Supra cyaneus; thorace cordato, postice subangustato;
elytris subparallelis, punctato-striatis; ore, antennis
pedibusque rufo-brunneis, interdum rufis.*

Dej. *Spec.* ii. p. 214. n° 1.
Dej. *Cat.* p. 7.
Carabus Spinibarbis. Fabr. *Syst. El.* i. p. 181. n° 61.
Oliv. iii. 35. p. 67. n° 84. t. 3. fig. 22. a. b. c.
Sch. *Syn. Ins.* i. p. 184. n° 82.

Pogonophorus Cæruleus. LATREILLE. *Gen. Crust. et Insect.* I. p. 223. n° 1.

L. Cæruleus. STURM. III. p. 154. n° 1. T. 70.

Manticora Pallipes. PANZER. *Fauna Germ.* 89. n° 2.

Long. 3 ½, 4 ¼ lignes. Larg. 1 ½, 1 ¾ ligne.

Plus petit et plus étroit que la *Nebria Brevicollis*, et d'une couleur bleue brillante plus ou moins foncée et quelquefois un peu verdâtre.

Tête assez large, arrondie.

Corselet au milieu plus large que la tête, moins long que large, en cœur, très-arrondi sur les côtés et un peu rétréci postérieurement, lisse au milieu, ponctué sur les bords, légèrement échancré antérieurement, avec les bords latéraux déprimés, un peu relevés, et ayant une bordure étroite d'une couleur roussâtre.

Élytres plus larges que le corselet, assez allongées, presque parallèles, arrondies à l'extrémité; leurs stries bien marquées et fortement ponctuées, quelques points un peu plus gros, mais peu distincts, sur la troisième strie du côté de la suture.

Dessous du corps d'un brun-obscur légèrement bleuâtre.

Antennes, pattes et bouche d'un brun roussâtre ou d'un roux ferrugineux.

On le trouve ordinairement dans les bois, sous les pierres et les feuilles sèches, en France et en Allemagne.

2. L. FULVIBARBIS. *Hoffmansegg.*

Pl. 72. fig. 2.

Supra nigro-piceus, subcyaneus ; thorace cordato, postice angustato ; elytris subparallelis, punctato-striatis ; ore, antennis pedibusque rufis.

DEJ. *Spec.* II. p. 215. n° 2.
DEJ. *Cat.* p. 7.
Carabus Rufibarbis? FABR. *Sys. El.* 1. p. 201. n° 168.
SCH. *Syn. Ins.* 1. p. 209. n° 229.

Long. 3 ¼, 3 ¾ lignes. Larg. 1 ⅓, 1 ⅔ ligne.

Ressemble beaucoup au *Spinibarbis*, mais un peu plus petit et d'un brun-noirâtre très-légèrement bleuâtre.

Corselet plus court, plus arrondi, beaucoup plus rétréci postérieurement, un peu plus convexe, avec les bords latéraux moins larges, moins déprimés et moins relevés, et les angles postérieurs plus saillans.

Bouche, antennes et pattes d'un rouge ferrugineux.

Il se trouve en Espagne, en Portugal, en Dalmatie, dans le midi de la France, en Angleterre, et quelquefois aux environs de Paris.

3. L. Rufomarginatus.

Pl. 72. fig. 3.

Nigro-piceus; thorace cordato, postice angustato; clytris subparallelis, punctato-striatis; ore, antennis, thoracis elytrorumque margine pedibusque rufis.

Dej. *Spec.* ii. p. 216. n° 3.
Sturm. iii. p. 155. n° 2. t. 71. fig. A. a.
Dej. *Cat.* p. 7.
Carabus Rufomarginatus. Duftschmid. ii. p. 54. n° 50.

Long. 3 ½, 4 lignes. Larg. 1 ⅓, 1 ⅓ ligne.

De la taille du *Spinibarbis*, mais un peu plus étroit et d'un brun-foncé presque noir.

Corselet plus court, plus arrondi sur les côtés, plus rétréci postérieurement, moins cependant que dans le *Fulvilabris*, assez fortement ponctué antérieurement et postérieurement, presque lisse sur les bords latéraux, qui sont déprimés et d'un brun rougeâtre.

Élytres de la même couleur, avec une petite bordure d'un brun rougeâtre. Dessous du corps d'un brun-obscur un peu roussâtre sur les côtés et à l'extrémité.

Bouche, antennes et pattes d'un rouge ferrugineux.

Il se trouve en Autriche et en Suède.

4. L. Nitidus.

Pl. 72. fig. 4.

*Nigro-piceus; thorace cordato, postice angustato; elytris
subparallelis, punctato-striatis, viridi-œneis; ore, antennis pedibusque rufis.*

Dej. *Spec.* ii. p. 217. n° 4.
Sturm. iii. p. 157. n° 3. t. 71. fig. B. b.
Dej. *Cat.* p. 7.
Carabus Nitidus, Duftschmid. ii. p. 56. n° 52.

Long. 3 ½ lignes. Larg 1 ¼ ligne.

Plus petit que le *Spinibarbis* et un peu plus étroit.

Tête et corselet d'un brun-noirâtre brillant, très-légèrement bronzé; celui-ci plus court que celui du *Spinibarbis*, plus arrondi sur les côtés, plus rétréci postérieurement, moins cependant que celui du *Fulvibarbis*, plus
convexe, très-lisse au milieu.

Élytres d'une couleur bronzée verdâtre assez brillante,
avec les points enfoncés placés près de la troisième strie,
un peu plus marqués que dans le *Spinibarbis*.

Dessous du corps d'un brun noirâtre, avec l'extrémité
un peu roussâtre.

Bouche, antennes et pattes d'un rouge ferrugineux
assez clair.

Il se trouve dans les Alpes de Styrie et de la Suisse,
et dans les Pyrénées.

5. L. Spinilabris.

Pl. 73. fig. 1.

*Rufo-ferrugineus; thorace cordato, postice angustato;
elytris oblongo-ovatis, punctato-striatis.*

Dej. *Spec.* ii. p. 217. n° 5.

Carabus Spinilabris. Fabr. *Syst. El.* 1. p. 204. n° 189.

Pogonophorus Spinilabris. Gyllenhal. ii. p. 47. n° 1.

Leistus Rufescens. Sturm. iii. p. 158. n° 4.

Dej. *Cat.* p. 7.

Pogonophorus Rufescens. Latreille. *Genera Crust. et
Insect.* 1. p. 223. n° 2. *var.* B.

Carabus Rufescens. Sch. *Syn. Ins.* 1. p. 213. n° 256.
var. c.

Duftschmid. ii. p. 53. n° 49.

Manticora Fuscoænea. Panzer. *Faun. Germ.* 89. n° 3.

Long. 3, 3 $\frac{1}{2}$ lignes. Larg. 1 $\frac{1}{4}$, 1 $\frac{1}{2}$ ligne.

Plus petit et plus étroit que le *Spinibarbis,* et d'une
couleur ferrugineuse plus ou moins obscure.

Tête plus lisse et plus rétrécie postérieurement.

Corselet un peu plus court, plus arrondi sur les côtés,
beaucoup plus rétréci postérieurement, plus convexe,
très-lisse, avec les bords antérieurs et postérieurs assez
fortement ponctués.

Élytres un peu plus étroites antérieurement, ayant

LEISTUS.

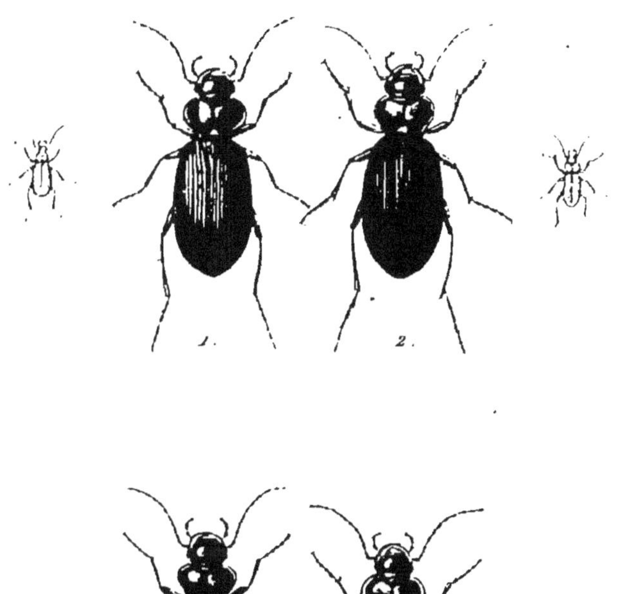

1. L. Spinilabris

2. L. Terminatus.

3. L. Analis.

4. L. Angusticollis.

une forme plus ovale et moins parallèle, avec les stries un peu moins marquées vers le bord extérieur et vers l'extrémité, et les points enfoncés placés près de la troisième strie au contraire un peu plus marqués.

Dessous du corps un peu plus clair que le dessus.

Bouche, antennes et pattes d'un jaune-ferrugineux assez clair.

Il se trouve en Suède, en Allemagne et dans le nord de la France; il est assez rare aux environs de Paris.

6. L. Terminatus.

Pl. 73. fig. 2.

Rufo-ferrugineus; thorace cordato, postice angustato; elytris oblongo-ovatis, punctato-striatis, apice verticeque fuscis.

Dej. *Spec.* ii. p. 218. n° 6.

Dej. *Cat.* p. 7.

Carabus Terminatus. Panzer. *Faun. Germ.* 7. n° 2.

Carabus Rufescens. Fabr. *Syst. El.* i. p. 205. n° 191.

Oliv. iii. 35. p. 101. n° 141. т. 12. fig. 146.

Sch. *Syn. Ins.* i. p. 213. n° 256.

Duftschmid. ii. p. 53. n° 49. *var.* c.

Leistus Rufescens. Sturm. iii. p. 158. n° 4. *var.* 4.

Pogonophorus Rufescens. Latreille. *Genera Crust. et Insect.* i. p. 223. n° 2.

Pogonophorus Spinilabris. Gyllenhal. ii. p. 47. n° 1; *var.* b.

Long. 5, 3 ½ lignes. Larg. 1 ¼, 1 ½ ligne.

Ressemble beaucoup au *Spinilabris*, avec lequel il a été confondu par la plupart des entomologistes.

Tête d'un brun noirâtre à sa partie postérieure.

Corselet un peu moins étranglé à sa partie postérieure, avec les bords latéraux tombant un peu obliquement sur la base, et formant avec elle un angle un peu obtus, tandis qu'il est tout-à-fait droit dans le *Spinilabris*.

Élytres et abdomen d'un brun noirâtre à leur extrémité.

Il se trouve en Suède, en Allemagne, dans le nord de la France et dans les montagnes du Caucase.

7. L. ANALIS.

Pl. 73. fig. 3.

Nigro-piceus; thorace cordato, suborbiculato; elytris elongato-ovalis, punctato-striatis; ore, antennis pedibusque rufis.

Dej. *Spec.* 11. p. 219. n° 7.
Dej. *Cat.* p. 7.
Carabus Analis. Fabr. *Syst. El.* 1. p. 197. n° 148.
Sch. *Syn. Ins.* 1. p. 204. n° 202.
Leistus Frœhlichii. Sturm. 111. p. 160. n° 5.
Carabus Frœhlichii. Duftschmid. 11. p. 55. n° 51.
Leistus Piceus. Froehlich. *Naturf.* 28. 9. 2. T. 1. fig. 10.
Leistus Crenatus, Dahl.

Long. 5 ¾, 4 ¼ lignes. Larg. 1 ⅓, 1 ¾ ligne.

A peu près de la taille du *Spinibarbis,* mais beaucoup plus allongé et d'un brun-foncé presque noir.

Tête lisse, très-rétrécie postérieurement.

Corselet très-arrondi sur les côtés et presque orbiculé, assez convexe, lisse, avec les bords latéraux légèrement rebordés et les angles postérieurs coupés carrément.

Élytres très-rétrécies antérieurement, en ovale très-allongé, ayant des stries bien marquées, mais un peu moins fortement ponctuées que dans les autres espèces.

Dessous du corps d'un brun un peu plus clair que le dessus.

Bouche, antennes et pattes d'un rouge ferrugineux.

Il se trouve dans les montagnes de la Styrie, dans celles du Harz, et dans le Bannat en Hongrie.

8. L. Angusticollis.

Pl. 75. fig. 4.

Rufo-ferrugineus; thorace cordato, postice attenuato, utrinque acuminato; elytris elongato-ovatis, punctato-striatis.

Dej. *Spec.* ii. p. 220. n° 8.
Dej. *Cat.* p. 7.

Long. 4 lignes. Larg. 1 ½ ligne.

A peu près de la taille et de la forme de l'*Analis,* et d'un brun-ferrugineux assez clair.

Corselet lisse au milieu, avec les bords latéraux arrondis depuis le bord antérieur jusqu'à peu près au milieu, où ils forment un angle assez aigu, allant ensuite en ligne droite obliquement jusque près de la base, où ils forment un angle rentrant, pour tomber carrément et former avec elle un angle droit.

Élytres en ovale allongé, comme celles de l'*Analis*, avec les stries fortement ponctuées.

Dessous du corps à peu près de la couleur du dessus.

Bouche, antennes et pattes un peu plus pâles.

Décrit et figuré sur un individu unique, trouvé en Espagne, dans la province de Salamanque, par M. Dejean.

XI. PTEROLOMA. *Schönherr. Gyllenhal.*

ADOLUS. *Eschscholtz. Fischer.*

Tarses semblables dans les deux sexes. Dernier article des palpes très-légèrement ovalaire, presque terminé en pointe. Antennes assez allongées et un peu plus grosses vers l'extrémité. Lèvre supérieure courte, presque transversale et légèrement échancrée antérieurement. Mandibules peu saillantes, non dentées intérieurement. Point de dent au milieu de l'échancrure du menton. Corselet presque cordiforme. Élytres en ovale peu allongé.

Ce genre a été établi par Schönherr dans l'appendix du quatrième volume de Gyllenhal, sur l'insecte décrit dans le second sous le nom d'*Harpalus Forsströmii*. Depuis, Fischer, dans son troisième volume, en a développé les caractères sous le nom d'*Adolus*, qui lui avait été donné par M. Eschscholtz; mais M. Dejean, dans le supplément du cinquième volume du *Species*, a cru devoir adopter le nom primitif de *Pteroloma*.

L'insecte qui forme ce genre se rapproche un peu des *Nebria* par le *facies*, mais il présente des caractères génériques bien distincts.

La lèvre supérieure est courte, presque transversale, assez plane et légèrement échancrée antérieurement. Les mandibules sont peu avancées, arquées, assez aiguës, et non dentées intérieurement. Le menton est presque plane, très-largement échancré, et sans dent sensible au milieu de son échancrure, dont le fond est coupé presque carrément. Les palpes extérieurs sont moins allongés que dans les *Nebria*; leur dernier article est presque cylindrique, très-légèrement ovalaire et terminé presque en pointe. Les antennes sont à peu près de la longueur de la moitié du corps, et légèrement pubescentes; leurs articles sont obcôniques; leur premier est un peu plus gros que les suivans: le second est le plus court de tous; les cinq suivans sont assez allongés et égaux entre eux; les huitième, neuvième et dixième sont plus larges et presque en triangle allongé; le dernier est un peu plus grand ovalaire et terminé en pointe obtuse. Les pattes sont assez allongées. Les jambes antérieures sont tout-à-fait cylindriques; l'échancrure qui les termine en dessous est à peine sensible, et ne remonte nullement sur le côté interne. Les articles des tarses sont presque cylindriques; Fischer dit qu'ils sont semblables dans les deux sexes.

1. P. Forsströmii.

Pl. 83. fig. 4.

Nigro-piceum; thorace subcordato, marginato, sparse punctato, postice trifoveolato; elytris oblongo-ovalis, striato-punctatis; antennis pedibusque rufo-piceis.

Dej. *Spec.* v. *Suppl.* p. 571. n° 1.
Gyllenhal. iv. p. 418. n° 1.
Harpalus Forsströmii Gyllenhal. ii. p. 111. n° 27.
Adolus Brunneus. Eschscholtz. Fischer. *Entomographie de la Russie.* iii. p. 243. t. 14. fig. 1. a. b. c.

Long. 3 lignes. Larg. 1 ½ ligne.

D'un brun noirâtre en dessus. Tête assez allongée, couverte de points enfoncés, peu marqués et assez éloignés les uns des autres, avec les palpes et les antennes d'un brun roussâtre.

Corselet à peu près le double plus large que la tête, moins long que large, assez court, très-arrondi antérieurement sur les côtés, rétréci postérieurement, presque cordiforme et peu convexe, couvert de points enfoncés assez marqués, assez éloignés les uns des autres sur le milieu, plus serrés sur les bords, ayant en outre trois impressions sur sa partie postérieure.

Élytres à peu près le double plus larges que le corselet, en ovale peu allongé, assez convexes, ayant chacune neuf stries assez fortement marquées et fortement ponctuées, allant toutes depuis la base jusqu'à l'extrémité; les intervalles planes, les premier, troisième et cinquième ayant une rangée de points enfoncés, assez petits, peu marqués et assez éloignés les uns des autres.

Dessous du corps d'un brun noirâtre avec les pattes un peu plus claires.

Il se trouve au Kamtschatka et en Laponie.

XII. NEBRIA. *Latreille. Bonelli.*

CARABUS. *Fabricius.* ALPÆUS. *Bonelli.*

Les trois premiers articles des tarses antérieurs plus ou moins dilatés dans les mâles, triangulaires ou cordiformes. Dernier article des palpes plus ou moins allongé et très-légèrement sécuriforme. Antennes filiformes. Lèvre supérieure entière ou très-légèrement échancrée. Mandibules peu saillantes, non dentées intérieurement. Une dent bifide au milieu de l'échancrure du menton. Corselet cordiforme. Élytres allongées, plus ou moins ovales.

Ce genre, établi par Latreille, est depuis long-temps adopté par les entomologistes. Bonelli, dans ses *Observations entomologiques*, a essayé depuis de le diviser en deux, en créant un nouveau genre sous le nom d'*Alpæus,* dans lequel il place les espèces aptères qui ne se trouvent que dans les plus hautes montagnes; mais l'absence des ailes et quelques autres caractères secondaires qu'il emploie, tels que les antennes et les pattes plus longues et plus grêles, les élytres ovales et rétrécies antérieurement, ne peuvent suffire pour établir un genre, d'autant

plus que quelques espèces aptères sont semblables pour
la forme aux autres *Nebria,* et que d'autres qui sont ailées
présentent presque tous les caractères qu'il donne aux
Alpæus. Si Bonelli avait eu en sa possession toutes les
espèces connues maintenant, il aurait vu que son genre
Alpæus ne peut même pas former une division; car plusieurs espèces sont intermédiaires, et l'on ne saurait où
les placer.

Toutes les espèces, soit ailées, soit aptères, présentent
les caractères suivans : La tête est assez grande, assez
plane et presque triangulaire. La lèvre supérieure est
entière, transversale, coupée presque carrément ou très-
légèrement échancrée antérieurement. Les mandibules
sont peu saillantes, légèrement arquées, aiguës et non
dentées intérieurement. Le menton a une dent bifide au
milieu de son échancrure. Les palpes sont plus ou moins
allongés; leur dernier article est aussi plus ou moins
allongé et très-légèrement sécuriforme. Les antennes
sont filiformes et au moins de la longueur de la moitié
du corps. Les yeux sont ordinairement peu saillans. Le
corselet est ordinairement assez court et plus ou moins
cordiforme. Les élytres sont assez allongées, ordinairement parallèles et presque carrées dans les espèces ailées
et plus ou moins ovales dans les espèces aptères. Les pattes
sont plus ou moins allongées. L'échancrure qui termine
en-dessous les jambes est droite et ne remonte pas sur le
côté interne. Les trois premiers articles des tarses antérieurs des mâles sont plus ou moins dilatés, quelquefois
très-fortement, quelquefois très-légèrement, mais ils sont
toujours plus ou moins triangulaires ou cordiformes.

NEBRIA.

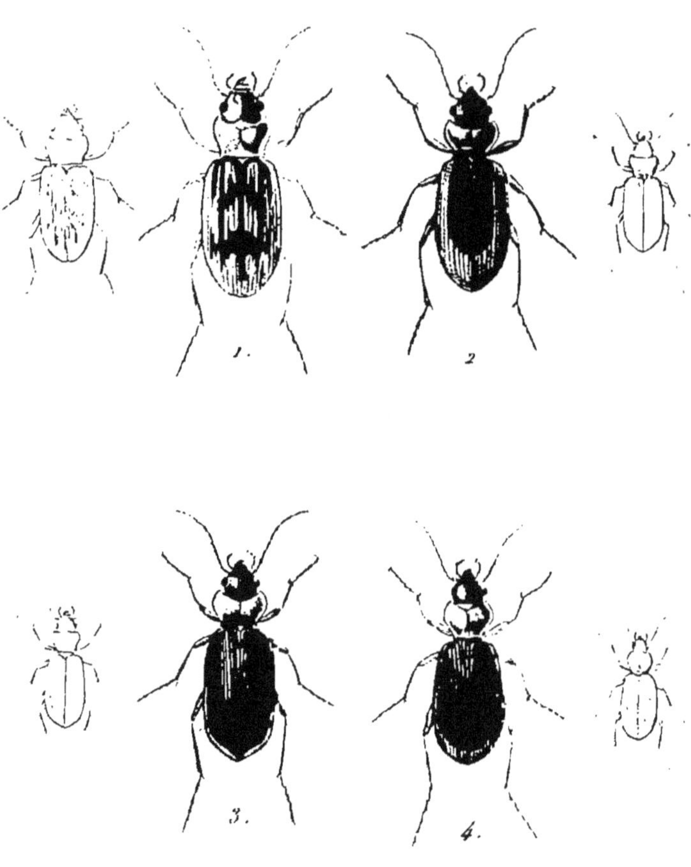

1 . N . Arenaria.

2 . N . Sabulosa.

3 . N . Lateralis.

4 . N . Psammodes.

P. Duméril Pinxit et Direxit

La plupart des espèces de ce genre appartiennent à l'Europe; on en trouve aussi quelques-unes dans les montagnes du Caucase, en Sibérie, dans les îles Aléutiennes et dans l'Amérique septentrionale.

On les trouve ordinairement sous les pierres dans les montagnes, et sur les bords de la mer, des rivières et des ruisseaux.

1. N. ARENARIA.

Pl. 74. fig. 1.

Pallida; elytris fasciis duabus abbreviatis undatis nigris.

DEJ. *Spec.* II. p. 225. n° 1.
DEJ. *Cat.* p. 7.
Carabus Arenarius. FABR. *Syst. El.* 1. p. 179. n° 49.
OLIV. III. 35. p. 55. n° 62. T. 5. fig. 54. a. b. c.
SCH. *Syn. Ins.* 1. p. 180. n° 66.

Long. 7 ¾, 8 ¾ lignes. Larg. 3 ¼, 3 ¼ lignes.

D'une forme assez aplatie et presque entièrement d'un jaune pâle, un peu plus foncé sur la tête et le corselet.

Corselet un peu plus large que la tête, beaucoup moins long que large, un peu en cœur, presque lisse, formant au milieu un angle très-obtus, avec les angles antérieurs assez aigus, et les bords latéraux un peu déprimés et un peu relevés.

Élytres plus larges que le corselet, presque parallèles, assez allongées, arrondies à l'extrémité, un peu déprimées, avec des stries presque lisses, et les intervalles assez lar-

ges, presque planes et lisses ; deux bandes noires irrégulières, inégales, l'une près de la base, et l'autre un peu
au-delà du milieu, n'allant pas jusqu'aux bords latéraux
et formées par plusieurs lignes noires ou taches oblongues placées à côté les unes des autres. Quelquefois ces
deux bandes sont jointes entre elles en différens endroits, quelquefois elles sont interrompues, quelquefois
même elles sont presque effacées.

Elle se trouve communément sur les bords de la mer,
sous les plantes marines, en Espagne, en Italie et en
France sur les bords de la Méditerranée et de l'Océan,
depuis l'Espagne jusqu'en Bretagne; on la trouve aussi
en Angleterre.

2. N. Sabulosa.

Pl. 74. fig. 2.

*Nigra; antennis, pedibus, thoracis medio, elytrorumque
limbo lato pallide testaceis.*

Dej. *Spec.* ii. p. 224. n° 2.
Sturm. iii. p. 157. n° 1.
Dej. *Cat.* p. 7.
N. Livida. Gyllenhal. ii. p. 38. n° 1.
Fischer. *Entomographie de la Russie.* i. p. 76. n° 5.
Var. 2. t. 6. fig. 6.
Carabus Sabulosus. Fabr. *Sys. El.* i. p. 179. n° 50.
Sch. *Syn. Ins.* i. p. 180. n° 67.
Carabus Lividus. Oliv. iii. 35. p. 66. n° 82. t. 10.
fig. 108.
Duftschmid. ii. p. 48. n° 42.

Long. 6, 7 ½ lignes. Larg. 2 ½, 5 lignes.

Plus petite, moins large et moins déprimée que l'*A-renaria.*

Corselet plus large que la tête, moins long que large, rétréci postérieurement et en forme de cœur; le milieu lisse et les bords ponctués; d'une couleur ferrugineuse pâle, avec les bords antérieurs et postérieurs noirs.

Élytres un peu plus larges que le corselet, assez allongées, presque parallèles, obliquement arrondies vers l'extrémité, légèrement convexes, avec des stries ponctuées et quatre ou cinq points plus gros sur le bord de la troisième strie du côté de la suture; les intervalles lisses presque planes; la couleur ferrugineuse pâle, avec une grande tache noire, commune aux deux élytres, allant depuis sa base jusqu'un peu au-delà du milieu.

Corselet noir en dessous avec une grande tache ferrugineuse sur chaque côté. Poitrine noire ainsi que l'abdomen avec l'extrémité d'un roux ferrugineux. Pattes ferrugineuses.

Elle est très-commune en Autriche sur les bords du Danube; on la trouve aussi dans différentes contrées de l'Allemagne, en Suède et en Russie.

3. N. LATERALIS.

Pl. 74. fig. 3.

Nigra; antennis, pedibus, thoracis medio elytrorumque limbo angusto pallide testaceis.

Dej. *Spec.* II. p. 225. n° 3.

Dej. *Cat.* p. 7.

N. Sabulosa. var. b. STURM. III. p. 137. n° 1.

N. Livida. var. b. GYLLENHAL. II. p. 38. n°. 1.

N. Livida. var. 1. FISCHER. *Entomographie de la Russie.* I. p. 76. n° 5. T. 6. fig. 5.

Carabus Lateralis. FABR. *Syst. El.* I. p. 180. n° 51.

Carabus Sabulosus. var. b. SCH. *Syn. Ins.* I. p. 180. n° 67.

Long. 7, 7 ½ lignes. Larg. 2 ¾, 5 lignes.

Très-voisine de la *Sabulosa,* dont elle n'est peut-être qu'une variété un peu plus grande.

Élytres noires avec une bordure ferrugineuse assez étroite, pas plus large vers l'extrémité que sur les bords latéraux; la couleur noire allant toujours jusqu'à la septième strie, tandis que dans la *Sabulosa* elle ne passe jamais la sixième; le reste comme dans la *Sabulosa.*

Elle se trouve dans le nord de l'Allemagne, en Suède, en Russie et en Sibérie.

4. N. PSAMMODES.

Pl. 74. fig. 4.

Nigra, antennis, pedibus, capite, thorace elytrorumque limbo pallide testaceis.

Dej. *Spec.* II. p. 226. n° 4.

BONELLI. *Observations entomologiques.* I. p. 47. n° 4.

Dej. *Cat.* p. 7.

Carabus Psammodes. ROSSI. *Mant.* I. p. 85. n° 193. T. 5. fig. M.

SCH. *Syn. Ins.* I. p. 180. n° 65.

SIMPLICIPEDES .

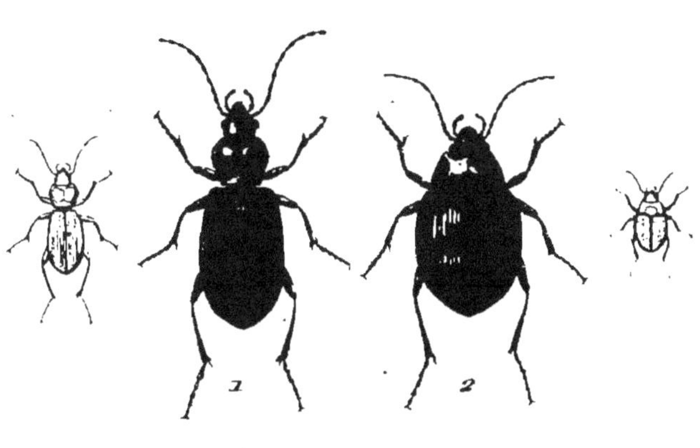

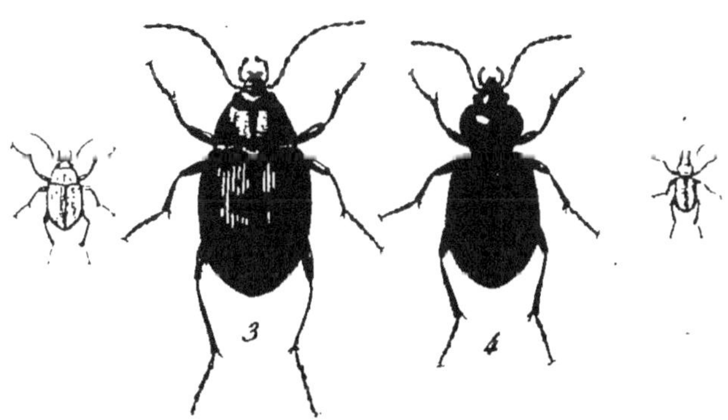

1 . Nebria Schreibersii .   3 .   Omophron Variegatum .

2 . Omophron Limbatum .   4 .   Pteroloma Forsströmii .

P. Dumenil Pinxit et Direxit

Long. 5 ¾, 6 ¼ lignes. Larg. 2 ¼, 2 ½ ligne.

Un peu plus petite que la *Sabulosa*, à laquelle elle ressemble beaucoup.

Tête d'un jaune ferrugineux.

Corselet entièrement ferrugineux, un peu plus long, moins large antérieurement, plus large au milieu et plus rétréci postérieurement que dans la *Sabulosa*.

Élytres d'un noir assez brillant, avec une bordure assez étroite de la couleur du corselet, s'élargissant un peu vers l'extrémité, un peu plus convexes que dans la *Sabulosa*, avec les stries bien marquées et légèrement ponctuées; pas de points enfoncés sur le bord de la troisième strie.

Dessous de la poitrine, de l'abdomen et base du corselet noirs.

Pattes d'un jaune-ferrugineux plus clair que le corselet.

Elle se trouve communément dans le midi de la France et en Italie, sous les pierres, aux bords des rivières et des ruisseaux.

5. N. Schreibersii. *Dahl.*

Pl. 83. fig. 1.

Pallide testacea ; pectore abdomineque nigris.

Dej. *Spec.* v. *Suppl.* p. 573. nº 35.

Long. 5 ½, 6 lignes. Larg. 2, 2 ⅓ lignes.

Ressemble beaucoup à la *Psammodes,* dont elle n'est peut-être qu'une variété.

Élytres entièrement d'un jaune-ferrugineux pâle, comme la tête et le corselet.

Le reste comme dans la *Psammodes*.

Elle se trouve en Sicile, d'où elle a été rapportée par Dahl.

6. N. Picicornis.

Pl. 75. fig. 1.

Nigra; capite anoque rufis; antennis pedibùsque testaceis.

Dej. *Spec.* p. 227. n° 5.
Dej. *Cat.* p. 7.
N. *Erythrocephala.* Sturm. iii. p. 146. n° 6.
Carabus *Picicornis.* Fabr. *Syst. El.* i. p. 180. n° 55.
Sch. *Syn. Ins.* i. p. 182. n° 73.
Duftschmid. ii. p. 47. n° 41.
Carabus Erythrocephalus. Fabr. *Syst. El.* i. p. 197. n° 147.

Long. 6, 7 lignes. Larg. 2 $\frac{1}{2}$, 2 $\frac{3}{4}$ lignes.

À peu près de la grandeur et de la forme de la *Sabulosa*.

Tête lisse, d'un rouge ferrugineux, avec les antennes d'une couleur ferrugineuse moins rouge et plus claire.

Corselet d'un noir un peu brun, un peu plus large que la tête à sa partie antérieure, rétréci postérieurement, et et en forme de cœur, lisse au milieu et ponctué sur les bords; le bord antérieur formant un angle très-obtus au milieu; les bords latéraux un peu déprimés, relevés et rebordés, avec les angles postérieurs coupés presque carrément.

Élytres de la couleur du corselet, avec des stries bien marquées et légèrement ponctuées, et les intervalles lisses.

NEBRIA.

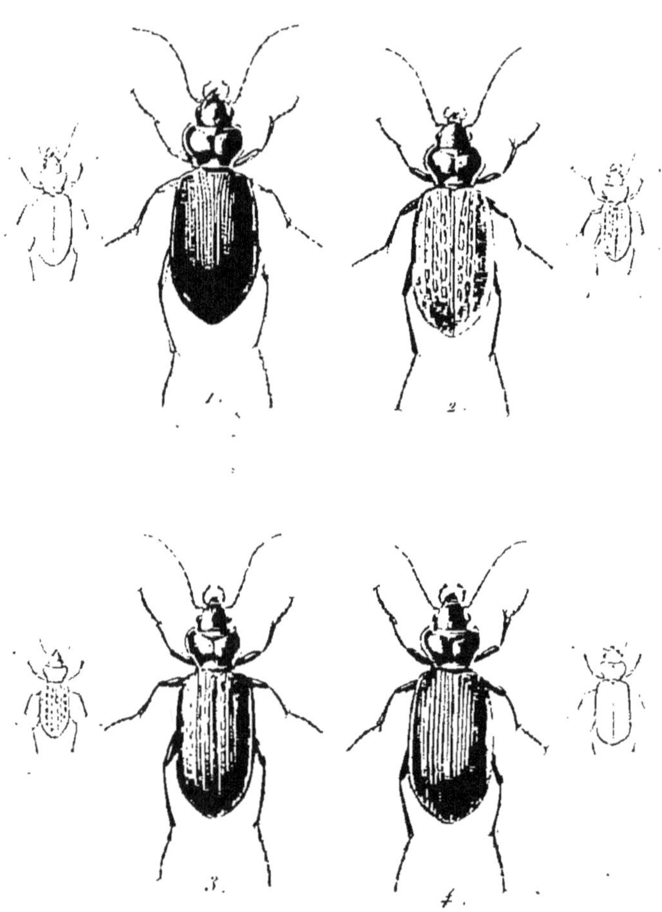

1 . N . Picicornis .

2 . N . Catenulata

3 . N . Nitidula .

4 . N . Ænea .

Dessous du corps noir, avec l'extrémité de l'abdomen d'un rouge-ferrugineux plus ou moins foncé.

Pattes d'une couleur ferrugineuse comme les antennes.

M. Dejean l'a trouvée très-communément en Autriche, sur les bords du Danube, et en Styrie sur ceux de la Drave. On la trouve aussi dans le midi et dans les parties orientales de la France, dans divers endroits de l'Allemagne, en Suisse, en Italie et dans le midi de la Russie.

7. N. Catenulata. *Gebler.*

Pl. 75. fig. 2.

Capite thoraceque viridi-violaceis; elytris cupreo-aureis, sulcatis, costis, alternatim catenulatis.

Dej. *Spec.* ii. p. 230. n° 8.

Fischer. *Entomographie de la Russie.* i. p. 74. n° 3. t. 6. fig. 3.

Long. 5 $\frac{1}{4}$ lignes. Larg. 2 lignes.

Tête d'un bleu-violet un peu verdâtre; presque lisse.

Corselet de la couleur de la tête, plus large qu'elle, moins long que large, rétréci postérieurement et très en cœur.

Élytres plus larges que le corselet, presque parallèles, assez allongées, arrondies à l'extrémité, d'une belle couleur dorée, cuivreuse, un peu violette; ayant chacune sept stries très-légèrement ponctuées; les intervalles paraissant former des côtes saillantes; les second, quatrième et sixième interrompus, et formant trois rangées de points oblongs, élevés, très-marqués; l'intervalle placé près du bord extérieur aussi légèrement interrompu, et formant presque une quatrième rangée de points élevés, mais beaucoup moins marqués.

Dessous du corps noir, avec une légère teinte bronzée, un peu violette sur les côtés du corselet.

Pattes noires.

Elle se trouve en Sibérie, dans le gouvernement de Tomsk, près des mines de Ridders.

8. N. Nitidula.

Pl. 75. fig. 5.

Supra subcupreo-violacea; elytris margine lato viridi-aureo, sulcatis, costis alternatim catenulatis.

Dej. *Spec.* v. *Suppl.* p. 574. n° 37.

Fischer. *Entomographie de la Russie.* iii. p. 252. n° 13. t. 14. fig. 3.

Carabus Nitidulus. Fabr. *Syst. El.* i. p. 184. n° 78.

Oliv. iii. 35. p. 90. n° 123. t. 9. fig. 102.

Sch. *Syn. Ins.* i. p. 189. n° 107.

Long. $4\frac{1}{3}$, $5\frac{1}{4}$ lignes. Larg. $1\frac{3}{4}$, 2 lignes.

Un peu plus petite que la *Catenulata*, à laquelle elle ressemble beaucoup.

Tête et corselet d'un violet légèrement cuivreux et à peu près comme dans la *Catenulata*; ce dernier seulement un peu moins arrondi antérieurement sur les côtés, avec les angles antérieurs un peu plus aigus.

Élytres de la couleur du corselet, avec une large bordure d'un vert-doré très-brillant qui s'avance jusqu'au quatrième sillon, et qui va depuis la base jusqu'à la suture; les stries fortement marquées, très-légèrement ponctuées; les côtes élevées, alternativement interrompues à peu près comme dans la *Catenulata.*

Dessous du corps et pattes comme dans la *Catenulata.*

Elle se trouve au Kamtschatka.

9. N. Æ**NEA.** *Gebler.*

Pl. 75. fig. 4.

Capite, thorace elytrorumque margine viridibus ; elytris striato-punctatis, cupreo-violaceis.

D**EJ.** *Spec.* II. p. 231. n° 9.

H**UMMEL.** *Essais entomologiques.* 4. p. 44. n° 4.

Long. 5 ¾ lignes. Larg. 2 ¼ lignes.

Un peu plus grande que la *Catenulata.*

Tête d'un beau vert métallique, avec un léger reflet violet, couverte de rides irrégulières peu marquées.

Corselet d'un beau vert métallique, couvert de rides irrégulières très-peu marquées.

Élytres d'un beau violet cuivreux, avec une bordure très-étroite d'un beau vert métallique; les stries assez marquées et légèrement ponctuées; les intervalles presque planes, paraissant, à l'aide d'une forte loupe, très-finement réticulés.

T. II 6

Dessous du corps et pattes noirs, avec les côtés du corselet et de la poitrine d'un vert-bronzé obscur.

Elle se trouve en Sibérie, dans les monts Altaï.

10. N. BREVICOLLIS.

Pl. 76. fig. 1.

Subdepressa, nigro-picea; elytris crenato-striatis, stria tertia quadripunctata; antennis, tarsis tibiisque rufo-piceis.

Dej. *Spec.* II. p. 233. n° 11.

Gyllenhal. II. p. 39. n° 2.

Sturm. III. p. 140. n° 2. t. 67.

Fischer. *Entomographie de la Russie.* 1. p. 75. n° 4. t. 6. fig. 4.

Dej. *Cat.* p. 7.

Carabus Brevicollis. Fabr. *Syst. El.* 1. p. 191. n° 114

Sch. *Syn. Ins.* 1. p. 196. n° 162.

Duftschmid. II. p. 49. n° 43.

Var. *N. Fuscata.* Bonelli. *Observations entomologi-ques.* 1. p. 44. n° 2.

Var. *N. Tamsii.* Mannerheim.

Long. 4 ½, 6 lignes. Larg 2, 2 ¾ lignes.

Un peu déprimée et d'un noir un peu brunâtre, plus ou moins foncé en dessus.

Tête assez large, peu avancée, lisse avec quelques rides très-peu marquées, et les antennes d'un brun rougeâtre.

NÉBRIA.

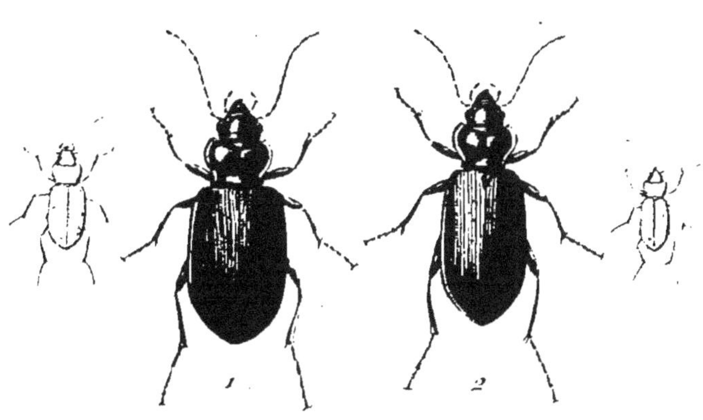

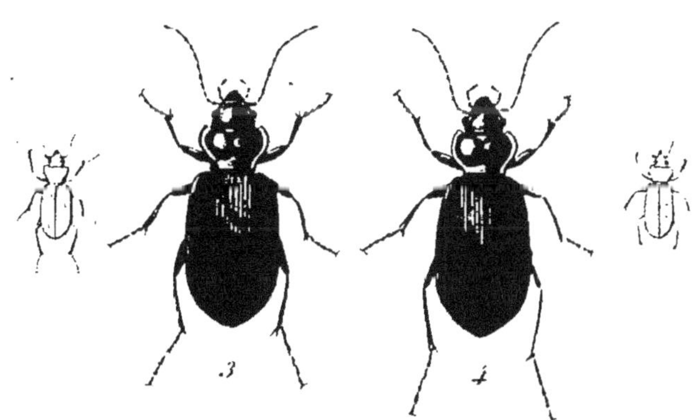

1 . N . Brevicollis .   3 . N . Gyllenhali .

2 . N . Arctica .   4 . N . Nivalis .

P. Dumenil l'ainé et Prévot

Corselet un peu plus large que la tête, moins long que
large, un peu en cœur, lisse au milieu, fortement ponctué sur les bords, avec une impression près du bord antérieur, et une autre près de la base; le bord antérieur un
peu échancré, et formant au milieu un angle à peine marqué; les bords latéraux déprimés, rebordés et un peu relevés, avec les angles postérieurs coupés carrément.

Élytres un peu plus larges que le corselet, un peu déprimées, peu allongées, presque parallèles, arrondies vers
l'extrémité avec les stries fortement ponctuées, et quatre
points enfoncés, placés sur le bord de la troisième strie,
du côté de la suture.

Dessous du corps et cuisses d'un noir brun, avec les
jambes, les tarses et les trocanters, d'un brun-rougeâtre
plus ou moins foncé.

M. Dejean a reçu de M. le comte de Mannerheim, sous
le nom de *Tamsii*, des individus venant de Crimée, qui ne
peuvent pas être séparés de la *Brevicollis*.

Elle se trouve très-communément dans toute l'Europe,
sous les pierres et au pied des arbres, sous les feuilles
sèches.

La *N. Fuscata* de Bonelli n'est qu'une variété de cette
espèce, dont la couleur est beaucoup plus claire, ainsi
qu'on l'observe souvent dans les insectes qui viennent de
se métamorphoser.

11. N. Arctica.

Pl. 76. fig. 2.

Subdepressa, nigra; elytris rufo-piceis, subparallelis.

striatis, striis subpunctatis, punctisque quatuor impressis; tibiis tarsisque rufo-piceis.

DEJ. *Spec.* II. p. 255. n° 12.
SAHLBERG. *Dissert. entom. ins. fennica.* p. 206. n° 2.
N. Hyperborea. GYLLENHAL. IV. p. 415. n° 3-4.
N. Besseri. ESCHSCHOLTZ.

Long. 4 ½ lignes. Larg. 1 ¾ ligne.

Ressemble beaucoup à la *Gyllenhalii*, dont elle n'est peut-être qu'une variété locale.

Un peu moins large, avec le corselet un peu moins court.

Élytres d'un brun roussâtre.

Jambes et tarses de la même couleur.

Elle se trouve à l'extrémité septentrionale de la Laponie et au Kamtschatka.

12. N. GYLLENHALII.

Pl. 76. fig. 3.

Subdepressa, nigra; elytris subparallelis, striatis, striis subpunctatis, punctisque quatuor impressis; tarsis rufo-piceis.

DEJ. *Spec.* II. p. 255. n° 13.
GYLLENHAL. II. p. 40. n° 3.
STURM. III. p. 142. n° 3. T. 68. fig. a. A.
DEJ. *Cat.* p. 7.
Carabus Gyllenhalii. SCH. *Syn. Ins.* I. p. 196. n° 163.

N. Duftschmidii. DEJ. *Cat.* p. 7.

N. Balbi. var. BONELLI. *Observations entomologiques.* I. p. 46.

Carabus Jockischii. DUFTSCHMID. II. p. 51. n° 46.

Long. 4 $\frac{1}{4}$, 4 $\frac{3}{4}$ lignes. Larg. 1 $\frac{3}{4}$, 2 lignes.

Un peu plus petite que la *Brevicollis,* et d'un noir assez luisant en dessus.

Tête assez large, peu avancée, assez plane, presque lisse.

Corselet un peu plus court, beaucoup plus en cœur et plus rétréci postérieurement que celui de la *Brevicollis,* lisse au milieu, assez fortement ponctué sur les bords et vers la base, mais moins que dans la *Brevicollis,* assez échancré antérieurement, avec les angles antérieurs assez aigus; les bords latéraux très-déprimés, rebordés et un peu relevés vers les angles postérieurs, qui sont coupés presque carrément.

Élytres à peu près de la même forme que celles de la *Brevicollis,* avec les stries ordinairement très-légèrement ponctuées vers la base et lisse vers l'extrémité, et quatre points enfoncés plus ou moins marqués sur le bord de la troisième strie du côté de la suture; une rangée de points enfoncés le long du bord extérieur.

Dessous du corps et pattes d'un noir moins-brillant que le dessus, avec les tarses, les épines des jambes et les trocanters d'un brun roussâtre.

Elle se trouve sous les pierres, en Suède, particuliè rement sur les bords du lac Wener, en Finlande, aux environs de Saint-Pétersbourg, en Sibérie, dans les montagnes de la Silésie, de la haute Autriche et de la Styrie ; on la trouve aussi assez communément dans les Alpes et dans les montagnes de l'Auvergne.

Les individus de l'Autriche et de la Styrie ont les stries des élytres un peu plus fortement ponctuées, et les quatre points enfoncés un peu plus marqués.

Ceux que l'on prend dans les Alpes et dans les montagnes de l'Auvergne, et qui doivent se rapporter à la variété à pattes noires de la *N. Balbi* dont parle Bonelli dans ses *Observations entomologiques*, ont ordinairement les quatre points enfoncés des élytres plus fortement marqués, et ils occupent quelquefois presque tout l'intervalle entre la seconde et la troisième strie.

15. N. NIVALIS.

Pl. 76. fig. 4.

Subdepressa, nigra; elytris subparallelis, striatis, striis subpunctatis, punctisque quatuor impressis; femoribus rufis.

DEJ. *Spec.* II. p. 237. n° 14.

GYLLENHAL. II. p. 41. n° 4.

Carabus Nivalis. PAYKULL. *Fauna Suec.* I. p. 119. n° 29.

SCH. *Syn. Ins.* I. p. 197. n° 164.

N. Balbi. BONELLI. *Observations entomologiques.* I. p. 145. n° 3.

Long. 4 ¼, 4 ¾ lignes. Larg. 1 ¾, 2 lignes.

Ressemble beaucoup à la *Gyllenhalii;* mais la tête et le

NÉBRIA.

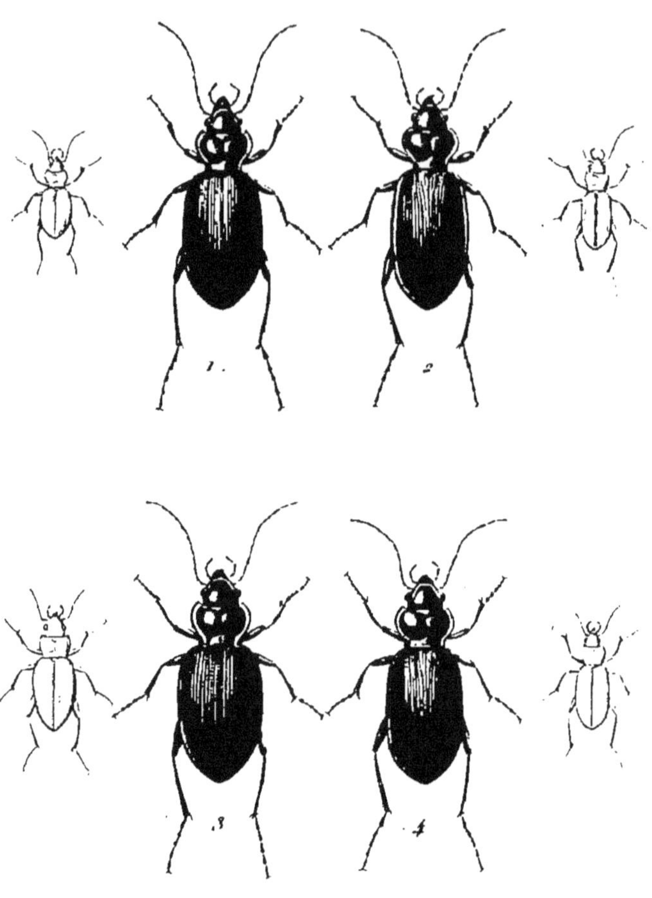

1 . N . Heegeri .   3 . N . Heydenii .
2 . N . Jokischu .   4 . N . Krateri

P. Dumenil Pinxit et Direxit

corselet paraissent un peu plus petits et un peu moins larges.

Élytres un peu plus grandes, un peu moins parallèles et un peu plus larges postérieurement, striées de la même manière, ayant de même quatre points enfoncés sur le bord de la troisième strie; la rangée extérieure de points ordinairement moins marquée et quelquefois presque entièrement effacée.

Cuisses et trocanters d'un rouge ferrugineux, avec les tarses de la couleur des jambes.

Elle se trouve dans les Alpes de la Laponie.

La *N. Balbi* de Bonelli, qui se trouve dans les Alpes de la Suisse et du Piémont, ne paraît pas différer de cette espèce.

14. N. Heegeri.

Pl. 77. fig. 1.

Subdepressa, nigra ; elytris subovatis, striatis, punctisque ; quatuor impressis.

Dej. *Spec.* ii. p. 238. n° 15.
Dahl. *Coleoptera und Lepidoptera.* p. 4.

Long. 4 $\frac{1}{4}$, 4 $\frac{1}{4}$ lignes. Larg. 1 $\frac{3}{4}$, 2 lignes.

Ressemble beaucoup à la *Gyllenhalii.*

Corselet un peu plus long, un peu moins large antérieurement, un peu rétréci postérieurement, et beaucoup moins fortement ponctué sur les bords et vers la base.

Élytres un peu moins larges antérieurement, moins

parallèles, un peu ovales, paraissant tenir le milieu entre celles de la *Gyllenhalii* et de l'*Olivieri;* stries paraissant lisses et les points enfoncés près de la troisième strie peu marqués.

Tarses et trocanters d'un noir brunâtre, et beaucoup plus foncés que ceux de la *Gyllenhalii.*

Elle se trouve en Hongrie, dans le Bannat.

15. N. JOKISCHII.

Pl. 77. fig. 2.

Nigra, elytris elongatis, subparallelis, profunde striatis.

Dej. *Spec.* II. p. 258. n° 16.
Sturm. III. p. 143. n° 4. T. 58. fig. b. B.
Dej. *Cat.* p. 7.
Carabus Gyllenhalii, Duftschmid. II: p. 49. n° 44.
Var. A. *N. Hœpfneri.* Dahl.

Long. 5 ½, 6 lignes. Larg. 2 ¼, 2 ½ lignes.

Un peu plus grande et plus allongée que la *Gyllenhalii,* et d'un noir assez brillant en dessus.

Tête lisse avec une tache rougeâtre plus ou moins marquée entre les yeux.

Corselet un peu plus allongé et un peu plus rétréci postérieurement que celui de la *Gyllenhalii,* avec les angles postérieurs un peu plus relevés et un peu plus aigus.

Élytres plus allongées et un peu plus convexes, avec les stries un peu plus profondes et lisses; les intervalles un peu moins planes, sans points enfoncés sur les bords de la troisième strie.

Dessous du corps, cuisses et jambes noirs, avec les tarses d'un brun roussâtre.

Elle se trouve dans les montagnes de la Carinthie, en Suisse et dans les Pyrénées.

La variété A ou *N. Hœpfneri* de Dahl, des montagnes du Bannat en Hongrie, n'en diffère que par les stries, qui sont très-légèrement ponctuées.

16. N. HEYDENII. *Parreyss.*

Pl. 77. fig. 5.

Subdepressa, supra nigro-violacea, elytris ovalis, profunde crenato-striatis, margine subcarinato; palpis, antennis tarsisque ferrugineis.

DEJ. *Spec. v. Suppl.* p. 576. n° 40.

Long. 6¼ lignes. Larg. 5 lignes.

Plus grande que la *Dahlii*, proportionnellement un peu plus large et d'un noir violet en dessus, principalement sur les bords latéraux.

Tête un peu plus large, un peu plus plane, avec la tache rougeâtre à peine distincte.

Corselet un peu plus court que celui de la *Dahlii,* plus large antérieurement, plus arrondi sur les côtés, et un peu plus rétréci postérieurement, avec les impressions plus marquées, le bord antérieur un peu plus échancré, les angles antérieurs obtus, presque arrondis, les côtés plus largement déprimés et un peu relevés, tombant obliquement sur la base, et formant avec elle un angle obtus.

Élytres plus larges et plus ovales ; les bords latéraux un peu relevés et presque en carêne ; les stries très-fortement marquées et fortement crénelées ; les intervalles un peu relevés ; quelques petits points enfoncés, peu distincts sur le bord de la troisième strie.

Dessous du corps et cuisses noirs, avec les jambes d'un brun noirâtre, et les tarses d'un rouge ferrugineux.

Elle a été rapportée des îles Ioniennes par M. Parreyss.

17. N. Krateri. *Kollar.*

Pl. 77. fig. 4.

Subdepressa, nigra ; elytris ovalis, nigro-violaceis, striato-punctatis, punctisque quinque obsoletis impressis ; antennis tibiisque ferrugineis.

Dej. *Spec.* v. *Suppl.* p. 577. n° 41.

Long. 6 lignes. Larg. 2 ½ lignes.

Un peu plus grande que la *Dahlii,* d'une couleur un peu plus noire sur la tête et le corselet, d'un noir plus ou moins violet sur les élytres.

Tête à peu près comme celle de la *Dahlii,* avec la tache rougeâtre à peine distincte.

Corselet plus court que celui de la *Dahlii,* plus large, plus arrondi sur les côtés antérieurement, avec les impressions plus fortement marquées, le bord antérieur un peu plus échancré ; les côtés un peu plus largement dé-

NÉBRIA.

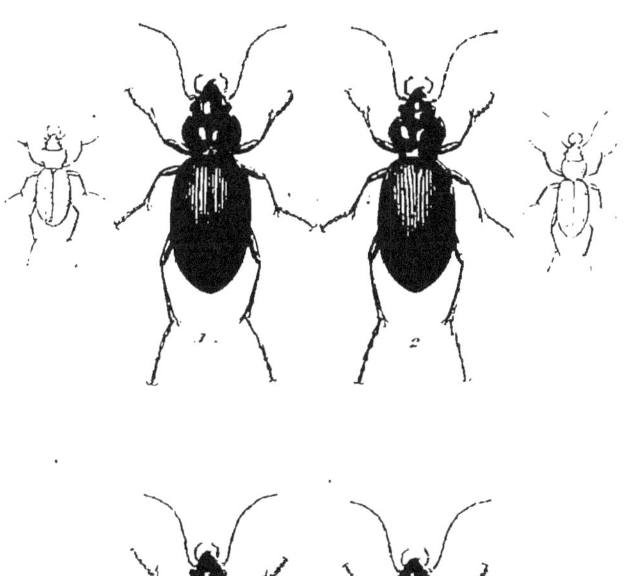

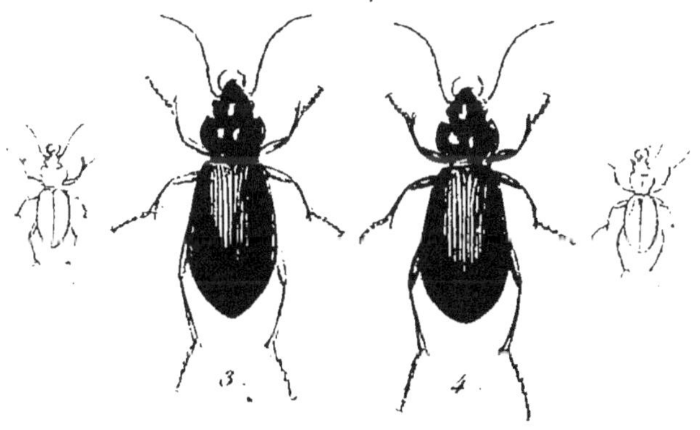

1 . N . Dahli .   3 . N . Rubripes .
2 . N . Tibialis .   4 . N . Olivieri .

primés et, les angles postérieurs un peu plus saillans et plus aigus.

Élytres un peu moins planes, avec les stries bien distinctement ponctuées, les intervalles un peu plus relevés; cinq ou six petits points enfoncés à peine distincts sur le troisième, sur le bord de la troisième strie.

Dessous du corps et cuisses noirs, avec les jambes d'un noir un peu brunâtre, et les tarses d'un rouge ferrugineux.

Elle a été rapportée de la Calabre par Dahl.

18. N. Dahlii.

Pl. 78. fig. 1.

Subdepressa, nigro-picea; elytris ovatis, striatis, striis subpunctatis, punctisque tribus vel quinque impressis; antennis, tibiis tarsisque ferrugineis.

Dej. *Spec.* ii. p. 259. n° 17.
Sturm. iii. p. 145. n° 5. t. 69. fig. a. A.
Dej. *Cat.* p. 7.
Carabus Dahlii. Duftschmid. ii. p. 50. n° 45.

Long. 5 $\frac{1}{2}$, 6 lignes. Larg. 2 $\frac{1}{4}$, 2 $\frac{1}{2}$ lignes.

Var. A. *N. Littoralis.* Bonelli.

Long. 5 $\frac{1}{2}$ lignes. Larg. 2 $\frac{1}{4}$ lignes.

Var. B. *N. Bonellii.* Dej. *Cat.* p. 7.

Long. 4 $\frac{3}{4}$, 5 $\frac{1}{2}$ lignes. Larg. 2, 2 $\frac{1}{4}$ lignes.

Ordinairement un peu plus grande que la *Brevicollis*, et à peu près de la même couleur en dessus.

Tête lisse, avec une tache rougeâtre entre les yeux, et les antennes ferrugineuses.

Corselet en forme de cœur, un peu plus rétréci postérieurement, et un peu plus allongé que celui de la *Brevicollis*, lisse au milieu, avec quelques points enfoncés vers la base, et quelques rides sur les bords; le bord antérieur assez échancré, formant un angle saillant obtus très-peu marqué au milieu; les angles antérieurs assez aigus; les bords latéraux déprimés, légèrement rebordés et assez relevés, surtout vers les angles postérieurs, qui sont un peu prolongés en arrière. Élytres plus larges que le corselet, en ovale un peu allongé, presque planes; les bords latéraux un peu relevés et presque en carène; les stries assez marquées, très-légèrement ponctuées et presque lisses; cinq points enfoncés, dont quelques-uns manquent quelquefois, sur le bord de la troisième strie du côté de la suture.

Dessous du corps et cuisses d'un noir un peu brunâtre, avec les jambes et les tarses, et quelquefois la base des cuisses d'un rouge ferrugineux.

Elle se trouve dans les montagnes de la Carinthie.

La variété A a été envoyée à M. Dejean par Bonelli sous le nom de *Littoralis*, et comme prise sur les bords de la mer Adriatique. Les élytres sont un peu moins larges et plus parallèles; les stries sont un peu plus profondes et plus lisses, et elle n'a pas de taches obscures sur les second et troisième articles des antennes. Bonelli lui a envoyé depuis un individu en très-mauvais état, sous le nom de *Gagates*, qui paraît absolument semblable.

La variété B, *N. Bonellii* du Catalogue, est seulement

un peu plus petite, et elle n'a pas de taches obscures sur
les second et troisième articles des antennes, ou, s'il y
en a, elles sont très-peu marquées. M. Dejean l'a trouvée
très-communément dans les montagnes de la Croatie
militaire, entre Gospitsch et Carlopago, près du Hameau
d'Hosteria.

19. N. Tibialis.

Pl. 78. fig. 2.

*Subdepressa, nigra; elytris ovalis, striato-punctatis,
punctisque quatuor vel sex obsoletis impressis; antennis,
tibiis tarsisque ferrugineis.*

Dej. *Spec. v. Suppl.* p. 578. n° 42.
Alpæus Tibialis. Bonelli. *Observ. entomologiques.* 1.
p. 54. n° 1.

Long. 5, 5 $\frac{1}{4}$ lignes. Larg. 2, 2 $\frac{1}{4}$ lignes.

Un peu plus petite que la *Dahlii*, et en dessus d'une couleur noire assez brillante. Tête avec la tache rougeâtre
moins distincte, et les antennes ferrugineuses.

Corselet un peu plus court que celui de la *Dahlii*, plus
arrondi antérieurement, sur les côtés, plus brusquement
rétréci postérieurement et plus fortement cordiforme, avec
les impressions plus marquées; le bord antérieur, la base
et les côtés couverts de points enfoncés, qui se confondent
et qui les font paraître rugueux; les côtés un peu plus
relevés et les angles postérieurs un peu plus aigus.

Élytres plus ovales, plus rétrécies antérieurement; les

stries bien distinctement ponctuées; les intervalles un peu
moins planes; de quatre à six points enfoncés, peu marqués et souvent à peine distincts sur le bord de la troisième strie.

Dessous du corps noir, avec les cuisses d'un brun noirâtre, les jambes et les tarses d'un rouge ferrugineux.

Elle se trouve en Italie, dans les Apennins.

20. N. Rubripes. *Beaudet-Lafarge.*

Pl. 78. fig. 5.

*Nigra, elytris ovatis, crenato-striatis, punctisque quatuor
impressis; antennis rufo-piceis; pedibus rubris.*

Dej. *Spec.* ii. p. 241. n° 18.

Dej. *Cat.* p. 7.

Long. 5 $\frac{1}{4}$ lignes. Larg. 2 lignes.

À peu près de la grandeur de la *Brevicollis,* et d'un
noir assez brillant en dessus.

Tête lisse, avec les antennes d'un brun roussâtre.

Corselet un peu plus allongé, beaucoup plus en cœur
et plus rétréci postérieurement que celui de la *Brevicollis,*
lisse au milieu, ponctué sur les bords et vers la base, avec
les impressions très-marquées; le bord antérieur un peu
échancré, formant, au milieu, un angle obtus très-peu saillant; les angles antérieurs avancés et assez aigus; les bords
latéraux très-déprimés, légèrement rebordés et peu relevés, surtout vers les angles postérieurs, qui sont assez
aigus.

Élytres à peu près de la longueur et de la largeur de celles de la *Brevicollis*, plus étroites antérieurement, non parallèles, ayant une forme ovale ; les stries assez fortement ponctuées ; quatre points enfoncés, placés sur le bord de la troisième strie du côté de la suture.

Dessous du corps noir, avec les cuisses d'un rouge un peu ferrugineux, les jambes et les tarses d'une couleur un peu plus foncée.

Elle se trouve dans les montagnes de l'Auvergne.

21. N. OLIVIERI.

Pl. 70. fig. 4.

Subdepressa, nigra ; elytris ovatis, striatis, striis tenue punctatis, punctisque quatuor impressis ; antennis tarsisque piceis.

DEJ. *Spec.* II. p. 242. n° 19.

Long. 4 ¼, 5 ¼ lignes. Larg. 1 ¾, 2 ¼ lignes.

Ordinairement un peu plus petite que la *Brevicollis*, et en dessus d'un noir assez brillant.

Tête lisse et peu convexe, avec deux taches rougeâtres très-peu apparentes entre les yeux, et les antennes d'un brun un peu rougeâtre.

Corselet un peu plus allongé, plus étroit, plus en cœur et plus rétréci postérieurement que celui de la *Brevicollis*, lisse au milieu, légèrement ponctué et ridé sur les bords et vers la base, avec les impressions très-fortement marquées ; le bord antérieur un peu échancré, formant un

angle saillant un peu arrondi au milieu; les angles antérieurs assez aigus; les bords latéraux déprimés et légèrement rebordés; les angles postérieurs un peu relevés et
assez aigus.

Élytres plus larges que le corselet, en ovale un peu
allongé; les stries très-finement ponctuées, paraissant
quelquefois lisses; quatre points enfoncés, peu marqués
sur le bord de la troisième strie, du côté de la suture.

Dessous du corps, cuisses et jambes noirs, avec les
tarses et les trocanters d'un brun roussâtre.

Elle se trouve dans les Pyrénées-Orientales; elle se
trouve aussi dans les hautes montagnes de l'Auvergne.

22. N. REICHII.

Pl. 79. fig. 1.

*Nigra; elytris ovatis, striatis, striis tenue punctatis, punc-
tisque quatuor vel quinque impressis; antennis ferrugineis;
pedibus testaceis.*

Dej. *Spec.* II. p. 245. n° 20.
Dahl. *Coleoptera und Lepidoptera.* p. 4.

Long. 4 $\frac{1}{2}$, 5 lignes. Larg. 1 $\frac{3}{4}$, 2 lignes.

A peu près de la grandeur et de la forme de l'*Olivieri*,
et d'un noir très-luisant en dessus.

Tête un peu brunâtre antérieurement, très-lisse, avec
les antennes d'un rouge ferrugineux.

Corselet plus en cœur et plus rétréci postérieurement
que celui de l'*Olivieri*, et de presque toutes les autres es-

NÉBRIA.

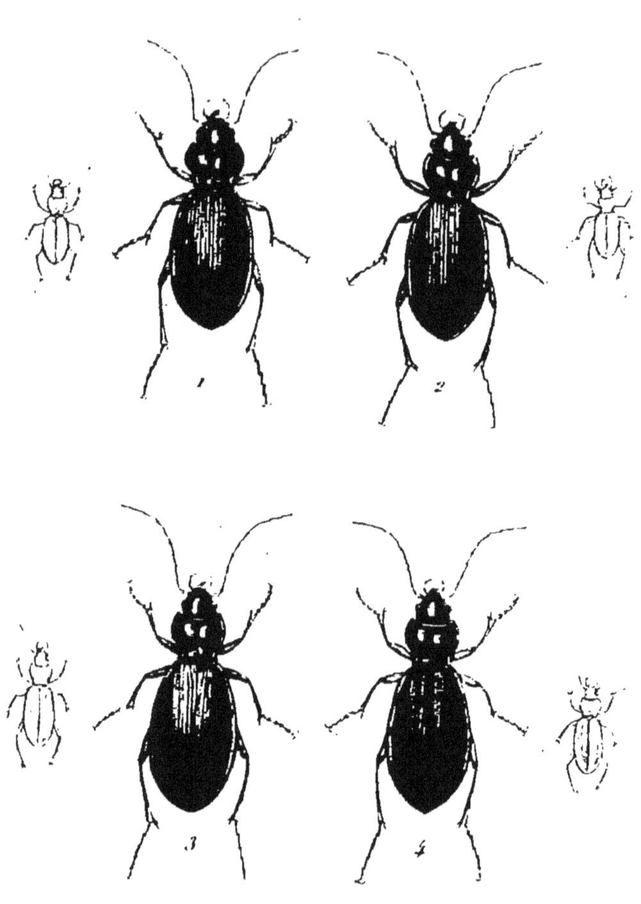

Imp. Dumenil Fonert et Drevet.

pièces, lisse au milieu, légèrement ponctué, et ridé vers la base et sur les bords, avec les impressions fortement marquées; les bords latéraux déprimés, légèrement rebordés, et les angles postérieurs un peu relevés et coupés presque carrément.

Élytres ayant à peu près la forme de celles de l'*Olivieri;* les stries très-finement ponctuées, presque effacées vers l'extrémité; quatre ou cinq points enfoncés, peu marqués sur le bord de la troisième strie du côté de la suture.

Dessous du corps noir, avec les pattes d'un jaune-testacé un peu roussâtre.

Elle se trouve en Hongrie, dans les montagnes du Bannat.

23. N. Laticollis. *Bonelli.*

Pl. 79. fig. 2.

Nigra; elytris oblongo-ovatis, striatis, punctisque quinque impressis ; antennis tarsisque ferrugineis.

Dej. *Spec.* p. 244. n. 21.
Dej. *Cat.* p. 7.

Long. 4 lignes. Larg. 1 ½ ligne.

Plus petite et un peu plus allongée que l'*Olivieri,* et d'un noir assez luisant en dessus.

Tête lisse, avec deux taches rougeâtres entre les yeux, et les antennes d'un rouge ferrugineux.

Corselet à peu près de la même forme que celui de l'*Olivieri,* un peu plus étroit et plus rétréci postérieure-

ment, un peu moins ponctué et moins ridé sur les bords et
vers la base; les angles postérieurs plus aigus.

Élytres un peu moins larges et un peu plus allongées
que celles de l'*Olivieri*, mais moins que celles des espèces
suivantes; les stries peu marquées, paraissant lisses; cinq
points enfoncés peu marqués sur le bord de la troisième
strie du côté de la suture.

Dessous du corps, cuisses et jambes d'un noir brunâtre,
avec les tarses et les trocanters d'un rouge ferrugineux.

Elle se trouve dans les Alpes du Piémont.

24. N. Lafrenayei.

Pl. 79. fig. 3.

*Nigra; elytris elongato-ovatis, postice latioribus, striatis,
striis tenue punctatis; antennis rufis, ad basin fusco maculatis; tarsis rufis.*

Dej. *Spec.* ii. p. 245. n° 22.
Dej. *Cat.* p. 7.

Long. 5, 6 $\frac{3}{4}$ lignes. Larg. 2, 2 $\frac{3}{4}$ lignes.

Plus grande, beaucoup plus allongée que l'*Olivieri*, et
d'un noir assez brillant en dessus.

Tête lisse, avec deux taches rougeâtres, peu apparentes
entre les yeux; les antennes d'un rouge ferrugineux, avec
les premiers articles tachés de brun obscur.

Corselet plus étroit et un peu plus allongé que celui de
l'*Olivieri*, cordiforme, lisse au milieu, légèrement ponctué

sur les bords et vers la base, avec les impressions bien
marquées; le bord antérieur un peu échancré, formant au
milieu un angle saillant très-obtus et à peine marqué; les
angles antérieurs assez aigus; les bords latéraux déprimés,
légèrement rebordés et un peu relevés, surtout vers les angles postérieurs, qui sont assez aigus.

Élytres presque le double plus large que le corselet
dans leur milieu, en ovale beaucoup plus allongé que
celles de l'*Olivieri*, assez étroites antérieurement, s'élargissant vers l'extrémité; les stries bien marquées et finement ponctuées; pas de points enfoncés sur le bord de la
troisième strie.

Dessous du corps, cuisses et jambes d'un noir brunâtre,
avec les tarses et les trocanters d'un rouge ferrugineux.

Cette espèce a été découverte par MM. Dufour et de
Lafrenaye dans les hautes Pyrénées, où elle ne se trouve
que près des sommets les plus élevés.

25. N. Foudrasii.

pl. 79. fig. 4.

*Nigra; elytris elongato ovatis, postice latioribus, striatis,
striis tenue punctatis; antennis pedibusque rufis.*

Dej. *Spec.* ii. p. 246. n° 25.

Long. 5 ½ lignes. Larg. 2 lignes.

Ressemble beaucoup à la *Lafrenayei*, dont elle n'est
peut-être qu'une variété.

Corselet un peu plus étroit.

Élytres un peu plus étroites, et s'élargissant moins postérieurement, avec les points enfoncés des stries un peu moins marqués.

Antennes et pattes entièrement d'un rouge un peu ferrugineux.

Elle a été trouvée dans les environs de Lyon par M. Foudras.

26. N. Helwigii.

Pl. 80. fig. 1.

Nigro-picea; elytris elongato-ovatis, tenue striato-punctatis; antennis pedibusque rufis.

Dej. *Spec.* II. p. 247. n° 24.
Dej. *Cat.* p. 7.
Carabus Helwigii. Panzer. *Fauna Germ.* 58. n° 6.
Schoenherr. *Syn. Ins.* I. p. 179. n° 59.

Long. 5, 5 $\frac{1}{2}$ lignes. Larg. 2, 2 $\frac{1}{4}$ lignes.

A peu près aussi longue mais beaucoup plus étroite que la *Brevicollis*, et d'un noir-brunâtre en dessus quelquefois un peu ferrugineux, surtout sur la tête, les bords du corselet et la suture des élytres.

Tête assez large, lisse, avec une tache rougeâtre plus ou moins marquée entre les yeux, et les antennes d'un rouge ferrugineux.

Corselet plus large que la tête, très-rétréci postérieurement, cordiforme, lisse au milieu, avec quelques rides très-peu marquées, et quelques points enfoncés sur les bords et vers la base; le bord antérieur assez échancré;

NÉBRIA.

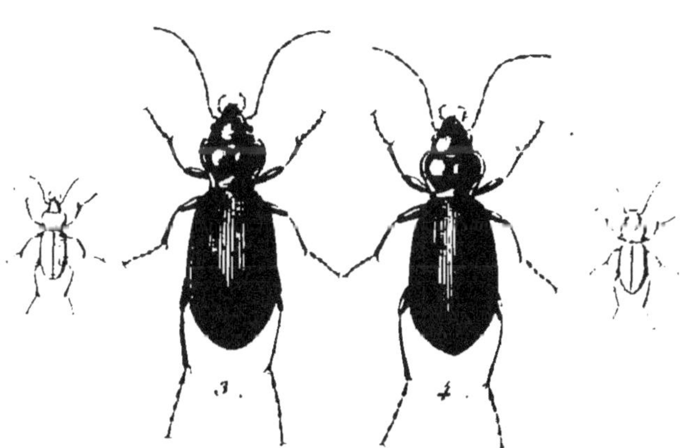

1 . N . Hellwigii .   3 . N . Dejeanii .

2 . N . Stigmula .   4 . N . Transylvanica

les angles antérieurs assez aigus; les bords latéraux déprimés, légèrement rebordés, un peu relevés et assez aigus.

Les élytres un peu plus larges que le corselet, en ovale très-allongé, légèrement convexes; les stries peu enfoncées, légèrement ponctuées; pas de points enfoncés sur le bord de la troisième strie.

Dessous du corps d'un brun noirâtre, avec les pattes d'un rouge ferrugineux.

Elle se trouve dans les montagnes de l'Autriche, particulièrement dans celles qui la séparent de la Styrie.

Cette espèce, qui est celle décrite par Panzer, est très peu connue, et presque tous les entomologistes prennent la *Stigmula* pour la véritable *Helwigii*.

27. N. Stigmula.

Pl. 80. fig. 2.

Nigra; elytris elongato-ovatis, subdepressis, tenue striato-punctatis, punctisque quinque impressis; antennis pedibusque rufis.

Dej. *Spec.* ii. p. 248. n° 25.
Dej. *Cat.* p. 7.
N. Helwigii. Sturm. iii. p. 148. n° 7.
Carabus Helwigii. Duftschmid. ii. p. 52. n° 47.

Long. 5, 6 lignes. Larg. 2, 2 $\frac{1}{2}$ lignes.

Ressemble beaucoup à l'*Helwigii,* avec laquelle plusieurs entomologistes l'ont confondue.

D'une couleur plus foncée et presque tout-à-fait noire
en dessus.

Corselet un peu plus déprimé, un peu plus large antérieurement.

Élytres plus planes et nullement convexes; cinq points
enfoncés, placés sur le bord de la troisième strie du côté
de la suture, plus ou moins marqués, et dont quelques-
uns quelquefois entièrement effacés.

Elle se trouve dans les montagnes de la Styrie, mais
toujours à une grande élévation.

28. N. Dejeanii. *Ziegler.*

Pl. 8o. fig. 3.

*Nigra; elytris elongato-ovatis, subdepressis, tenue striato-
punctatis, foveolisque quinque impressis; antennis ferrugineis, fusco maculatis; tibiis tarsisque ferrugineis.*

Dej. *Spec.* II. p. 249. n° 26.
Dej. *Cat.* p. 7.

Long. 4 ½, 5 lignes. Larg. 1 ¾, 2 lignes.

Ressemble beaucoup à la *Stigmula,* mais un peu plus
petite et d'un noir un peu plus foncé en dessus.

Antennes, avec les quatre premiers articles d'un brun
obscur, et les autres d'un rouge ferrugineux, avec l'extrémité de chaque, d'un brun obscur.

Les points enfoncés des élytres beaucoup plus gros que
dans la *Stigmula,* et occupant presque tout l'intervalle
entre la seconde et la troisième strie.

Les cuisses d'un brun noirâtre, avec les jambes et les tarses d'un rouge ferrugineux.

Elle se trouve en Styrie.

29. N. Transylvanica. *Kollar.*

Pl. 80. fig. 1.

Nigro-picea ; elytris piceis, elongato-ovatis, subdepressis, tenue striato-punctatis, foveolisque quinque impressis ; antennis tibiis tarsisque ferrugineis.

Dej. *Spec.* ii. p. 249. n° 27.
Germar. *Coleopt. Sp. Nov.* p. 9. n° 14.

Long. $4\frac{1}{2}$, $4\frac{3}{4}$ lignes. Larg. $1\frac{1}{2}$, $1\frac{3}{4}$ ligne.

Ressemble à la *Dejeanii,* mais un peu plus petite.

Tête et corselet d'un brun noirâtre, avec les antennes d'un rouge ferrugineux.

Corselet un peu moins en cœur et un peu moins rétréci postérieurement.

Élytres brunâtres ; les points enfoncés placés près de la troisième strie, presque transverses, et occupant tout-à-fait l'intervalle entre la seconde et la troisième strie.

Cuisses d'un brun obscur, avec les jambes, les tarses et les trocanters d'un rouge ferrugineux.

Elle se trouve dans les montagnes de la Transylvanie.

30. N. PICEA.

Pl. 81. fig. 1.

*Nigro-picea; elytris ovatis, punctato-striatis, punctisque
duobus impressis; antennis pedibusque ferrugineis.*

Dej. *Spec.* II. p. 250. nº 28.

Long. 4 ¼, 4 ¾ lignes. Larg. 1 ¾, 2 lignes.

Un peu plus grande, et proportionnellement un peu
plus large que la *Castanea*, à laquelle elle ressemble
beaucoup.

Corselet plus large, moins en cœur, et un peu moins
rétréci postérieurement.

Élytres un peu plus larges; les stries un peu moins fortement ponctuées; deux petits points enfoncés, placés sur
le bord de la troisième strie, du côté de la suture.

Pattes entièrement d'un rouge ferrugineux, avec les
cuisses quelquefois un peu plus obscures.

Elle se trouve dans les Alpes de la Suisse.

31. N. CASTANEA.

Pl. 81. fig. 2.

*Nigro-picea vel ferruginea; elytris elongato-ovatis, crenato-
striatis; antennis, tibiis tarsisque ferrugineis.*

Dej. *Spec.* II. p. 250. n 29.

NEBRIA .

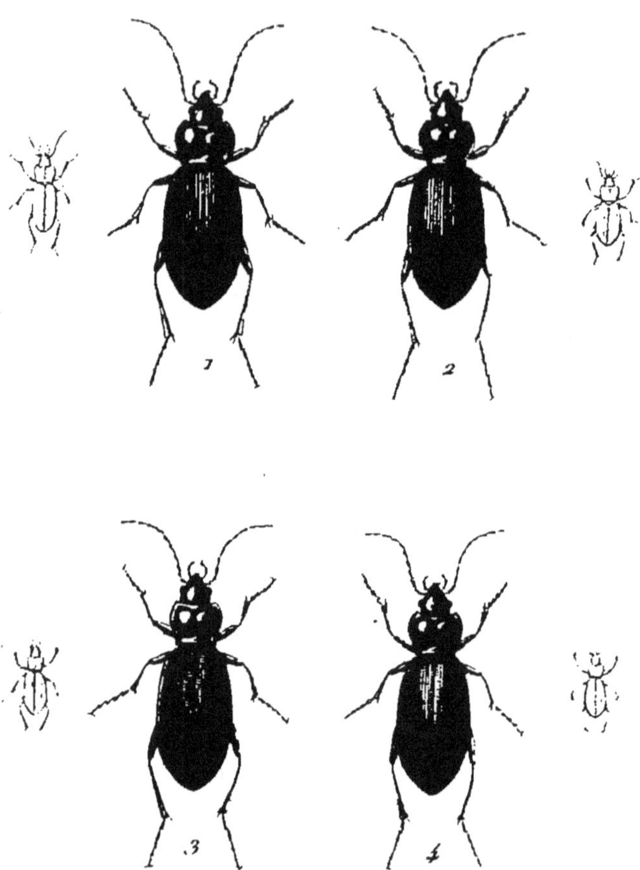

1 N Picea
2 N Castanea .

3 N Brunnea
4 N Atrata

L. Dumeril Pinxit et Direxit.

Alpæus Castaneus. BONELLI. *Observations entomologiques.* i. p. 55. n° 3.

N. Concolor. DEJ. *Cat.* p. 7.

VAR. A, *Alpæus Concolor.* BONELLI.

VAR. B. *Alpæus Ferrugineus.* BONELLI. *Observations entomologiques.* i. p. 56. n° 4.

Long. 4, 4 ½ lignes. Larg. 1 ½, 1 ¾ ligne.

Beaucoup plus petite, et un peu plus allongée que la *Lafrenayei,* à laquelle elle ressemble par la forme.

D'une couleur brune plus ou moins foncée, quelquefois presque tout-à-fait noire et quelquefois d'une couleur ferrugineuse très-claire.

Tête lisse, avec une tache rougeâtre entre les yeux, et les antennes d'un rouge ferrugineux.

Corselet plus large que la tête, presque aussi long que large, légèrement en cœur, un peu rétréci postérieurement, lisse, avec quelques points enfoncés vers la base, et les impressions bien marquées; le bord antérieur un peu échancré; les angles antérieurs presque arrondis; les bords latéraux déprimés, légèrement rebordés et relevés vers les angles postérieurs.

Élytres un peu plus larges que le corselet, en ovale allongé; les stries très-fortement ponctuées et presque crénelées; deux points enfoncés effacés, à peine marqués, souvent nuls sur le bord de la troisième strie du côté de la suture; les bords latéraux un peu relevés en carène.

Dessous du corps et cuisses d'une couleur un peu plus claire que le dessus, avec les jambes, les tarses et les trocanters d'un rouge ferrugineux.

Elle se trouve très-communément dans les alpes de la
Suisse et du Piémont; on la trouve aussi dans les hautes
Pyrénées.

Sa couleur devient de plus en plus claire à mesure qu'on
approche des sommets les plus élevés. M. Bonelli en avait
d'abord fait trois espèces sous les noms d'*Alpæus Concolor,
Castaneus* et *Ferrugineus*. La première, qui est presque
noire, se trouve dans les parties les plus basses, mais
cependant toujours dans les endroits où les arbres cessent
de croître; la seconde, plus haut et à peu près à moitié
des montagnes; et la troisième près des plus hauts sommets. Ces trois variétés ne se mêlent pas ensemble, et
toutes celles que l'on trouve à la même hauteur sont
toujours à peu près de la même couleur.

52. N. BRUNNEA.

Pl. 81. fig. 3.

*Subdepressa, picea vel ferruginea; elytris oblongo-ovalis,
punctato-striatis; antennis pedibusque ferrugineis.*

Dej. *Spec.* II. p. 252. n° 30.
Carabus Brunneus. Duftschmid. II. p. 53. n° 48.
N. Ferruginea. Sturm. III. p. 149. n° 8. т. 69. fig. b. B.
N. Castanea. Dej. *Cat.* p. 7.

Long. 3 ¾, 4 ¼ lignes. Larg. 1 ½, 1 ¾ ligne.

Ressemble beaucoup à la *Castanea*.
Un peu plus petite, plus large et un peu plus déprimée.

D'une couleur moins foncée et jamais noirâtre.

Élytres plus courtes; les stries moins marquées et moins fortement ponctuées.

Pattes entièrement d'un rouge ferrugineux.

Elle se trouve dans les montagnes de l'Autriche, de la Silésie, de la Styrie et de la Carinthie. M. Dejean l'a trouvée très-communément en Styrie, dans les alpes du cercle de Judenbourg, particulièrement sur les Seethal-Alpen, Zingenberg et Bessenstein.

Quoiqu'elle ne soit jamais presque noire comme la *Castanea*, sa couleur, comme dans cette espèce, devient de plus en plus claire à mesure qu'on se rapproche des sommets.

55. N. ATRATA.

Pl. 81. fig. 4.

Subdepressa, nigro-picea; elytris oblongo-ovalis, punctato-striatis; antennis, tibiis tarsisque ferrugineis.

Dej. *Spec.* 11. p. 255. n° 51.

Dej. 4. p. 7.

Long. 5, 5 ½ lignes. Larg. 1 ¼, 1 ½ ligne.

Ressemble beaucoup à la *Brunnea*.

Un peu plus petite et d'une couleur beaucoup plus foncée et presque noire.

Cuisses légèrement obscures.

M. Dejean l'a trouvée sur le sommet du Bessenstein, dans le cercle de Judenbourg en Styrie.

54. N. ANGUSTATA.

Pl. 82. fig. 1.

Angusta, rufo-picea; elytris elongatis, postice latioribus, crenato-striatis; antennis pedibusque ferrugineis.

Dej. *Spec.* v. *Suppl.* p. 379. n° 43.

Long. 4 lignes. Larg. 1 ½ ligne.

Un peu plus grande que l'*Angusticollis*, à laquelle elle ressemble, et d'un brun roussâtre en dessus.

Tête, antennes et corselet à peu près comme dans l'*Angusticollis*.

Élytres plus ovales, plus convexes et plus larges postérieurement; les stries un peu moins fortement ponctuées et les intervalles un peu plus planes.

Dessous du corps et pattes à peu près comme dans l'*Angusticollis*.

Elle se trouve dans les Alpes du Piémont.

55. N. ANGUSTICOLLIS.

Pl. 82, fig. 2.

Angustata, nigro-picea vel ferruginea; elytris elongatis, crenato-striatis; antennis pedibusque ferrugineis.

Dej. *Spec.* ii. p. 255. n° 52.

Alpæus Angusticollis. BONELLI. *Observ. entom.* i. p. 57. n° 5.

NEBRIA .

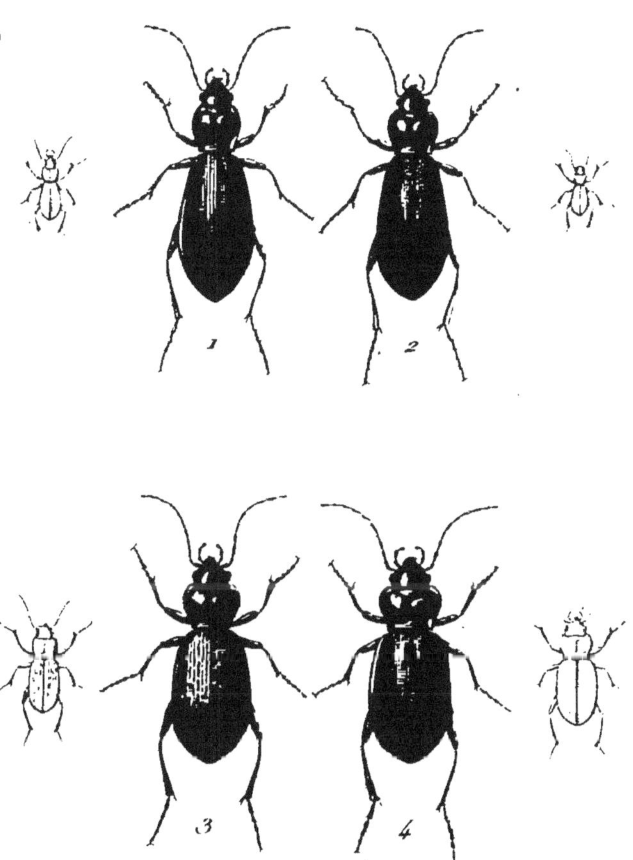

1 . N . Angustata .

2 . N . Angusticollis .

3 . N . Intricata .

4 . N . Marschallii .

Long. 5 , 3¼ lignes. Larg. 1, 1 ½ ligne.

Plus petite que la *Castanea*, d'une forme plus allongée et variant de même pour la couleur depuis le noirâtre jusqu'au ferrugineux.

Tête petite, lisse, avec les antennes d'un rouge ferrugineux.

Corselet beaucoup plus étroit que celui de la *Castanea*, aussi long que large, très-légèrement en cœur, lisse, avec quelques points enfoncés vers la base , et les impressions assez marquées; assez échancré antérieurement , avec les angles antérieurs moins arrondis que dans la *Castanea ;* les bords latéraux un peu déprimés, légèrement rebordés et relevés vers les angles postérieurs.

Élytres beaucoup plus étroites que celles de la *Castanea*, en ovale très-allongé, s'élargissant un peu vers l'extrémité; les stries fortement ponctuées et presque crénelées.

Dessous du corps un peu plus clair que le dessus, avec les pattes d'un rouge ferrugineux.

Elle se trouve dans les Alpes de la Suisse et du Piémont.

36. N. INTRICATA. *Steven.*

Pl. 82. fig. 3.

Nigra; elytris punctato-striatis , subintricato-rugosis.

DEJ. *Spec.* II. p. 254. n° 55.
DEJ. *Cat.* p. 7.

Long. 5 ½ lignes. Larg. 2 ¼ lignes.

A peu près de la grandeur de l'*Helwigii*, et entièrement noire en dessus.

Tête lisse, légèrement convexe, avec les quatre premiers articles des antennes noirs et les autres brunâtres.

Corselet antérieurement plus large que la tête, un peu moins long que large, un peu en cœur, rétréci postérieurement, presque lisse; le bord antérieur un peu échancré, formant au milieu un angle saillant très-obtus et peu apparent; les bords latéraux déprimés, légèrement rebordés et un peu relevés; les angles postérieurs légèrement arrondis, un peu prolongés en arrière.

Élytres un peu plus larges que le corselet, en ovale allongé, assez plane; leur bord extérieur un peu relevé en caréne; les stries formées par des points enfoncés, tantôt séparés et distincts, et tantôt réunis deux ou trois ensemble; les intervalles ayant des élévations inégales peu marquées, qui font paraître les élytres un peu raboteuses, surtout vers l'extrémité.

Dessous du corps et pattes noirs, avec les tarses d'un brun un peu roussâtre.

Elle se trouve dans la Géorgie russe.

57. N. MARSCHALLII.

Pl. 82. fig. 4,

Supra ænea ; elytris punctato-striatis, subrugosis, punctisque quatuor impressis.

DEJ. *Spec.* II. p. 255. n° 34.

Carabus Marschallii. STÉVEN.

Carabus Bonellii. ADAMS. *Mémoires de la Société des Naturalistes de Moscou.* v. p. 3o1. n° 20.

Long. 6 ½ lignes. Larg. 2 ⅔ lignes.

A peu près de la taille du *Carabus Bæberi.*

Tête d'un vert-bronzé obscur, avec la partie antérieure noirâtre, grosse, un peu convexe.

Corselet d'un vert-bronzé obscur, avec une teinte un peu violette, plus large que la tête, beaucoup moins long que large, un peu en cœur et rétréci postérieurement, assez fortement ponctué sur les bords et vers la base; le bord antérieur assez échancré, formant au milieu un angle saillant, très-obtus et peu sensible; les angles antérieurs avancés et assez aigus; les bords latéraux très-déprimés, relevés et légèrement rebordés.

Élytres d'un vert-bronzé obscur et un peu cuivreux, un peu plus larges que le corselet, en ovale allongé, assez planes, leur bord extérieur un peu relevé en carêne; les stries assez fortement ponctuées; les intervalles ayant quelques élévations peu marquées, qui font paraître les élytres un peu inégales; quatre points enfoncés près de la troisième strie du côté de la suture.

Dessous du corps et pattes noirs, avec les tarses d'un brun un peu roussâtre.

Elle se trouve dans les montagnes du Caucase.

XIII. OMOPHRON. *Latreille.*

Scolytus. *Fabricius.*

*Le premier article des tarses antérieurs légèrement dilaté
dans les mâles, en forme de carré allongé. Dernier article
des palpes allongé, presque ovalaire et tronqué à l'extrémité. Antennes filiformes. Lèvre supérieure entière ou très-
légèrement échancrée. Mandibules un peu avancées, non
dentées intérieurement. Une dent bifide au milieu de l'é-
chancrure du menton. Corps court et presque orbiculaire.
Corselet court et s'élargissant postérieurement. Élytres
courtes en demi-ovale.*

Ce genre avait d'abord été établi par Fabricius sous le
nom de *Scolytus,* déjà employé par Geoffroy pour dési-
gner des insectes de la famille des *Xylophages.* Latreille
en conservant ce genre lui donna le nom d'*Omophron,*
qui fut généralement adopté.

Les *Omophron* sont des insectes de forme arrondie,
ordinairement variés de jaune pâle et de vert métallique,
qui présentent tous les caractères suivans :

La tête est assez large, presque transversale, et comme
emboîtée dans le corselet. La lèvre supérieure est assez
étroite, un peu avancée, entière ou très-légèrement
échancrée. Les mandibules sont plus ou moins avancées,
plus ou moins arquées, assez aiguës et non dentées intérieurement. Le menton a une dent bifide au milieu de
son échancrure. Le dernier article des palpes est assez

allongé et presque ovalaire. Les antennes sont filiformes et à peu près de la longueur de la moitié du corps. Les yeux sont assez grands et très-peu saillans. Le corselet est assez court et s'élargit postérieurement. Les élytres sont courtes, assez convexes et presque en demi-ovale. Les pattes sont assez longues. L'échancrure qui termine les jambes antérieures en dessous est très-légèrement oblique, et s'aperçoit un peu sur le côté interne. Le premier article des tarses est légèrement dilaté dans les mâles en forme de carré allongé.

. Les *Omophron* se trouvent aux bords des rivières et des ruisseaux; ils s'enfoncent ordinairement assez profondément dans le sable, mais on les fait sortir facilement en jetant de l'eau sur le terrain qu'ils occupent.

1. O. Limbatum.

Pl. 85. fig. 2.

Testaceo-ferrugineum; capite postico, thoracis macula, elytrorum sutura fasciisque tribus undatis viridi-æneis.

Dej. *Spec.* ii. p. 258. n° 1.
Oliv. *Encycl.* viii. p. 486. n° 2.
Dej. *Cat.* p. 18.
Scolytus Limbatus. Fabr. *Syst. El.* i. p. 247. n° 2.
Sch. *Syn. Ins.* i. p. 249. n° 2.
Duftschmid. i. p. 294. n° 1.
Carabus Limbatus. Oliv. iii. 35. p. 89. n° 122. t. 4. fig. 43. a. b.

Long. 2 ¼, 3 lignes. Larg. 1 ½, 2 lignes.

D'une forme presque ronde, assez convexe et d'un jaune-ferrugineux un peu plus clair sur les côtés.

Tête large, peu avancée, marquée postérieurement d'une grande tache d'un vert bronzé, fortement échancrée au milieu et profondément ponctuée; antennes d'un jaune assez pâle.

Corselet plus large que la tête, moitié moins long que large, un peu convexe, s'élargissant postérieurement, marqué d'une grande tache d'un vert bronzé, fortement ponctué.

Élytres larges, courtes, arrondies postérieurement, assez convexes; les stries bien marquées et fortement ponctuées; les intervalles lisses; la suture d'un beau vert bronzé, et trois bandes transversales de la même couleur, inégales, sinuées irrégulièrement et n'atteignant pas tout-à-fait les bords.

Dessous du corps et pattes jaunes.

Souvent les bandes transverses sont très-étroites et interrompues en plusieurs endroits; d'autres fois elles sont très-larges, et quelquefois elles se réunissent et occupent presque entièrement tout le milieu des élytres.

Il se trouve dans le midi de l'Allemagne, en Italie, en Espagne et dans presque toute la France; mais il est plus commun dans le midi que dans le nord. Il n'est pas rare aux environs de Paris, sur les bords de la Seine.

2. O. Variegatum.

Pl. 83. fig. 3.

*Pallido-testaceum ; capite postico, thoracis maculis tribus,
elytrorum sutura fasciisque tribus undatis interruptis,
viridi-æneis.*

Dej. *Spec.* ii. p. 259. n° 2.
Oliv. *Encycl.* viii. p. 486. n° 3.
Dej. *Cat.* p. 18.

Long. 3 ¾ lignes. Larg. 2 ¼ lignes.

Un peu plus grand que le *Limbatum*, un peu moins
arrondi et d'un jaune beaucoup plus pâle.

Tête proportionnellement un peu moins large; la tache
de la partie postérieure beaucoup moins large, entièrement séparée dans son milieu et échancrée sur les côtés.

Corselet proportionnellement plus étroit, un peu plus
long, s'élargissant un peu moins postérieurement, paraissant presque ridé, marqué d'une petite ligne longitudinale
d'un vert bronzé dans son milieu, et d'une autre petite
ligne de la même couleur, un peu oblique sur chaque
côté.

Élytres un peu moins convexes; les stries un peu plus
marquées, moins fortement ponctuées; la suture beaucoup plus étroite; les trois bandes transversales aussi
beaucoup plus étroites, souvent interrompues, paraissant
formées de petites lignes longitudinales placées à côté les
unes des autres.

Dessous du corps et pattes d'un jaune pâle.

Il a été trouvé par M. Duméril dans les environs de Madrid, sur les bords du Mançanares. M. Dejean en a pris depuis un individu au pont d'Almaraz, sur le Tage.

XIV. PELOPHILA. *Dejean.*

BLETHISA. *Bonelli.* NEBRIA. *Gyllenhal.* CARABUS. *Fabricius.*

Les trois premiers articles des tarses antérieurs fortement dilatés dans les mâles et cordiformes. Dernier article des palpes allongé, presque ovalaire et tronqué à l'extrémité. Antennes plus courtes que la moitié du corps et d'égale grosseur partout. Lèvre supérieure entière. Mandibules non dentées intérieurement. Une dent bifide au milieu de l'échancrure du menton. Corselet court, presque carré et rétréci postérieurement. Élytres allongées et presque ovales.

Le *Carabus Borealis* de Fabricius avait été placé par Bonelli avec les *Blethisa,* et avec les *Nebria* par Gyllenhal et par plusieurs autres entomologistes; mais M. Dejean en a formé un genre particulier, et il lui a donné le nom de *Pelophila,* tiré des deux mots grecs πηλός, vase; et φιλέω, j'aime.

En effet il diffère essentiellement des *Blethisa* par la dilatation des tarses antérieurs des mâles, et par l'échancrure des jambes antérieures, qui est droite et qui ne remonte pas sur le côté interne; et des *Nebria,* par les

SIMPLICIPEDES .

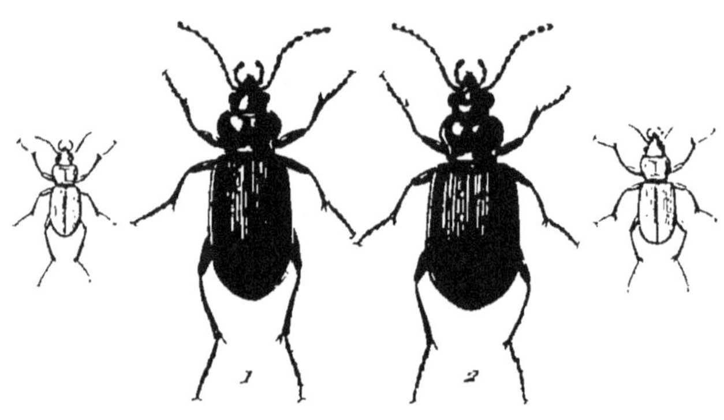

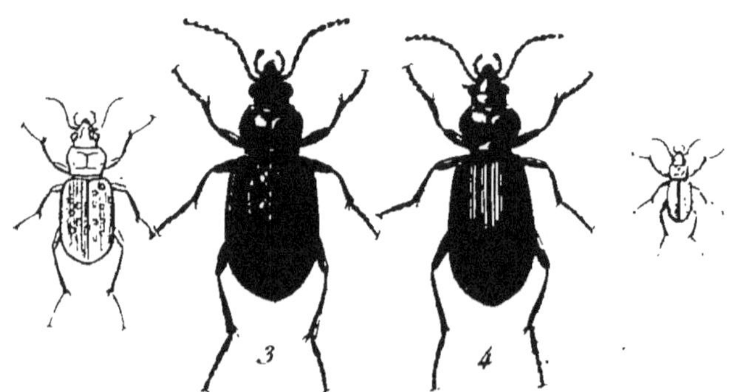

1 . Pelophila Borealis   3 . Blethisa Eschscholtzii .

2 . Blethisa Multipunctata   4 . B _______ Artica .

caractères suivans : le dernier article des palpes est un peu moins allongé, presque ovalaire, tronqué à l'extrémité, mais nullement sécuriforme. Les antennes sont un peu plus fortes, d'égale grosseur partout et plus courtes que la moitié du corps. Les pattes sont un peu plus courtes et un peu plus fortes. Les trois premiers articles des tarses antérieurs des mâles sont plus courts et plus fortement dilatés; le premier en cœur allongé, et les deux suivans aussi en cœur, mais très-larges et très-courts.

Ces insectes paraissent habiter exclusivement les contrées les plus boréales; ils sont assez communs sous les pierres en Suède, en Laponie, en Sibérie, au Kamtschatka et dans les îles Aleutiennes.

1. P. BOREALIS.

Pl. 84. fig. 1.

Obscuro-ænea ; elytris subcostalis, foveolisque duplici serie impressis.

DEJ. *Spec.* II. p. 265. n° 1.

MANNERHEIM. HUMMEL. *Essais Entomologiques.* 5. p. 56. n° 1.

DEJ. *Cat.* p. 7.

Nebria borealis. GYLLENHAL. II. p. 42. n° 5.

Carabus Borealis. FABR. *Syst. El.* 1. p. 182. n° 69.

OLIV. III. 35. p. 82. n° 110. T. 12. fig. 59.

SCH. *Syn. Ins.* 1. p. 186. n° 91.

VAR. A. *P. Arctica.* SCHŒNHERR.

VAR. B. *P. Eschscholtzii.* STURM. MANNERHEIM. *Idem.* p. 40. n° 4.

Var. C. *P. Dejeanii.* Gebler.

P. Gebleri? Mannerheim. *Idem.* p. 58. n° 2.

Var. D. *P. Marginata.* Mannerheim. Hummel. *Ess.
Entom.* 3. p. 59. n° 5.

Var. E. *P. Elongata.* Mannerheim. *Idem.* p. 41 n° 5.

Long. 4, 5 lignes. Larg. 1 ¾, 2 ¼ lignes.

Un peu plus petite que la *Blethisa multipunctata,* plus
courte et plus convexe et d'un bronzé-obscur plus ou
moins foncé en dessus.

Tête assez large, avec les quatre premiers articles des
antennes d'un brun noirâtre et les autres brunâtres un
peu pubescens.

Corselet plus large que la tête, beaucoup moins long
que large, presque carré, un peu rétréci postérieurement,
assez fortement ponctué à sa partie antérieure et vers la
base; le bord antérieur un peu échancré et formant au
milieu un angle saillant, obtus, assez marqué; les bords
latéraux un peu déprimés, relevés et rebordés; les angles
postérieurs coupés presque carrément; la base un peu
sinuée.

Élytres à peu près le double plus larges que le corselet,
peu allongées, presque parallèles, obliquement arrondies
à l'extrémité, assez convexes; les stries quelquefois lisses,
quelquefois très-légèrement ponctuées; les intervalles un
peu relevés, formant presque des côtes peu saillantes;
les troisième et cinquième interrompues par quatre ou
cinq gros points enfoncés, dont quelques-uns manquent
quelquefois.

Dessous du corps noir.

Pattes tantôt brunes, tantôt rougeâtres et quelquefois
tout-à-fait noires.

Elle se trouve sous les pierres, dans le nord de la Suède,
en Laponie, en Sibérie et jusque dans les îles Aleutiennes.

La couleur des élytres devient quelquefois d'un brun
jaunâtre ou roussâtre.

La variété A, *P. Arctica* de M. Schönherr, n'en
diffère que par les stries des élytres, qui sont distinctement
ponctuées.

La variété B, *P. Eschscholtzii* de M. Sturm, est d'une
couleur plus foncée et presque noire, mais du reste absolument semblable. Elle se trouve dans l'île d'Ouna-
laschka, l'une des îles Aleutiennes.

Enfin la variété C, *P. Dejeanii* de M. Gebler, la *Gebleri*
de M. le comte de Mannerheim, est un peu plus grande
et peut-être un peu plus large; sa couleur est un peu
moins obscure; les points enfoncés qui se trouvent sur le
cinquième intervalle sont ordinairement presque entièrement effacés. Le dessous du corps et le bord inférieur
des élytres ont une teinte un peu roussâtre, et les pattes
sont presque ferrugineuses. Elle se trouve en Sibérie dans
les environs de Barnaoul.

La variété D et la variété E se trouvent au Kamtschatka.

XV. BLETHISA. *Bonelli.*

Nebria. *Gyllenhal.* Carabus. *Fabricius.*

*Les quatre premiers articles des tarses antérieurs légèrement
dilatés dans les mâles. Dernier article des palpes allongé,*

presque ovalaire et tronqué à l'extrémité. Antennes plus courtes que la moitié du corps et grossissant un peu vers l'extrémité. Lèvre supérieure entière. Mandibules non dentées intérieurement. Une dent bifide au milieu de l'échancrure du menton. Yeux assez gros et assez saillans. Corselet plane, presque carré, rebordé et plus large que la tête. Élytres peu convexes, assez allongées et presque parallèles.

Ce genre, établi par Bonelli, se compose de trois espèces.

Ces insectes ont les plus grands rapports génériques avec les *Elaphrus*; ils en diffèrent cependant par quelques caractères : la lèvre supérieure est un peu plus large, plus courte, plus transversale et coupée plus carrément. Les mandibules sont un peu plus saillantes, plus larges, plus fortes et moins aiguës. Les palpes sont un peu plus allongés, et leur dernier article s'élargit un peu plus vers l'extrémité. Le second et le troisième article des antennes sont presque aussi gros que les autres. Les quatre premiers articles des tarses antérieurs sont un peu plus fortement dilatés dans les mâles. Ces différences sont, il est vrai, très-légères; mais on peut tirer de la forme du corps d'autres caractères plus sensibles : les yeux sont beaucoup moins saillans, ce qui fait paraître la tête moins rétrécie postérieurement; le corselet est beaucoup plus grand, plus plane, rebordé et presque carré; et les élytres sont plus larges et moins convexes.

1. B. Multipunctata.

Pl. 84. fig. 2.

*Obscuro-œnea, margine virescente; elytris punctato-striatis,
foveolisque duplici serie impressis.*

Dej. *Spec.* ii. p. 266. nº 1.
Dej. *Cat.* p. 18.
Nebria Multipunctata. Gyllenhal. ii. p. 44. nº 6.
Carabus Multipunctatus. Fabr. *Syst. El.* 1. p. 182.
nº 68.
Oliv. iii. 35. p. 81. nº 109. t. 12. fig. 138.
Sch. *Syn. Ins.* 1. p. 185. nº 90.
Duftschmid. ii. p. 182. nº 246.
Var. *B. Aurata.* Eschscholtz. Fischer. *Entomographie
de la Russie.* iii. p. 262. nº 2. t. 14. fig. 7.

Long. 4 ¾, 5 ¾ lignes. Larg. 2, 2 ½ lignes.

A peu près de la grandeur de la *Nebria Brevicollis;* et
d'une couleur bronzée plus ou moins obscure, avec les
bords d'un vert un peu cuivreux.

Tête assez avancée, avec quelques points enfoncés à
sa partie postérieure.

Corselet plus large que la tête, un peu moins long que
large, presque carré, un peu arrondi sur les côtés, légèrement ponctué; le bord antérieur coupé presque carrément; les angles antérieurs arrondis; les bords latéraux
déprimés, un peu relevés, légèrement rebordés; les angles
postérieurs et la base coupés presque carrément.

Élytres plus larges que le corselet, peu allongées, presque parallèles, arrondies vers l'extrémité et peu convexes; les stries ayant une rangée de petits points enfoncés d'un vert assez brillant; les intervalles un peu relevés et formant presque des côtes peu marquées; le second interrompu par quatre ou cinq, et le quatrième par trois ou quatre gros points enfoncés, dont le fond est ordinairement d'un vert brillant; les bords des élytres couverts de petits points enfoncés disposés sans ordre et assez éloignés les uns des autres.

Dessous du corps d'un bronzé cuivreux assez brillant.

Pattes noires, avec un reflet d'un vert métallique.

Elle se trouve en Allemagne, en Suède, en Sibérie et dans quelques parties de la France, sur les bords des fossés, des étangs et des mares à moitié desséchés; elle se cache dans la boue et sous les roseaux, et on la fait sortir en pressant fortement le terrain avec les pieds. Elle n'est pas rare dans les environs de Lille et dans le département du Calvados.

La variété *Aurata* est un peu plus petite et plus brillante; elle habite le Kamtschatka.

2. B. ESCHSCHOLTZII. *Zoubkoff.*

Pl. 84. fig. 5.

Supra nigro subvirescens; elytris punctatis, subrugosis, forcisque duplici serie impressis.

DEJ. *Spec. v. Suppl.* p. 585. n° 2.

Long. 7 ¼ lignes. Larg. 3 ¼ lignes.

Beaucoup plus grande que la *Multipunctata*, à laquelle elle ressemble, et d'un noir un peu verdâtre en dessus.

Tête à peu près comme dans la *Multipunctata*.

Corselet un peu moins arrondi antérieurement sur les côtés et nullement rétréci postérieurement; les côtés moins fortement rebordés et les angles postérieurs un peu moins saillans.

Élytres sans stries distinctes, couvertes de points enfoncés assez grands, peu marqués, qui se confondent et qui les font paraître presque rugueuses; les points enfoncés des deux rangées un peu plus grands, nullement brillans, marqués dans leur milieu d'un petit point élevé.

Dessous du corps et cuisses d'un vert-bronzé très-obscur et presque noirâtre, avec les jambes et les tarses noirs.

Elle se trouve dans le désert des Kirguises.

3. B. Arctica.

Pl. 84. fig. 4.

Oblonga, cuprea; capite thoraceque punctatis; elytris striato-punctatis, punctisque tribus impressis; tibiis ferrugineis.

Dej. *Spec.* v. *Suppl.* p. 585. n° 3.

Harpalus Arcticus. Gyllenhal. ii. p. 96. n° 15; et iv. p. 427. n° 15.

Sahlberg. *Dissert. Entom. Ins. Fennica.* p. 226. n° 15.

Long. 3 ¾, 4 lignes. Larg. 1 ½, 1 ⅔ ligne.

Beaucoup plus petite que la *Multipunctata*, proportionnellement plus allongée et d'une couleur cuivreuse en dessus quelquefois très-brillante et quelquefois presque noirâtre.

Tête assez allongée, presque triangulaire, pas rétrécie postérieurement, couverte de points enfoncés.

Corselet un peu plus large que la tête, presque aussi long que large, légèrement arrondi antérieurement sur les côtés, un peu rétréci postérieurement, très-légèrement cordiforme et assez convexe, couvert de points enfoncés peu rapprochés les uns des autres; élytres plus larges que le corselet, assez convexes, allongées, légèrement ovales; les stries fines et assez fortement ponctuées; les intervalles planes, trois points enfoncés sur le troisième intervalle; une rangée de points enfoncés assez éloignés les uns des autres le long du bord extérieur.

Dessous du corps et cuisses d'un cuivreux-violet plus ou moins obscur, avec les jambes ferrugineuses et les tarses d'un bronzé-obscur presque noirâtre.

Elle se trouve en Laponie.

XVI. ELAPHRUS. *Fabricius.*

Les quatre premiers articles des tarses antérieurs très-légèrement dilatés dans les mâles. Dernier article des palpes allongé, presque ovalaire et tronqué à l'extrémité. Antennes plus courtes que la moitié du corps et grossissant un peu vers l'extrémité. Lèvre supérieure entière. Mandibules non dentées intérieurement. Une dent bifide au milieu de l'échancrure du menton. Tête rétrécie postérieurement. Yeux très-gros et très-saillans. Corselet con-

vexe, arrondi, rétréci postérieurement et à peu près de la largeur de la tête. Élytres assez convexes, allongées et presque parallèles.

Les *Elaphrus* de Fabricius comprenaient les *Notiophilus* et quelques espèces qui appartiennent à la tribu des *Subulipalpes*. Tel qu'il est maintenant, ce genre ne renferme plus que des espèces très-voisines les unes des autres et qui présentent toutes les caractères suivans :

La lèvre supérieure est entière, peu avancée et presque arrondie antérieurement. Les mandibules sont peu saillantes, légèrement arquées, aiguës et non dentées intérieurement. Le menton a une dent bifide au milieu de son échancrure. Le dernier article des palpes est allongé, presque ovalaire et tronqué à l'extrémité. Les antennes sont plus courtes que la moitié du corps; elles sont un peu plus grosses vers l'extrémité, et leurs second et troisième articles sont un peu plus minces que les autres. Les yeux sont très-gros et très-saillans, ce qui fait paraître la tête rétrécie postérieurement. Le corselet est à peu près de la largeur de la tête, arrondi et rétréci antérieurement et postérieurement. Les élytres sont assez allongées, plus larges que le corselet, presque parallèles, arrondies postérieurement, assez convexes et couvertes de grandes taches rondes enfoncées et plus ou moins marquées. L'échancrure qui termine les jambes antérieures en-dessous remonte un peu sur le côté interne. Les quatre premiers articles des tarses antérieurs des mâles sont légèrement dilatés; le premier est en triangle allongé, et les trois suivans sont en cœur et beaucoup plus courts.

Les espèces de ce genre se trouvent très-communément
sur les bords des étangs, des mares et des fossés à moitié
desséchés; elles se cachent sous les herbes, dans les fis-
sures de la vase, et on les fait sortir en pressant le terrain
avec les pieds ou en y jetant de l'eau.

1. E. ULIGINOSUS.

Pl. 85. fig. 2.

*Supra obscuro-æneus, punctatissimus; thorace capite la-
tiore, fronte thoraceque foveolatis; elytris costis elevatis
interruptis, maculisque violaceis-ocellatis impressis quadruplici serie; subtus viridi-æneus; femoribus concoloribus; tibiis tarsisque nigro-cyaneis.*

Dej. *Spec.* ii. p. 269. n° 1.
Fabr. *Syst. El.* i. p. 245. n° 1.
Gyllenhal. ii. p. 6. n°. 1. *var. b.*
Duftschmid. ii. p. 195. n° 5.
Dej. *Cat.* p. 18.
E. Latithorax. Schönherr.

Long. 3 ½, 4 lignes. Larg. 1 ½, 1 ¾ ligne.

Un peu plus grand que le *Riparius*, et d'une couleur
bronzée plus ou moins obscure, avec quelques nuances
d'un vert quelquefois un peu cuivreux.

Tête grosse, fortement ponctuée, avec un enfoncement
assez profond de chaque côté entre les yeux, et une petite
fossette un peu oblongue au milieu.

Corselet dans son milieu plus large que la tête, à peu

SIMPLICIPEDES .

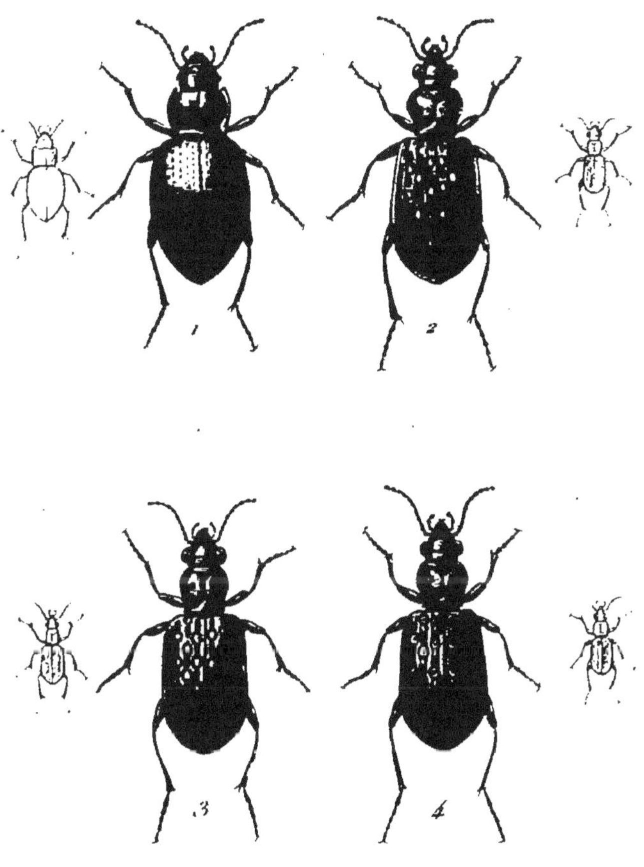

1 Metrius Contractus .   3 Elaphrus Cupreus

2 Elaphrus Uliginosus .   4 E.________Arcticus .

P. Dumenil Direxit et Pinxit

près aussi long que large, très-arrondi sur les côtés, rétréci antérieurement et postérieurement, assez convexe
et très-fortement ponctué, marqué de plusieurs petites
fossettes; les bords antérieur et postérieur coupés presque
carrément; les bords latéraux légèrement rebordés, et
les angles postérieurs assez saillans.

Élytres plus larges que le corselet, assez allongées,
presque parallèles et arrondies vers l'extrémité, assez
convexes, finement ponctuées et ayant chacune quatre
rangées de grandes taches rondes enfoncées, dont le milieu est d'un bleu violet et fortement ponctué, et le bord
un peu cuivreux et presque lisse; les taches près du bord
extérieur un peu plus petites et touchant le bord; toutes
ces rangées de taches séparées par une côte élevée arrondie
peu saillante; les taches de la même rangée séparées l'une
de l'autre par une élévation oblongue un peu plus lisse et
plus brillante que le reste des élytres.

Dessous du corps et cuisses d'un beau vert-bronzé un
peu cuivreux, avec les jambes et les tarses d'un bleu
noirâtre.

Il est très-commun en Allemagne, en Suède, et dans
plusieurs parties de la France; il est assez rare aux environs de Paris.

2. E. CUPREUS. *Megerle.*

Pl. 85. fig. 3.

*Supra obscuro-æneus, punctatissimus ; thorace capitis lati-
tudine, fronte thoraceque foveolatis; elytris costis elevatis
interruptis, maculisque violaceis-ocellatis impressis qua-*

druplici serie; subtus viridi-æneus; femoribus concolo-
ribus; tibiis testaceis; tarsis nigro-cyaneis.

DEJ. *Spec.* II. p. 271. n° 2.
DUFTSCHMID. II. p. 194. n° 4.
DEJ. *Cat.* p. 18.
E. Uliginosus. GYLLENHAL. II. p. 6. n° 1.
SCH. *Syn. Ins.* I. p. 246. n° 1.
E. Riparius? OLIV. II. 34. p. 4. n° 1. T. 1. fig. a. b.
c. d. e.

Long. 3 ½, 4 lignes. Larg. 1 ½, 1 ¾ ligne.

Ressemble beaucoup à l'*Uliginosus* par la grandeur et
la couleur.

Tête ayant une ou deux stries irrégulières et peu marquées dans les enfoncemens longitudinaux.

Corselet un peu moins large, moins arrondi sur les
côtés.

Élytres ayant les côtes entre les rangées de taches enfoncées un peu moins distinctes et un peu moins régulières.

Jambes et base des cuisses d'un jaune testacé un peu
roussâtre.

Il se trouve communément en Suède, en Russie, en
Sibérie et dans le nord de l'Allemagne; il est beaucoup
plus rare que l'*Uliginosus* dans le reste de l'Allemagne
et en France.

MM. Schönherr et Gyllenhal le regardent comme le
véritable *Uliginosus;* il serait assez difficile de prononcer
sur cette question, Linné, Fabricius et les anciens entomologistes confondant ensemble des espèces beaucoup plus

distinctes que ces deux-ci. Mais comme M. Duftschmid, d'après M. Megerle, est le premier qui ait séparé et bien distingué ces deux espèces, M. Dejean a cru devoir leur conserver les noms qu'il leur a assignés, d'autant plus que son *Uliginosus* est beaucoup plus connu et plus commun que le *Cupreus* en Allemagne et en France.

3. E. Arcticus. *Schönherr.*

Pl. 85. fig. 4.

Supra nigro-obscurus, punctatissimus; fronte thoraceque foveolatis; elytris costis elevatis interruptis, maculisque ocellatis impressis quadruplici serie; subtus viridi-æneus; pedibus rufis.

Dej. *Spec.* ii. p. 272. n° 3.

Long. 5 ¾ lignes. Larg. 1 ¾ ligne.

Ressemble entièrement au *Cupreus* par la forme, la grandeur et la conformation de la tête, du corselet et des élytres.

Couleur d'un noir obscur.

Palpes roussâtres.

Antennes obscures, avec la base de chaque article roussâtre.

Pattes d'un rouge ferrugineux, avec une légère nuance d'un vert cuivreux sur les cuisses.

Le reste comme dans le *Cupreus.*

Il se trouve en Laponie.

4. E. Splendidus. *Eschscholtz.*

Pl. 86. fig. 1.

Viridi-æneus, punctatissimus, thorace capite latiore; fronte thoraceque foveolatis, elytris costis subelevatis æneis nitidis interruptis, maculisque cyaneo-viridibus ocellatis quadruplici serie : tibiis tarsisque nigro-cyaneis.

Dej. *Spec. v. Suppl.* p. 587. n° 7.

Fischer. *Entomographie de la Russie.* iii. p. 267. n° 6. t. 14. fig. 9.

Long. 3 ½ lignes. Larg. 1 ⅔ ligne.

Ressemble beaucoup à l'*Uliginosus*, mais sa couleur est en dessus d'un vert brillant, avec quelques nuances cuivreuses sur la tête et le corselet.

Tête à peu près comme celle de l'*Uliginosus.*

Corselet à peu près comme dans l'*Uliginosus*, avec l'impression antérieure plus grande et plus marquée.

Élytres à peu près de la même forme et ponctuées de la même manière; les taches arrondies des quatre rangées d'un vert un peu bleuâtre, surtout dans leur milieu, moins marquées et ponctuées à peu près comme le reste des élytres; les côtes élevées, à peine saillantes; les taches séparées l'une de l'autre par une élévation moins saillante, plus lisse et d'un bronzé très-brillant.

Dessous du corps et cuisses d'un vert-bronzé plus clair et plus brillant, avec les jambes et les tarses d'un bleu noirâtre.

Il se trouve au Kamtschatka.

ELAPHRUS.

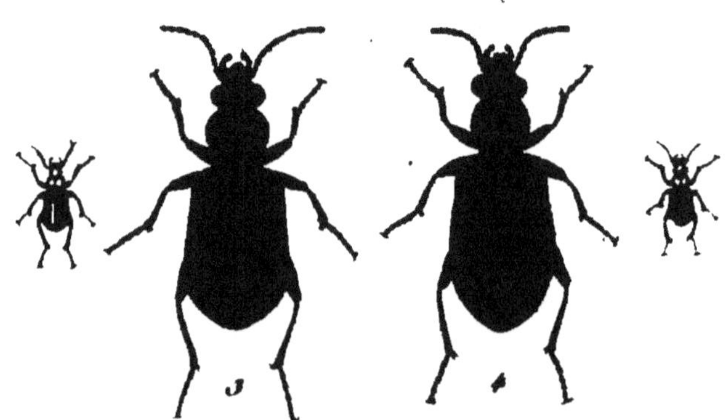

1 . E . Splendidus .   3 . E . Riparius .

2 . E . Lapponicus .   4 . E . Littoralis .

P. Dumenil Pinxt et Direxit

5. E. Lapponicus.

Pl. 86. fig. 2.

*Oblongus, cupreo-æneus; capite thoraceque punctatissimis,
subfoveolatis; elytris parce punctulatis, maculisque cæ-
rulescentibus ocellatis obsoletis impressis quadruplici serie.*

Dej. *Spec.* ii. p. 273. n° 4.
Gyllenhal. ii. p. 8. n° 2.

Long. 4 ¼ lignes. Larg. 1 ¾ ligne.

Un peu plus grand et un peu plus allongé que l'*Uliginosus*, et d'une couleur bronzée-verdâtre légèrement
cuivreuse en dessus.

Tête couverte de points enfoncés plus gros et un peu
moins serrés que dans l'*Uliginosus;* plusieurs points élevés,
irréguliers au lieu d'enfoncement.

Corselet à peu près de la forme de celui de l'*Uliginosus;*
les angles antérieurs moins saillans et coupés un peu plus
carrément; des points enfoncés plus gros et moins serrés.

Élytres un peu plus allongées et moins larges que celles.
de l'*Uliginosus*, marquées de points enfoncés très-petits,
beaucoup moins serrés et assez éloignés les uns des autres,
ayant chacune quatre rangées de grandes taches rondes
d'un vert un peu bleuâtre, mais très-peu marquées et
presque effacées: les intervalles entre ces rangées et ceux
entre les taches presque sans élévation.

.Dessous du corps et cuisses d'une couleur bronzée-cui-

vreuse assez brillante; les jambes et les tarses d'un vert
bronzé.

Il se trouve en Laponie.

6. E. RIPARIUS.

Pl. 86. fig. 3.

*Viridi-æneus, punctatissimus; thorace subfoveolato; elytris
costis subelevatis interruptis, maculisque violaceo-cupreis
ocellatis impressis quadruplici serie; tibiis testaceis.*

Dej. *Spec.* II. p. 274. n° 5.
Fabr. *Syst. El.* I. p. 245. n° 2.
Sch. *Syn. Ins.* I. p. 246. n° 2.
Gyllenhal. II. p. 9. n° 5.
Duftschmid. II. p. 195. n° 6.
Dej. *Cat.* p. 6.
E. *Paludosus.* Oliv. II. 34. p. 5. n° 2. t. 1. fig. 4. a. b.
Le Bupreste à mammelons. Geoff. I. p. 156. n° 30.

Long. 2 ⅓, 3 ¼ lignes. Larg. 1 ¼, 1 ½ ligne.

D'une couleur bronzée plus ou moins verdâtre, avec
quelques reflets cuivreux.

Tête très-fortement ponctuée, ayant de chaque côté
le long des yeux et au milieu quelques lignes élevées, irrégulières, très-peu distinctes.

Corselet dans son milieu à peu près de la largeur de
la tête, arrondi sur les côtés, rétréci antérieurement et
postérieurement, assez convexe, très-fortement ponctué.

Élytres à peu près le double plus larges que le corselet, peu allongées, s'élargissant un peu vers l'extrémité, qui est très-arrondie, entièrement couvertes de points enfoncés très-serrés, et ayant chacune quatre rangées de grandes taches rondes peu enfoncées, dont le milieu est d'une couleur obscure un peu violette et cuivreuse, et dont les bords sont d'un vert-bronzé un peu cuivreux; les taches près du bord un peu plus petites et touchant le bord; pas de côtes élevées entre les rangées de taches; les taches séparées par de petites élévations oblongues, formant des côtes interrompues.

Dessous du corps et pattes d'un beau vert-bronzé brillant, avec la base des cuisses et le milieu des jambes d'un jaune testacé.

7. E. LITTORALIS. *Megerle.*

Pl. 86. fig. 4.

Oblongus, viridi-æneus, punctatissimus; thorace subforeolato; elytris punctis oblongis elevatis nitidis triplici serie, maculisque violaceo-cupreis ocellatis obsoletis impressis quadruplici serie; tibiis testaceis.

Dej. *Spec.* ii. p. 275. n° 6.
Dej. *Cat.* p. 18.

Long. 3, 3 $\frac{1}{4}$ lignes. Larg. 1 $\frac{1}{4}$, 1 $\frac{1}{3}$ ligne.

A peu près de la taille du *Riparius*, mais un peu plus étroit et d'une couleur bronzée un peu plus verte et plus claire.

Tête avec des lignes élevées un peu plus marquées au milieu du front.

Corselet plus étroit; les points enfoncés plus gros, moins serrés et se réunissant quelquefois entre eux, ce qui le fait paraître un peu rugueux.

Élytres plus étroites, un peu plus convexes; les points enfoncés un peu plus gros et un peu moins serrés; les quatre rangées de taches beaucoup moins enfoncées et beaucoup moins marquées; point d'élévation entre les rangées; les taches séparées par des points élevés presque en carré allongé, lisses et assez brillans.

Dessous du corps d'un vert-bronzé un peu cuivreux.

Cuisses d'un vert bronzé, avec la base d'un jaune testacé.

Jambes d'un jaune testacé, avec les extrémités d'un vert bronzé.

Il se trouve en Hongrie, en Volhinie et quelquefois en Autriche.

XVII. NOTIOPHILUS. *Duméril.*

ELAPHRUS. *Fabricius.*

Tarses semblables dans les deux sexes. Dernier article des palpes peu allongé, un peu renflé, presque ovalaire et tronqué à l'extrémité. Antennes plus courtes que la moitié du corps et grossissant un peu vers l'extrémité. Lèvre supérieure entière, arrondie et recouvrant presque entièrement les mandibules. Mandibules non dentées intérieurement. Une dent bifide au milieu de l'échancrure du menton. Yeux très-grands et peu saillans. Corselet presque plane, de la largeur de la tête et presque carré. Élytres peu convexes, assez allongées et presque parallèles.

Ce genre, formé par M. Duméril sur les *Elaphrus Aqualicus, Semipunctatus* et *Biguttatus* de Fabricius, est depuis long-temps adopté par presque tous les entomologistes. Les *Notiophilus* sont de petits insectes vifs et agiles, qui paraissent se rapprocher un peu, à la première vue, des *Subulipalpes*; mais, en les examinant attentivement, on s'aperçoit facilement qu'ils appartiennent à cette tribu, et qu'ils se rapprochent beaucoup des *Elaphrus* par leurs caractères génériques. Ils en diffèrent par les caractères suivans :

La lèvre supérieure est plus étroite, un peu plus avancée et arrondie antérieurement. Les mandibules sont moins saillantes et cachées presque entièrement par la lèvre supérieure. Le dernier article des palpes est plus court et un peu renflé. Les yeux sont très-grands, mais nullement saillans. La tête est large et fortement sillonnée entre les yeux. Le corselet est presque plane, à peu près de la largeur de la tête et presque carré. Les élytres sont assez allongées, presque parallèles et peu convexes; elles sont striées, et il y a toujours un assez grand intervalle très-lisse entre la première et la seconde strie. Les tarses antérieurs ne sont pas sensiblement dilatés dans les mâles.

Les espèces de ce genre sont peu nombreuses; elles se ressemblent beaucoup, et il est possible qu'elles ne soient que des variétés d'une seule espèce. On les trouve très-communément sous les pierres, dans les endroits humides, et au pied des arbres dans les bois.

1. N. AQUATICUS.

Pl. 87. fig. 1.

Supra æneus; fronte profunde striata; elytris punctato-striatis, plaga longitudinali ad suturam apiceque politis, punctoque impresso.

Dej. *Spec.* II. p. 277. n° 1.
Dej. *Cat.* p. 18.
Elaphrus Aquaticus. Fabr. *Syst. El.* 1. p. 246. n° 7.
Oliv. II. 34. p. 6. n° 5. t. 1. fig. 6. a. b.
Sch. *Syn. Ins.* 1. p. 248. n° 8.
Gyllenhal. II. p. 10. n° 14.
Duftschmid. II. p. 191. n° 2.
N. Æstuans. Stéven.
Le Bupreste à tête cannelée. Geoff. 1. p. 157. n°. 31.
Elaphrus Palustris? Duftschmid. II. p. 192. n° 3.

Long. 2, 2 $\frac{1}{2}$ lignes. Larg. $\frac{3}{4}$, 1 ligne.

D'une couleur bronzée un peu cuivreuse, plus ou moins foncée, quelquefois même presque noirâtre.

Tête large, profondément sillonnée entre les yeux, qui sont très-grands.

Corselet à peu près de la largeur de la tête, moins long que large et un peu rétréci postérieurement, presque lisse au milieu, fortement ponctué sur les bords; le bord antérieur formant un angle avancé assez marqué au milieu; les bords latéraux légèrement rebordés, avec la base et les angles postérieurs coupés presque carrément.

NOTIOPHILUS .

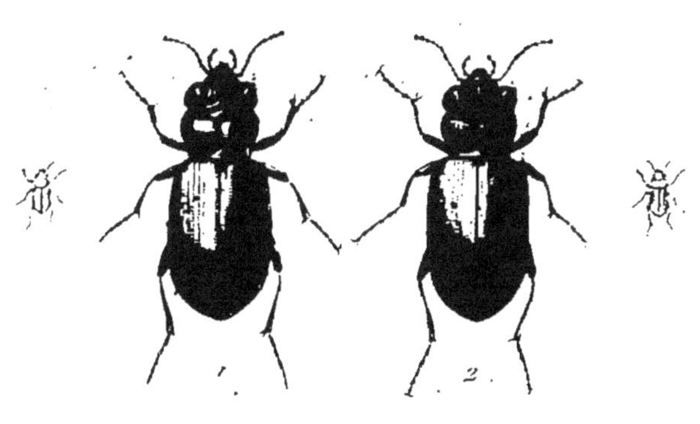

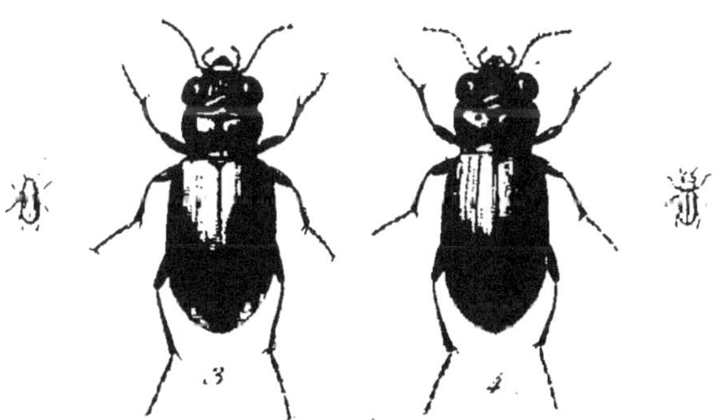

1 . N . Aquaticus .   3 . N . Quadripunctatus .

2 . N . Biguttatus .   4 . N . Gemmatus .

Élytres un peu plus larges que le corselet, assez allongées, presque parallèles, arrondies à l'extrémité et très-peu convexes, ayant chacune huit stries formées par des points enfoncés, la première près de la suture, les six suivantes rapprochées l'une de l'autre, mais laissant entre elles et celle près de la suture un espace assez large et très-lisse, la dernière près du bord extérieur moins marquée et séparée des autres; toutes les stries plus marquées vers la base et entièrement effacées vers l'extrémité, à l'exception de celle de la suture et de la septième, qui vont jusqu'à l'extrémité; un point enfoncé assez marqué à peu près au tiers de l'élytre.

Dessous du corps et pattes d'un noir un peu bronzé.

Il est très-commun dans presque toute l'Europe.

On trouve assez souvent une variété dont la base des antennes et le milieu des jambes sont jaunâtres; les stries des élytres sont aussi un peu plus marquées.

2. N. Biguttatus.

Pl. 87. fig. 2.

Supra æneus, nitidus; fronte profunde striata; elytris profunde punctato-striatis, plaga longitudinali nitidissima ad suturam, apice flavescente, punctoque impresso.

Dej. *Spec.* ii. p. 279. n° 2.
Dej. *Cat.* p. 18.
Elaphrus Biguttatus. Fabr. *Syst. El.* i. p. 247. n° 10
Elaphrus Semipunctatus. Fabr. *Syst. El.* i. p. 246. n° 8.
Oliv. ii. 54. p. 7. n° 6. t. 1. fig. 5. a. b.

Sch. *Syn. Ins.* I. p. 248. n° 9.

Duftschmid. II. p. 190. n°. 12.

N. Aquaticus. Steven.

Elaphrus Aquaticus. Gyllenhal. II. p. 10. n° 4. *var.* b. c.

Notiophilus Sylvaticus. Eschscholtz.

Long. 2, 2 ½ lignes. Larg ¾, 1 ligne.

Ressemble beaucoup à l'*Aquaticus*, dont il n'est peut-être qu'une variété.

D'une couleur bronzée beaucoup plus brillante, avec la base des antennes et le milieu des jambes toujours d'un jaune-testacé un peu rougeâtre.

Corselet presque entièrement et plus fortement ponctué.

Les stries des élytres plus marquées et plus fortement ponctuées, se prolongeant jusqu'à l'extrémité; les intervalles qui séparent celles du milieu de celles de la suture et du bord extérieur plus polis et plus brillans; le point enfoncé plus fortement marqué et placé un peu plus bas; un autre point enfoncé très-peu marqué près de l'extrémité; extrémité des élytres d'un jaune testacé plus ou moins distinct.

Il est aussi très-commun dans presque toute l'Europe et dans l'Amérique septentrionale.

Les *Elaphrus Biguttatus* et *Semipunctatus* de Fabricius ne sont que de légères variétés de la même espèce.

5. N. Quadripunctatus.

Pl. 87. fig. 5.

Supra æneus, nitidus; fronte profunde striata; elytris

profunde punctato-striatis, plaga longitudinali nitidis-
sima ad suturam, apice flavescente, punctisque duobus
impressis.

Dej. *Spec.* ii. p. 280. n° 3.
Dej. *Cat.* p. 18.

Long. 2, 2 $\frac{1}{2}$ lignes. Larg. $\frac{3}{4}$, 1 ligne.

Ressemble beaucoup au *Biguttatus*.

Deux points enfoncés bien marqués placés un peu avant le milieu, l'un au-dessus de l'autre, entre la troisième et la quatrième strie.

Il se trouve aux environs de Paris, mais assez rarement.

4. N. Notiophilus Geminatus.

Pl. 87. fig. 4.

Supra æneus; fronte profunde striata; elytris tenue punctato-
striatis, striis geminatis plaga longitudinali nitidissima
ad suturam, punctisque duobus impressis.

Dej. *Spec.* v. *Suppl.* p. 589. n° 4.

Long. 2 $\frac{1}{4}$ lignes. Larg. $\frac{3}{4}$ ligne.

Ressemble beaucoup au *Biguttatus*, mais d'un bronzé un peu plus obscur en dessus.

Tête à peu près comme dans cette espèce.

Corselet plus carré, moins rétréci postérieurement, moins fortement ponctué, avec des rides irrégulières sur le milieu de chaque côté.

Élytres avec les stries beaucoup moins marquées, moins fortement ponctuées et disposées par paires; l'extrémité nullement jaunâtre; deux points enfoncés assez distincts entre la troisième et la quatrième strie.

Dessous du corps et pattes comme dans le *Biguttatus*.

Il se trouve en Andalousie et dans les environs de Tanger.

XVIII. METRIUS. *Eschscholtz.*

Dernier article des palpes peu allongé et assez fortement sécuriforme. Antennes un peu plus courtes que la moitié du corps, assez fortes et allant un peu en grossissant vers l'extrémité. Lèvre supérieure courte et presque transversale. Mandibules peu saillantes, non dentées intérieurement. Une dent bifide au milieu de l'échancrure du menton. Corselet carré. Élytres ovales et assez convexes.

Ce genre a été établi par M. Eschscholtz sur un insecte de la Californie, qui, par son *facies*, s'éloigne beaucoup de tous les autres genres de cette tribu, et qu'on prendrait presque à la première vue pour un Hétéromère.

Voici les caractères génériques qu'il présente :

La lèvre supérieure est courte, presque transversale, un peu arrondie sur les côtés et coupée presque carrément antérieurement. Les mandibules sont assez fortes, peu avancées, légèrement arquées, un peu aiguës et non dentées intérieurement. Le menton est assez grand, convexe, fortement échancré, et il a une assez forte dent distinctement bifide au milieu de son échancrure. Les

palpes extérieurs sont peu allongés, leurs articles sont
assez courts, et le dernier est assez fortement sécuriforme. Les antennes sont assez fortes et un peu plus courtes que la moitié du corps; leurs articles sont presque
égaux et vont un peu en grossissant vers l'extrémité; le
premier est un peu plus gros que les autres; les trois
suivans sont légèrement obcôniques, les suivans sont un
peu plus larges, légèrement comprimés et presque trapé-
zoïdes, le dernier est ovalaire et terminé en pointe obtuse.
Les pattes sont peu allongées. L'échancrure qui termine
les jambes antérieures est assez forte, et remonte un peu
sur le côté interne. Les articles des tarses sont peu allongés
et cordiformes; le premier des tarses antérieurs est un
peu plus grand que les autres.

1. **M. Coarctatus.** *Eschscholtz.*

Pl. 85. fig. 1.

*Niger; thorace quadrato; elytris ovatis, convexis, obsolete
striato-punctatis; pedibus nigro-piceis.*

Dej. *Spec.* v. *Suppl.* p. 591. n° 1.

Long. 5 ½ lignes. Larg. 2 ½ lignes.

Cet insecte a été découvert dans la Californie par
M. Eschscholtz.

PATELLIMANES.

Les *Thoraciques* de Latreille comprennent les trois tribus que M. Dejean a nommées *Patellimanes*, *Féroniens* et *Harpaliens*. Les *Patellimanes* se distinguent des *Harpaliens* par les tarses intermédiaires, qui ne sont pas dilatés dans les mâles, et des *Féroniens* par les tarses antérieurs, dont les deux ou trois premiers articles sont plus fortement dilatés et plus ou moins carrés ou arrondis, tandis qu'ils sont toujours triangulaires ou cordiformes dans les *Féroniens*; ils sont toujours aussi garnis en-dessous de poils serrés qui forment une espèce de brosse. Les jambes antérieures sont toujours assez fortement échancrées. Les crochets des tarses ne sont jamais dentelés. Les élytres ne sont jamais tronquées à l'extrémité. Le dernier article des palpes n'est jamais terminé en alène.

Latreille, dans ses *Familles naturelles du règne animal*, place les genres qui composent cette tribu, et dont le tableau suivant présente les principaux caractères, dans les trois dernières divisions de ses *Thoraciques*.

Les *Panagæus* et *Loricera* forment, avec les *Patrobus* et *Microcephalus*, que M. Dejean a cru devoir placer dans les *Féroniens*, la dernière division à laquelle Latreille donne pour caractère une tête étranglée ou brusquement déprimée à sa naissance. Ce caractère, qui dépend uniquement du plus ou moins de saillie des yeux, est quelquefois très-peu marqué, et n'est pas même sensible dans quelques espèces de *Panagæus*.

Les *Callistus*, *Chlænius*, *Epomis*, *Dinodes* et *Oodes* forment une division bien naturelle. Latreille y réunit les

Anchomenus, *Platynus* et *Agonum*, qui paraissent, s'en éloigner beaucoup, et que M. Dejean a placés dans les *Féroniens*.

Enfin les *Rembus*, *Dicœlus*, *Licinus* et *Badister*, qui composent l'avant-dernière division de Latreille, se distinguent des précédens par l'absence de dent au milieu de l'échancrure du menton.

- **Une dent au milieu de l'échancrure du menton.** Tarses antérieurs dilatés dans les mâles
  - au plus aux deux premiers articles. Dernier article des palpes maxillaires
    - fortement sécuriforme. La dent de l'échancrure du menton
      - simple. . . . . 1 *Eurysoma.*
      - bifide. . . . . 2 *Panagæus.*
    - non sécuriforme. . . . . 3 *Geobius.*
  - aux trois premiers articles. La dent de l'échancrure du menton
    - simple. Antennes
      - hérissées de poils . . . . 4 *Loricera.*
      - simples. Dernier article des palpes
        - non sécuriforme.
          - assez allongé, ovalaire et terminé presque en pointe. . 5 *Callistus.*
          - allongé et tronqué à l'extrémité. . . . . 10 *Oodes.*
        - fortement sécuriforme. . . . . . 6 *Vertagus.*
    - bifide. Dernier article des palpes
      - allongé et
        - tronqué à l'extrémité. . . . . . . 7 *Chlænius.*
        - fortement sécuriforme. . . . . . 8 *Epomis.*
      - court et légèrement sécuriforme. . . . 9 *Dinodes.*
- **Point de dent au milieu de l'échancrure du menton.** Mandibules
  - pointues. Dernier article des palpes
    - non sécuriforme. . . . . 11 *Rembus.*
    - assez fortement sécuriforme. . . . . 12 *Dicælus.*
  - obtuses. Tarses antérieurs dilatés dans les mâles
    - aux deux premiers articles. . . . . 13 *Licinus.*
    - aux trois premiers articles. . . . . 14 *Badister.*

I. EURYSOMA. *Oberleitner.*

Dernier article des palpes extérieurs fortement sécuriforme.
Antennes filiformes. Lèvre supérieure courte, presque
transversale, coupée carrément ou légèrement échancrée
antérieurement. Mandibules légèrement arquées, courtes
et peu saillantes. Une dent simple au milieu de l'échan-
crure du menton. Tête assez petite. Corselet ordinairement
ovalaire. Élytres courtes, ovales et plus ou moins convexes.

Ce genre, auquel M. Oberleitner a donné le nom d'*Eu-*
rysoma, est formé sur des insectes très-brillans de l'inté-
rieur de l'Amérique méridionale, qui, par leurs caractères
et leur forme, se rapprochent beaucoup des grandes espèces exotiques de *Panagæus*, et qui, de même que ces
espèces, ne sont placées dans cette tribu que provisoirement; car jusqu'à présent tous les individus de ce genre,
et des grandes espèces de *Panagæus* que M. Dejean a pu
observer, ne lui ont jamais présenté aucune dilatation
dans les tarses antérieurs; il serait donc assez porté à
croire que dans ces insectes les tarses sont semblables
dans les deux sexes, mais c'est un fait cependant qu'il
n'ose encore affirmer.

Quoi qu'il en soit, voici les caractères que présentent
les différentes espèces de ce nouveau genre.

La lèvre supérieure est courte, presque transversale,
coupée carrément ou très-légèrement échancrée à sa partie antérieure. Les mandibules sont courtes, légèrement
arquées et assez aiguës. Le menton est assez grand, légèrement concave, assez fortement échancré, et il a au

milieu de son échancrure une assez forte dent simple, qui remonte presque au niveau des parties latérales, ce qui le fait paraître presque trilobé. Les palpes extérieurs sont assez saillans; leur dernier article est très-fortement sécuriforme et presque triangulaire. Les antennes sont filiformes et à peu près de la longueur de la moitié du corps; les quatre premiers articles sont à peu près comme dans les *Panagæus;* les suivans sont un peu plus larges, légèrement comprimés et presque en carré allongé dont les angles sont un peu arrondis. La tête est assez petite, oblongue et un peu rétrécie derrière les yeux. Le corselet est ordinairement ovalaire. Les élytres sont courtes, ovales, convexes et d'une belle couleur cuivreuse dans toutes les espèces connues jusqu'à présent. Les jambes antérieures sont assez fortement échancrées. Le premier article des tarses est allongé et presque cylindrique; les trois suivans sont plus courts, très-légèrement triangulaires et bifides à l'extrémité. Les crochets des tarses ne sont pas dentelés en dessous.

E. Festivum.

Pl. 88. fig. 1.

Nigrum; thorace cyaneo, postice utrinque sulcato, margine subreflexo, angulis posticis rotundatis; elytris ovalis, rubro-cupreis, profunde striatis.

Dej. *Spec.* v. *Suppl.* p. 596. n° 2.

Il a été trouvé par M. Lacordaire aux environs de Cordoba, dans le Tucuman

PATELLIMANES .

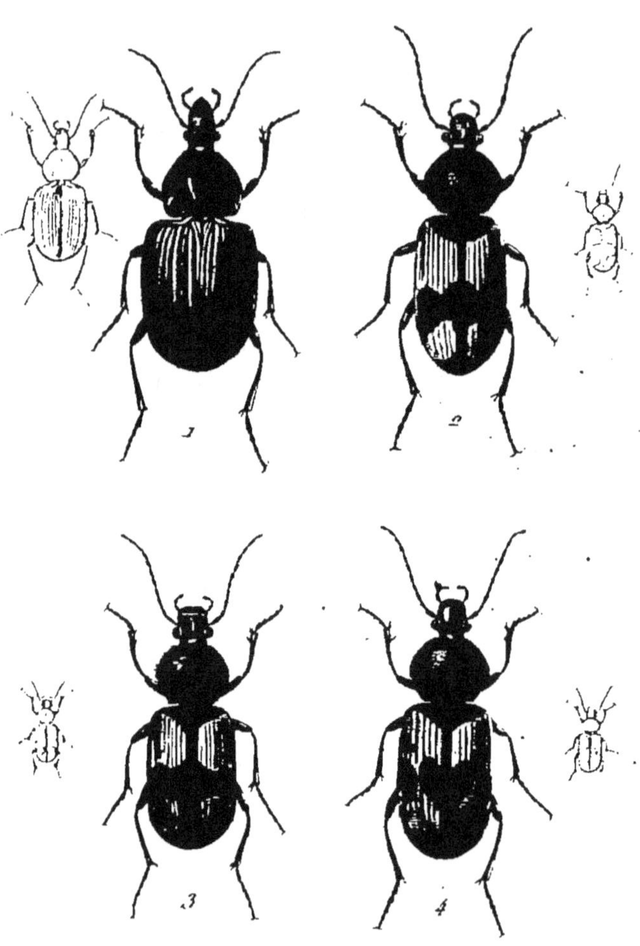

1   Eurysoma Festivum .
2 . Panagæus Crux major .
3 . Panagæus Quadripustulatus .
4 . P ________ Trimaculatus .

II. PANAGÆUS. *Latreille.*

CARABUS. *Fabricius.*

*Les deux premiers articles des tarses antérieurs dilatés dans
les mâles. Dernier article des palpes fortement sécuriforme. Antennes filiformes. Lèvre supérieure transverse,
très-courte, coupée carrément ou légèrement échancrée.
Mandibules arquées, courtes et très-peu saillantes. Une
dent bifide au milieu de l'échancrure du menton. Tête
petite, souvent rétrécie derrière les yeux. Corselet plus
ou moins arrondi.*

Ce genre, établi par Latreille, est depuis long-temps
adopté par presque tous les entomologistes. Les espèces
qui le composent, et qui sont peu nombreuses, ont toutes un *facies* particulier qui les fait aisément reconnaître ;
elles sont de différentes grandeurs, noires, légèrement
pubescentes, presque toujours fortement ponctuées, au
moins sur le corselet, et leurs élytres sont presque toujours d'un rouge ferrugineux, avec une croix noire, ou
noires, avec quatre grandes taches jaunes ou ferrugineuses. Elles présentent toutes les caractères suivans :

La lèvre supérieure est très-courte, transverse, coupée
carrément antérieurement ou légèrement échancrée. Les
mandibules sont courtes, très-peu saillantes, légèrement
arquées, non dentées intérieurement, assez larges et assez
pointues à l'extrémité. Le menton est grand, presque
divisé en trois lobes, fortement échancré, et il a une

dent légèrement bifide au milieu de son échancrure. Les palpes sont assez allongés, et leur dernier article est très-fortement sécuriforme, surtout dans les mâles. Les antennes sont filiformes, et ont à peine la longueur de la moitié du corps. La tête est petite, souvent un peu allongée, et les yeux sont ordinairement très-saillans, ce qui la fait paraître rétrécie postérieurement ; mais dans quelques espèces les yeux n'étant nullement saillans, la tête paraît d'égale grosseur partout. Le corselet est toujours très-fortement ponctué, plus ou moins arrondi et souvent assez convexe. Les élytres sont légèrement convexes, presque parallèles et assez allongées dans les petites espèces, et dans les grandes plus convexes, ovales et quelquefois presque globuleuses. Les jambes antérieures sont fortement échancrées. Les tarses sont composés d'articles assez allongés, presque cylindriques ou légèrement triangulaires et un peu échancrés à l'extrémité ; les deux premiers des tarses antérieurs sont très-fortement dilatés dans les mâles : le premier presque en triangle, le second en carré dont les angles sont un peu arrondis ; ils sont tous les deux garnis en dessous de longs poils beaucoup plus saillans en dedans qu'en dehors.

On trouve plusieurs espèces de ce genre dans l'Europe, l'Amérique septentrionale, l'Afrique et les Indes orientales.

1. P. Crux major.

Pl. 88. fig. 2.

Ater; elytris rufis, basi, sutura, fascia media apiceque nigris.

Dej. *Spec.* ii. p. 286. n° 5.

Sturm. iii. p. 170. n° 1. t. 75. fig. a. A.

Dej. *Cat.* p. 7.

Carabus Crux major. Fabr. *Sys. El.* 1. p. 202. n° 176.

Sch. *Syn. Ins.* 1. p. 209. n° 238.

Duftschmid. ii. p. 46. n° 40.

Panagæus Crux. Gyllenhal. ii. p. 78. n° 1.

Carabus Bipustulatus. Olivier. iii. 35. p. 103. n° 143. t. 8. fig. 95. a. b.

Le Chevalier noir. Geoff. 1. p. 150. n° 17.

Long. 3 $\frac{1}{2}$, 4 lignes. Larg. 1 $\frac{1}{2}$, 1 $\frac{3}{4}$ ligne.

Un peu plus grand que la *Loricera Pilicornis*.

Tête petite, noire et légèrement pubescente, avec les antennes de la même couleur et les yeux très-saillans.

Corselet noir, couvert de poils assez longs, assez serrés et un peu roussâtres, arrondi, un peu moins long que large; couvert de très-gros points enfoncés, la ligne longitudinale peu marquée; les bords latéraux légèrement rebordés et la base coupée carrément.

, Élytres un peu plus larges que le corselet, presque parallèles, assez allongées, arrondies à l'extrémité, légèrement pubescentes, avec les stries bien marquées et fortement ponctuées, les intervalles paraissant très-légèrement chagrinés, leur couleur d'un rouge ferrugineux, avec une grande tache commune, noire et triangulaire à la base, une bande transversale de la même couleur un peu au-delà du milieu, qui ne va pas jusqu'au bord extérieur, la suture et l'extrémité également noires; la bande du milieu composée de trois taches réunies, une arrondie sur la suture, et une autre un peu plus petite sur chaque élytre.

Dessous du corps et pattes noirs et légèrement pubescens.

Il se trouve assez communément sous les pierres et dans les bois, au pied des arbres, en France, en Allemagne, en Suède, en Russie et en Sibérie.

2. P. Quadripustulatus.

Pl. 88. fig. 3.

Ater; elytris rufis, basi, sutura, fascia media, limbo postico apiceque nigris.

Dej. *Spec.* ii. p. 288. n° 4.

Sturm. iii. p. 172. n° 2. т. 73. P. p.

Dej. *Cat.* p. 7.

Long. 3 ½ lignes. Larg. 1 ½ ligne.

Ressemble beaucoup au *Crux major*, et confondu avec lui par beaucoup d'entomologistes, mais un peu plus petit.

Corselet un peu moins large, plus convexe, plus arrondi.

Élytres d'une couleur un peu plus rouge; la bande transversale allant jusqu'au bord extérieur; la partie de ce bord située entre la bande et l'extrémité également noire.

Il se trouve en France et en Allemagne, mais il est beaucoup plus rare que le précédent.

Il exhale une odeur très-forte, voisine de celle de la *Diaperis Boleti*.

5. P. Trimaculatus.

Pl. 88. fig. 4.

Ater; elytris rufis, basi, sutura, fascia media interrupta apiceque nigris.

Dej. *Spec.* ii. p. 288. n. 5.

Long. 3 ½ lignes. Larg. 1 ½ ligne.

Ressemble aussi beaucoup au *Crux major.*

Élytres un peu plus jaunes; la bande du milieu remplacée par trois taches distinctes : l'une sur la suture, assez grande, arrondie, échancrée à sa partie supérieure et presque cordiforme; les autres sur chaque élytre, arrondies, un peu allongées et placées près du bord extérieur.

Il a été trouvé en France dans le département de la Sarthe; il est très-rare.

III. GEOBIUS. *Dujean.*

Dernier article des palpes maxillaires allongé, très-légèrement ovalaire et terminé presque en pointe. Celui des labiaux très-fortement sécuriforme. Antennes filiformes. Lèvre supérieure assez étroite et presque carrée. Mandibules arquées, courtes et assez aiguës. Une dent simple et presque arrondie au milieu de l'échancrure du menton. Tête assez petite. Corselet ovalaire. Élytres assez allongées, presque parallèles.

M. Dejean a établi ce nouveau genre sur un insecte des
environs de Buenos-Ayres, et il lui a donné le nom de
Geobius, tiré des mots grecs γῆ, terre, et βιόω, je vis.

Il se rapproche un peu par le *facies* des *Panagæus* d'Europe, mais il en diffère beaucoup par ses caractères génériques.

La lèvre supérieure est assez étroite, presque carrée,
et elle a dans son milieu un sillon longitudinal fortement
marqué. Les mandibules sont courtes, assez fortement
arquées et assez aiguës. Le menton est assez court, légèrement échancré, et il a au milieu de son échancrure
une dent simple presque arrondie, qui remonte presque
au niveau des parties latérales et qui le fait paraître trilobé.
Les palpes maxillaires sont très-saillans; le dernier article est très-allongé, très-légèrement ovalaire et presque
terminé en pointe. Les labiaux sont plus courts; leur
dernier article est très-fortement sécuriforme et presque
triangulaire. Les antennes sont filiformes et un peu plus
longues que la moitié du corps. Le premier article est
plus gros que les autres et presque cylindrique; le second
est obconique et plus court que tous les autres, qui sont
égaux entre eux et assez allongés; le troisième et le quatrième sont très-légèrement obconiques; les suivans sont
presque cylindriques, et le dernier est terminé en pointe
obtuse. Les pattes sont assez fortes pour la grosseur de
l'insecte. Les jambes antérieures sont fortement échancrées. Les articles des tarses sont très-légèrement triangulaires, et le premier est un peu plus long que les autres.
Les crochets des tarses ne sont pas dentelés en dessous.

Ce n'est aussi que provisoirement que ce genre est

PATELLIMANES .

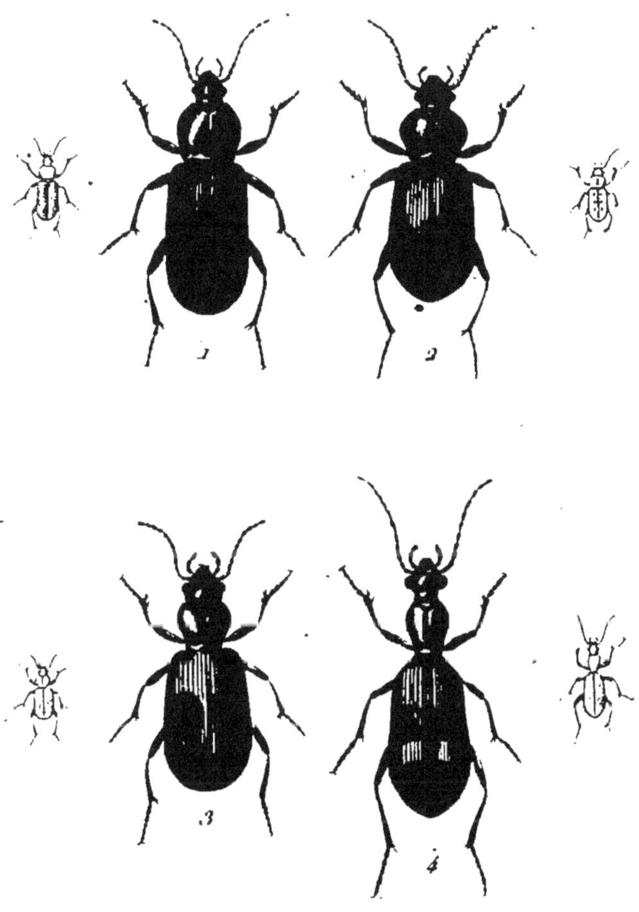

1 . Geobius Pubescens .

2 . Loricera Pilicornis .

3 . Callistus Lunatus .

4 . Vertagus Buquetii .

placé dans cette tribu, car dans tous les individus qui sont dans la collection de M. Dejean les tarses sont simples, et il serait possible qu'ils fussent semblables dans les deux sexes.

Geobius Pubescens.

Pl. 89. fig. 1.

Ater, pubescens; thorace ovato, punctato, postice utrinque striato; elytris subparallelis, obscure violaceis, striato-punctatis, interstitiis punctatis; palpis flavo-testaceis; antennis pedibusque rufo-piceis.

Dej. *Spec.* v. *Suppl.* p. 606. nº 1.

Il se trouve aux environs de Buenos-Ayres, d'où il a été rapporté par M. Lacordaire.

IV. LORICERA. *Latreille.*

Cababus. *Fabricius.*

Les trois premiers articles des tarses antérieurs dilatés dans les mâles. Dernier article des palpes allongé, presque ovalaire et tronqué à l'extrémité. Antennes filiformes, hérissées de soies raides et assez longues. Lèvre supérieure très-courte et arrondie. Mandibules arquées et très-courtes. Une dent simple au milieu de l'échancrure du menton.

Tête arrondie, très-rétrécie derrière les yeux. Corselet arrondi.

Ce genre, formé par Latreille sur le *Carabus Pilicornis* de Fabricius, ne comprend encore qu'une seule espèce; elle paraît à la première vue avoir quelques rapports avec les *Leistus;* mais elle en diffère, ainsi que de tous les autres genres de cette famille, par des caractères bien distincts.

La lèvre supérieure est très-courte et arrondie. Les mandibules sont très-courtes, arquées, aiguës et un peu dilatées à leur base. Le menton est assez court, légère-ment concave, fortement échancré, et il a une dent simple au milieu de son échancrure. Les palpes sont peu saillans; leur dernier article est assez allongé, presque ovalaire et tronqué à l'extrémité. Les antennes sont plus courtes que la moitié du corps; leur premier article est aussi grand que les trois suivans, un peu renflé, légère-ment arqué et presque en fuseau; le second est court et presque arrondi; le troisième est un peu plus long et presque cylindrique; le quatrième est à peu près comme le second; le cinquième et le sixième sont un peu plus longs, et grossissent un peu vers l'extrémité; les suivans sont presque cylindriques, et le dernier est légèrement ovalaire; les six premiers sont garnis de longs poils raides et assez éloignés les uns des autres. La tête est arrondie, presque triangulaire, très-rétrécie derrière les yeux, et elle tient au corselet par une espèce de col très-court et cylindrique, dont elle est séparée par une impression très-marquée. Le corselet est arrondi. Les élytres sont assez

allongées, presque parallèles et arrondies à l'extrémité.
Les jambes antérieures sont assez fortement échancrées.
Les tarses sont composés d'articles allongés et presque
cylindriques; les trois premiers articles des tarses antérieurs sont très-fortement dilatés dans les mâles; le premier presque en triangle et les deux suivans en carré moins
long que large, dont les angles sont un peu arrondis; le
quatrième est bifide et beaucoup plus petit que les trois
premiers. Dans la femelle les quatre premiers articles des
tarses antérieurs sont presque triangulaires et un peu
échancrés à l'extrémité.

L. Pilicornis.

Pl. 89. fig. 2.

*Viridi-ænea; elytris punctato-striatis, foveolisque tribus
impressis; tibiis tarsisque rufis.*

Dej. *Spec.* ii. p. 293. n° 1.
Gyllenhal. ii. p. 45. n°. f.
Sturm. iii. p. 165. n° 1. t. 62.
Dej. *Cat.* p. 8.
Carabus Pilicornis. Fabr. *Sys. El.* i. p. 193. n° 128.
Oliv. iii. 35. p. 67. n° 85. t. ii. fig. 119.
Sch. *Syn. Ins.* i. p. 198. n° 178.
Loricera Ænea. Latreille. *Genera Crustaceorum et In-
sectorum.* i. p. 224. n° 1.
Le Bupresté à six points enfoncés. Geoff. i. p. 147.
n° 10.

Long. 3 ½ lignes. Larg. 1 ½ ligne.

Ordinairement un peu plus petite que le *Leistus Spini-barbis*, et entièrement en dessus d'un vert-bronzé un peu obscur.

Tête avancée, presque triangulaire et très-rétrécie derrière les yeux, avec les yeux très-saillans.

Corselet plus large que la tête, arrondi, presque aussi long que large, assez convexe, lisse, marqué de points enfoncés vers la base; les bords latéraux un peu déprimés et relevés, et le bord antérieur et la base coupés carrément.

Élytres plus larges que le corselet, assez allongées, presque parallèles et arrondies à l'extrémité; les stries assez marquées, finement ponctuées; trois gros points enfoncés bien marqués entre la troisième et la quatrième strie.

Dessous du corps noir, avec les cuisses d'un vert bronzé et les jambes et les tarses d'un jaune ferrugineux.

Elle se trouve très-communément dans presque toute la France, en Allemagne, en Suède, en Russie et en Sibérie, sur les bords des fossés, des mares et des étangs, et dans tous les endroits marécageux.

On trouve quelquefois en Suède une variété dont les bords et l'extrémité des élytres sont presque d'un jaune ferrugineux.

~ V. CALLISTUS. *Bonelli.*

Carabus. *Fabricius.*

Les trois premiers articles des tarses antérieurs dilatés dans les mâles. Dernier article des palpes allongé, légèrement ovalaire et terminé presque en pointe. Antennes filiformes et légèrement comprimées. Lèvre supérieure presque transversale et très-légèrement échancrée. Mandibules peu avancées, légèrement arquées, assez étroites et très-aiguës. Une dent simple au milieu de l'échancrure du menton. Tête presque triangulaire, un peu rétrécie postérieurement. Corselet presque cordiforme.

Ce genre, établi par Bonelli sur le *Carabus Lunatus* de Fabricius, ne comprend jusqu'à présent que deux espèces, qui présentent les caractères génériques suivans :

La lèvre supérieure est courte, presque transversale et très-légèrement échancrée. Les mandibules sont peu avancées, légèrement arquées, assez étroites et très-aiguës. Le menton est assez grand, un peu concave, presque divisé en trois lobes, et il a une dent simple au milieu de son échancrure. Les palpes sont peu saillans; leur dernier article est assez allongé, ovalaire et presque terminé en pointe. Les antennes sont filiformes et à peu près de la longueur de la moitié du corps; tous les articles sont presque de la même longueur, à l'exception du second, qui est moitié plus court que les autres : le premier est un peu plus gros et presque ovalaire; le second et le troisième presque cylindriques, et tous les autres légèrement comprimés. La tête est presque triangulaire et un peu rétrécie postérieurement. Les yeux sont peu saillans. Le corselet est arrondi et un peu en cœur. Les élytres sont en ovale assez allongé. Les jambes antérieures sont assez fortement échancrées. Les tarses sont composés d'articles allongés et presque cylindriques; les trois premiers des tarses antérieurs sont très-fortement dilatés dans les mâles, en forme de carré dont les angles sont un peu arrondis, ils sont garnis en dessous de poils longs et serrés, formant une espèce de brosse; le quatrième est triangulaire, fortement échancré et beaucoup plus petit que les trois premiers.

C. LUNATUS.

Pl. 89. fig. 3.

Nigro-cyaneus; thorace rufo; elytris flavis, maculis tribus nigris.

DEJ. *Spec.* II. p. 296. n° 1.
DEJ. *Cat.* p. 8.
· *Carabus Lunatus.* FABR. *Sys. El.* 1. p. 205. n° 194.
OLIV. III. 35. p. 104. n° 145. T. 3. fig. 27.
SCH. *Syn. Ins.* 1. p. 214. n° 263.
DUFTSCHMID. II. p. 170. n° 227.
Anchomenus Lunatus. STURM. v. p. 176. n° 7.
Buprestis Plateosus. FOURCROY. *Entomologia Parisiensis.* p. 55. n° 47.

Long. 5 lignes. Larg. 1 $\frac{1}{4}$ ligne.

Un peu plus petit que le *Leistus Spinibarbis*.

Tête d'un bleu noirâtre, quelquefois un peu verdâtre, avancée, presque triangulaire, un peu rétrécie derrière les yeux.

Corselet entièrement d'un rouge ferrugineux tant en dessus qu'en dessous, arrondi, très-légèrement en cœur, plus large que la tête, presque aussi long que large, un peu convexe, légèrement pubescent, très-finement ponctué, assez échancré antérieurement, avec les bords latéraux très-légèrement rebordés.

Élytres un peu plus larges que le corselet, en ovale assez allongé, arrondies à l'extrémité, légèrement pubescentes, comme soyeuses; les stries très-peu marquées, d'une couleur jaunâtre, plus claire et blanchâtre sur les bords, plus foncée et presque ferrugineuse sur la suture, ayant chacune trois taches noires : la première plus petite, arrondie à l'angle de la base; la seconde beaucoup plus grande, arrondie, presque transversale, à peu près au milieu; et la troisième un peu moins grande, arrondie, presque tout-à-fait à l'extrémité, touchant quelquefois à la suture, et se joignant par le bord extérieur à la seconde.

Dessous du corps et poitrine d'un noir bleuâtre.

Cuisses et jambes jaunâtres à la base et noirâtres à l'extrémité, avec les tarses brunâtres.

Il se trouve assez communément sous les pierres dans diverses parties de la France, en Allemagne, en Russie, en Sibérie, en Espagne et en Portugal. Il est rare aux environs de Paris.

VI. VERTAGUS. *Dejean.*

Les trois premiers articles des tarses antérieurs dilatés dans les mâles. Dernier article des palpes extérieurs très-fortement sécuriforme. Antennes filiformes. Lèvre supérieure courte, presque transversale, coupée presque carrément antérieurement. Mandibules courtes, légèrement arquées et assez aiguës. Une dent simple au milieu de l'échancrure du menton. Tête presque en losange, très-rétrécie derrière les yeux. Corselet très-allongé et très-légèrement ovalaire. Elytres allongées; un peu plus larges vers l'extrémité.

M. Dejean a donné à ce nouveau genre, formé sur deux insectes très-remarquables des parties équinoxiales de l'Afrique, le nom latin de *Vertagus*, chien de chasse, levrier, à cause de leur forme svelte et élégante.

Il sera facile de le reconnaître aux caractères suivans:

La lèvre supérieure est assez courte, presque transversale et coupée presque carrément à sa partie antérieure. Les mandibules sont courtes, légèrement arquées et assez aiguës. Le menton est légèrement concave, fortement échancré, et il a au milieu de son échancrure une forte dent simple. Les palpes extérieurs sont assez saillants, et leur dernier article est très-fortement sécuriforme et presque triangulaire. Les antennes sont filiformes et un peu plus longues que la moitié du corps; le premier article est plus gros que les autres et presque cylindrique. Le second est à peu près moitié plus court que les suivans, qui sont égaux entre eux; le troisième est très-légèrement comprimé et en carré très-allongé, dont les angles sont un peu arrondis. La tête est presque en losange et très-rétrécie postérieurement. Les yeux sont très-saillans. Le corselet est très-allongé et très-légèrement ovalaire. Les élytres sont allongées et un peu plus larges vers l'extrémité. Les pattes sont très-grandes pour la grosseur de l'insecte. Les jambes antérieures sont assez fortement échancrées. Les tarses antérieurs sont dilatés dans les mâles comme dans les *Chlænius*.

VERTAGUS BUQUETII.

Pl. 89. fig. 4.

Viridi-æneus, punctatus; elytris postice cyaneis, macula postica femorumque basi flavis; ore, antennis pedibusque nigris.

DEJ. *Spec.* v. *Supp.* p. 609. n° 1.

Il se trouve à Galam, dans les parties supérieures du Sénégal.

VII. CHLÆNIUS. *Bonelli.*

HARPALUS. *Gyllenhal.* CARABUS. *Fabricius.*

Les trois premiers articles des tarses antérieurs dilatés dans les mâles. Dernier article des palpes plus ou moins allongé, un peu ovalaire et tronqué à l'extrémité. Antennes filiformes. Lèvre supérieure presque transverse, coupée carrément ou plus ou moins échancrée. Mandibules le plus souvent peu avancées, plus ou moins arquées et assez aiguës. Une dent bifide au milieu de l'échancrure du menton. Tête presque triangulaire, plus ou moins rétrécie postérieurement. Corselet souvent cordiforme, quelquefois trapézoïde.

C'est à Bonelli que nous devons la création de ce genre, qui est adopté depuis long-temps par presque tous les entomologistes. Les *Chlænius* sont de jolis insectes, ordinairement de grandeur moyenne, rarement très-grands, rarement très-petits, qui présentent tous les caractères suivans :

La lèvre supérieure est assez courte, presque transverse, ordinairement coupée carrément ou légèrement échancrée à sa partie antérieure et rarement fortement échancrée. Les mandibules sont ordinairement peu avancées, plus ou moins arquées et assez aiguës et rarement très-saillantes. Le menton est assez grand, légèrement concave, fortement échancré, et il a une dent bifide plus ou moins marquée au milieu de son échancrure. Les palpes sont assez allongés; leurs articles sont presque égaux, et le dernier est légèrement ovalaire et tronqué à l'extrémité. Les antennes sont filiformes et ordinairement à peu près de la longueur de la moitié du corps. La tête est assez avancée, presque triangulaire et plus ou moins rétrécie postérieurement. Les yeux sont plus ou moins saillans. Le corselet est ordinairement plus ou moins cordiforme et plus étroit que les élytres; cependant dans quelques espèces, telles que les *Sulcicollis* et *Tomentosus*, il s'élargit au contraire postérieurement, et il est à sa base presque aussi large que les élytres. Les élytres sont en ovale plus ou moins allongé. Les pattes sont plus ou moins allongées. Les jambes

antérieures sont assez fortement échancrées. Les articles
des tarses sont plus ou moins allongés, très-légèrement
triangulaires et bifides à l'extrémité ; les trois premiers
des tarses antérieurs sont très-fortement dilatés dans les
mâles, en forme de carré dont les angles sont un peu arrondis et garnis en dessous de poils très-serrés qui forment
une espèce de brosse.

Presque toutes les espèces qui composent ce genre sont
parées de couleurs vertes ou métalliques assez brillantes ;
elles sont souvent finement ponctuées ou granulées et
couvertes d'un léger duvet court et serré ; cependant quelques espèces sont glabres et lisses. Elles paraissent répan-
dues sur presque toute la surface de la terre ; l'Europe,
l'Amérique septentrionale, et surtout l'Afrique et les parties méridionales de l'Asie, en nourrissent un grand nombre d'espèces ; elles sont beaucoup plus rares dans l'Amérique méridionale et dans la Nouvelle-Hollande. Elles se
trouvent ordinairement sous les pierres et les débris de
végétaux, aux bords des rivières et dans les endroits humides, et elles exhalent presque toutes une odeur alcaline
très-forte et désagréable.

Ce genre étant très-nombreux en espèces, il était indis-
pensable d'y établir plusieurs divisions : la première comprend les espèces dont les élytres sont ornées de taches
jaunâtres ; la seconde, celles dont les élytres sans taches
ont une bordure jaune ou seulement une tache de cette
couleur à l'extrémité ; la troisième, toutes celles dont les
élytres n'ont ni taches ni bordure ; enfin la quatrième comprend cinq espèces, dont deux de l'Amérique septentrionale, une des Indes orientales et deux d'Afrique, qui dif-

fèrent toutes de celles des divisions précédentes, par leur lèvre supérieure fortement échancrée et par leurs mandibules plus avancées, plus étroites et plus droites. Il est même possible que ces espèces puissent constituer un nouveau genre; mais leur *facies* est absolument le même que celui de plusieurs autres espèces de ce genre.

Nous n'avons pas en Europe d'espèces de la première ni de la quatrième division.

SECONDE DIVISION.

1. C. VELUTINUS.

Pl. 90. fig. 1.

Capite thoraceque viridi-æneis, nitidis; thorace punctis sparsis impressis; elytris obscuro-viridibus, pubescentibus, striatis, interstitiis subtilissime granulatis; margine, antennis pedibusque flavo-pallidis.

DEJ. *Spec.* II. p. 308. n° 11.
DEJ. *Cat.* p. 8.
Carabus Velutinus. DUFTSCHMID. II. p. 168. n° 225.
Carabus Cinctus. OLIV. III. 55. p. 87. n° 118. T. 3. fig. 28.
Carabus Marginatus. ROSSI. 1. p. 212. n° 524.
Carabus Zonatus? PANZER. *Faun. Germ.* 31. n° 7.

Long. 6 $\frac{3}{4}$, 7 $\frac{1}{4}$ lignes. Larg. 3, 4 $\frac{1}{4}$ lignes.

Tête d'un vert-bronzé brillant, quelquefois un peu bleuâtre, avec les antennes d'un jaune un peu ferrugineux.

CHLÆNIUS.

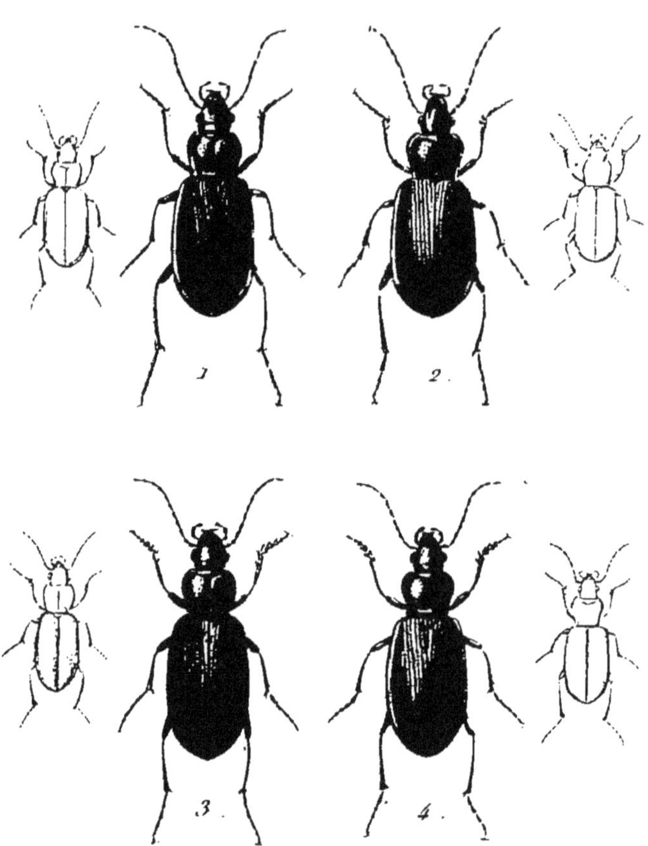

1. C. Velutinus.

2. C. Festivus.

3. C. Borgiæ

4. C. Spoliatus

F. Dumenil Ferenc et Direxit

Corselet de la couleur de la tête, plus large qu'elle, presque aussi long que large, très-légèrement en cœur, presque carré, avec quelques rides transversales peu marquées et quelques points enfoncés assez gros et distincts, éloignés les uns des autres; un peu échancré antérieurement; les bords latéraux très-légèrement rebordés, avec la base et les angles postérieurs coupés presque carrément.

. Élytres d'un vert un peu obscur, plus larges que le corselet, en ovale allongé, arrondies à l'extrémité, couvertes d'un duvet très-serré un peu jaunâtre; les stries peu marquées, avec les intervalles un peu relevés et couverts de petits-points élevés assez serrés qui les font paraître légèrement chagrinées; le bord extérieur d'un jaune assez pâle.

Dessous du corps d'un brun noirâtre, avec les bords de l'abdomen d'un jaune un peu ferrugineux.

Pattes d'un jaune pâle.

Il se trouve sur les bords des rivières et dans les endroits humides, sous les pierres et les débris de végétaux, en Espagne, en Italie; il est très-commun dans tout le midi de la France; on le trouve quelquefois aux environs de Paris, mais il y est très-rare. M. Duftschmid dit qu'il se trouve en Autriche. M. Famin a envoyé à M. Dejean une variété venant de Sicile, dont la tête et le corselet sont d'une couleur plus brillante et plus cuivreuse, le duvet des élytres un peu moins serré, les intervalles entre les stries un peu plus relevés. Elle paraît se rapprocher un peu du *Festivus;* mais elle ne peut former une espèce particulière.

2. C. Festivus.

Pl. 90. fig. 2.

*Capite thoraceque cupreo-æneis, nitidis; thorace punctis
sparsis impressis; elytris viridi-æneis, subpubescentibus,
profunde striatis, interstitiis granulatis; margine, antennis pedibusque testaceis.*

Dej. *Spec.* ii. p. 310. n° 12.
Sturm. v. p. 126. n° 2.
Dej. *Cat.* p. 8.
Carabus Festivus. Fabr. *Sys. El.* i. p. 184. n° 74.
Sch. *Syn. Ins.* i. p. 187. n° 93.
Duftschmid. ii. p. 167. n° 222.

Long. 6 ½, 7 lignes. Larg. 2 ¾, 3 lignes.

Ressemble beaucoup au *Velutinus,* mais un peu plus petit.

Tête et corselet d'une belle couleur cuivreuse un peu
dorée plus ou moins brillante.

Corselet un peu plus étroit.

Élytres un peu plus courtes, d'une couleur verte un peu
bronzée, avec le duvet plus rare et moins serré; les stries
plus profondes; les intervalles plus relevés et les petits
points qui les font paraître granulées plus marqués et moins
serrés.

La lèvre supérieure, les palpes, les antennes, le bord
des élytres, celui de l'abdomen et les pattes d'un jaune un
peu plus foncé et un peu ferrugineux.

Il se trouve en Autriche, en Dalmatie et dans les provinces méridionales de la Russie. Il se trouve aussi dans le midi de la France, mais il y est beaucoup plus rare que le *Velutinus.*

5. C. BORGIÆ. *Lefebvre.*

Pl. 90. fig. 5.

Capite thoraceque viridi-æneis, nitidis; thorace punctis sparsis impressis; elytris viridi-æneis, pubescentibus, striatis, interstitiis subtilissime granulatis; margine obscure flavo-ferrugineo; femoribus nigro-piceis; antennis, tibiis tarsisque testaceis.

DEJ. *Spec.* II. p. 311. n° 13.

Long. 7, 7 ½ lignes. Larg. 5, 5 ¼ lignes.

A peu près de la grandeur du *Velutinus,* mais un peu plus allongé.

Tête et corselet d'un vert-bronzé brillant comme dans le *Velutinus,* ponctués de la même manière.

Corselet un peu plus large antérieurement.

Élytres d'un vert moins obscur, avec le duvet un peu moins serré, striées et granulées de la même manière; leur bord extérieur plus étroit, et d'un jaune-ferrugineux très obscur.

Dessous du corps et cuisses d'un brun noirâtre, avec les jambes et les tarses d'un jaune un peu ferrugineux.

Découvert en Sicile par M. Alexandre Lefebvre.

4. C. Spoliatus.

Pl. 90. fig. 4.

Supra viridi-œneus; thorace subcordato, punctis sparsis obsoletis impressis; elytris glabris, striatis, striis tenue punctatis, interstitiis lævibus; margine, antennis pedibusque testaceis.

Dej. *Spec.* ii. p. 312. n° 14.
Sturm. v. p. 127. n° 3.
Dej. *Cat.* p. 8.
Carabus Spoliatus. Fabr. *Sys. El.* 1. p. 183. n° 72.
Sch. *Syn. Ins.* i. p. 187. n° 97.
Duftschmid. ii. p. 167. n° 221.

Long. 6 $\frac{1}{2}$, 7 lignes. Larg. 2 $\frac{3}{4}$, 3 lignes.

Ressemble beaucoup, à la première vue, au *Velutinus*, et est entièrement en dessus d'un beau vert bronzé.

Corselet plus en cœur et beaucoup plus rétréci postérieurement, avec les points enfoncés très-peu marqués et presque entièrement effacés. Élytres plus étroites et plus parallèles, glabres; les stries un peu plus enfoncées, finement ponctuées; les intervalles lisses et un peu relevés.

Abdomen sans bordure jaune.

Lèvre supérieure, palpes, antennes et pattes d'un jaune un peu plus foncé et un peu ferrugineux; la bordure des élytres au contraire d'un jaune un peu plus pâle et presque blanchâtre.

CHLÆNIUS.

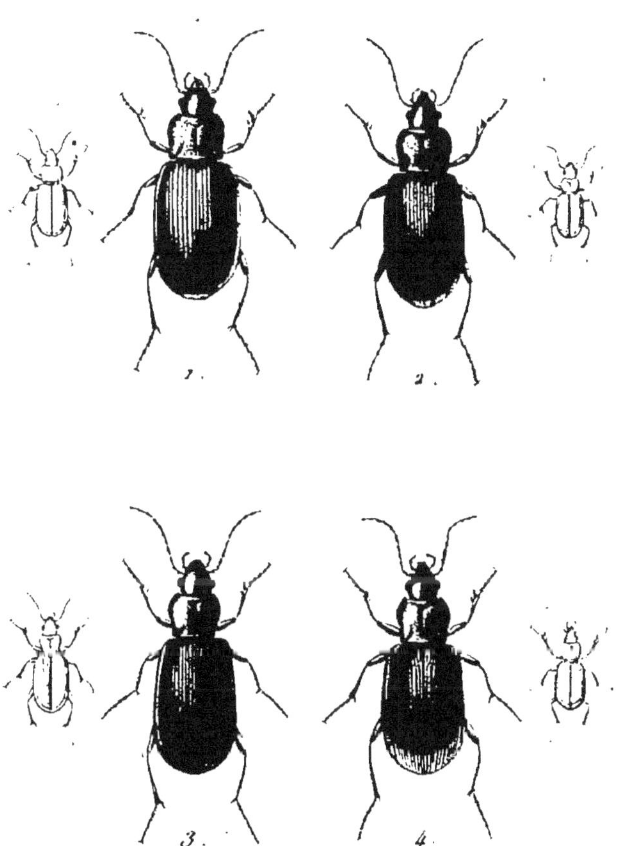

1. **C. Agrorum.**

2. **C. Terminatus.**

3. **C. Extensus.**

4. **C. Vestitus.**

Il se trouve assez communément en Espagne, en Italie, en Dalmatie et dans les provinces méridionales de la France.

5. C. Agrorum.

Pl. 91. fig. 1.

Supra viridis ; thorace elytrisque pubescentibus, subtilissime granulatis ; elytris striatis ; margine, antennarum basi pedibusque flavis.

Dej. *Spec.* ii. p. 313. n° 15.
Sturm. v. p. 129. n° 4.
Dej. *Cat.* p. 8.
Carabus Agrorum. Oliv. iii. 35. p. 86. n° 117. T. 12. fig. 144.
Le Bupreste vert à bordure. Geoff. 1. p. 162. n° 41.

Long. 5, 5 ½, lignes. Larg. 2 ¼, 2 ½ lignes.

Beaucoup plus petit que le *Velutinus*, et d'une belle couleur verte en dessus.

Corselet proportionnellement plus large, surtout postérieurement, et plus carré que celui du *Velutinus*, entièrement couvert d'un duvet un peu jaunâtre et de petits points très-serrés qui le font paraître légèrement chagriné; un peu échancré antérieurement, avec les bords latéraux très-légèrement relevés et un peu jaunâtres.

Élytres un peu plus larges que le corselet, en ovale allongé, très-légèrement sinuées près de l'extrémité, couvertes comme le corselet d'un duvet un peu jaunâtre et de

petits points élevés qui les font paraître légèrement chagrinées : les stries peu enfoncées; le bord extérieur d'un
jaune très-légèrement ferrugineux.

Pattes d'un jaune un peu plus foncé que celles du
Velutinus.

Il se trouve en Espagne, en Dalmatie, dans le midi
et dans plusieurs autres parties de la France; il n'est pas
rare aux environs de Paris.

6. C. Terminatus.

Pl. 91. fig. 2.

*Supra obscuro-viridi-æneus, pubescens; thorace subquadrato,
punctatissimo ; elytris striatis, striis subpunctatis, interstitiis subtilissime granulatis; margine tenuissimo postice
latiori, antennarum basi pedibusque testaceis.*

Dej. *Spec.* II. p. 318. n° 20.
C. *Apicalis.* Stéven.

Long. 4 ½, 5 lignes. Larg. 2 , 2 ¼ lignes.

Ressemble beaucoup à l'*Agrorum*, mais un peu plus
petit et d'une couleur plus bronzée et plus obscure.

Corselet proportionnellement un peu plus étroit, avec la
ponctuation plus marquée et moins serrée.

Élytres un peu plus étroites, un peu plus convexes; les
stries un peu plus marquées, paraissant presque ponctuées;
la bordure jaune beaucoup plus étroite sur les côtés,
n'étant presque visible qu'en dessous, et ne s'apercevant

guère en dessus qu'à l'extrémité, et d'une couleur un peu
plus ferrugineuse ainsi que les pattes.

Il se trouve dans les montagnes du Caucase.

7. C. EXTENSUS. *Eschscholtz.*

Pl. 91. fig. 3.

Supra viridi-æneus, pubescens; thorace angustato, subcor-
dato, punctis sparsis impressis; elytris subelongatis, striis
subpunctatis, interstitiis subtilissime granulatis; margine
postice sublatiori, antennarum basi pedibusque flavis.

DEJ. *Spec.* II. p. 319. n° 21.
HUMMEL. *Essais entomologiques.* 4. p. 19. n° 1.

Long. 6 lignes. Larg. 2 $\frac{1}{2}$ lignes.

Ressemble beaucoup au *Vestitus*, mais plus grand et
d'une forme plus allongée.

Corselet plus allongé et proportionnellement moins
large antérieurement, beaucoup moins ponctué, n'ayant
guère de points que sur les bords et le long de la ligne du
milieu.

Les élytres plus allongées, striées et ponctuées de la
même manière, avec la bordure jaune, s'élargissant beaucoup moins à l'extrémité.

Dessous du corps et pattes comme dans le *Vestitus*.

Il se trouve en Sibérie.

8. C. Vestitus.

*Supra viridi-æneus, pubescens; thorace subcordato, punc-
tato; elytris striatis, striis subpunctatis, interstiliis subtilissime granulatis; margine postice latiori, antennis
pedibusque flavis.*

Dej. *Spec.* ii. p. 320. n° 22.
Sturm. v. p. 130. n° 5.
Dej. *Cat.* p. 8.
Carabus Vestitus. Fabr. *Syst. El.* i. p. 200. n° 163.
Oliv. iii. 55. p. 86. n° 116. t. 5. fig. 49.
Sch. *Syn. Ins.* i. p. 208. n° 222.
Duftschmid. ii. p. 166. n° 220.
Harpalus Vestitus. Gyllenhal. ii. p. 84. n° 5.

Long. 4, 5 lignes. Larg. 1 $\frac{3}{4}$, 2 $\frac{1}{4}$ lignes.

Un peu plus petit que l'*Agrorum*, et d'un vert un peu
bronzé en dessus.

Tête presque lisse, avec les antennes d'un jaune très-
légèrement ferrugineux.

Corselet plus large que la tête, moins long que large,
presque en cœur, un peu rétréci postérieurement, légèrement pubescent, et assez fortement ponctué, un peu
échancré antérieurement, avec les bords latéraux un peu
relevés, rebordés et très-légèrement jaunâtres.

Élytres plus larges que le corselet, en ovale peu allongé,
un peu sinuées vers l'extrémité, couvertes d'un duvet serré

CHLÆNIUS.

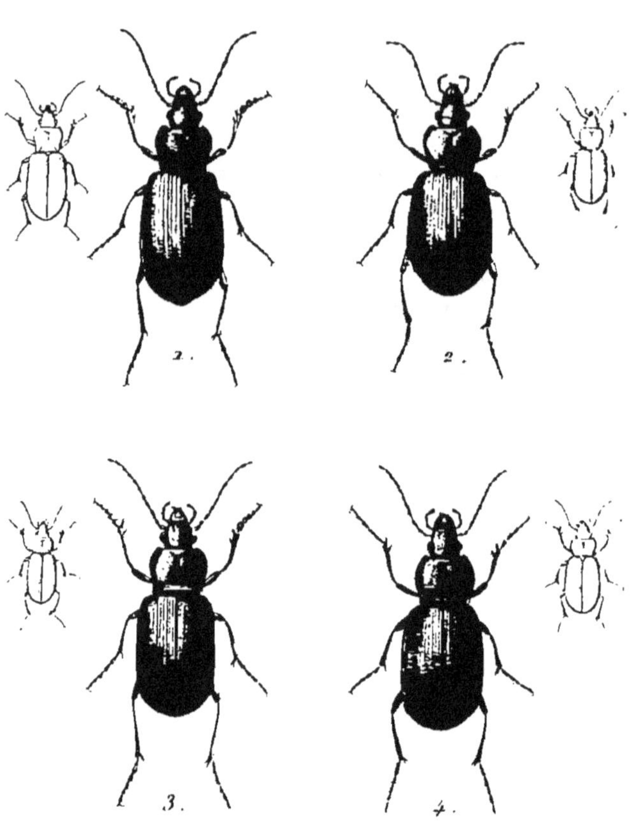

1. C. Pallipes.
2. C. Schrankii.
3. C. Melanocornis.
4. C. Nigricornis.

P. Dumenil Pinxit et Direxit

un peu jaunâtre qui les fait paraître un peu plus obscures
que le corselet; les stries assez marquées, quelquefois très-
légèrement ponctuées, surtout vers la base; les intervalles
finement chagrinés; la bordure d'un jaune très-légèrement
ferrugineux, beaucoup plus large et un peu sinuée et den-
telée à l'extrémité.

Dessous du corps d'un brun noirâtre, avec les pattes de
la couleur de la bordure des élytres.

Il se trouve très-communément dans presque toute
l'Europe, sous les pierres et les débris des végétaux, aux
bords des rivières et dans les endroits humides.

TROISIÈME DIVISION.

9. C. Pallipes.

Pl. 92. fig. 1.

*Oblongo-ovatus, pubescens; capite punctato thoraceque cor-
dato punctatissimo, viridi-cupreis; elytris viridibus,
striatis, striis tenue punctatis, interstitiis subtilissime granulatis; antennis pedibusque flavo-ferrugineis.*

Dej. *Spec.* ii. p. 348. n° 48.
Epomis? Pallipes. Gebler. *Mémoires de la Société imp.
des Naturalistes de Moscou.* vi. p. 128. n° 2.

Long. 6 $\frac{3}{4}$ lignes. Larg. 2 $\frac{3}{4}$ lignes.

Ressemble un peu au *Schrankii* et aux espèces suivantes,
mais il est plus grand et d'une forme plus allongée.
Tête d'un vert bronzé, plus ou moins cuivreux et bril-

lant, assez fortement ponctuée à sa partie supérieure et sur les côtés, avec les antennes d'un jaune ferrugineux.

Corselet d'une couleur un peu plus cuivreuse que celle de la tête, aussi long que large, un peu en cœur, proportionnellement plus étroit et plus allongé que celui du *Schrankii* et des espèces voisines, couvert d'un duvet un peu plus long et un peu plus serré; la ponctuation un peu plus forte et un peu plus serrée; le bord antérieur assez échancré; les bords latéraux rebordés et assez relevés.

Élytres vertes, couvertes d'un duvet roussâtre qui les fait paraître un peu obscures, proportionnellement plus allongées que celles des espèces suivantes; les stries peu marquées et légèrement ponctuées; les intervalles légèrement granulés.

Dessous du corps d'un brun noirâtre, avec les pattes d'un jaune ferrugineux.

Il se trouve en Daourie, dans la Sibérie orientale ; M. Gebler dit qu'il est commun au mois de juillet , sous les pierres, sur les bords de l'Argum.

10. C. Schrankii.

Pl. 92. fig. 2.

Pubescens; capite lævi, viridi-æneo; thorace punctatissimo , viridi-æneo subcupreo; elytris viridibus, striatis, interstitiis subtilissime granulatis; antennarum articulis tribus primis pedibusque rufo-ferrugineis.

Dej. *Spec.* II. p. 349. n° 49.
Sturm. v. p. 138. n° 9. t. 124.

Dej. *Cat.* p. 8.

Carabus Schrankii. Duftschmid. ii. p. 151. n° 168.

Chlænius Bombycinus. Bonelli.

Long. 5 ½, 6 lignes. Larg. 2 ¼, 2 ½ lignes.

Ressemble beaucoup au *Melanocornis*, mais ordinairement un peu plus grand et proportionnellement plus large.

Tête un peu plus grande et plus lisse, avec les trois premiers articles des antennes d'un rouge ferrugineux.

Corselet un peu moins brillant et moins cuivreux, un peu plus large, se rétrécissant un peu postérieurement; ses bords latéraux un peu relevés vers les angles postérieurs.

Élytres d'un vert moins bleuâtre, un peu plus larges; les stries ne paraissant nullement ponctuées. Dessous du corps et pattes comme dans le *Melanocornis*.

Il se trouve très-communément en Autriche, particulièrement en Styrie; il se trouve aussi en Dalmatie, en Italie, en Suisse, en Allemagne et même en France; mais il est plus rare que le *Melanocornis*.

11. C. Melanocornis. *Ziegler.*

Pl. 92. fig. 3.

Pubescens; capite sublævi thoraceque punctatissimo, cupreo-æneis; elytris viridibus, striatis, striis subpunctatis, in-

*terstitiis subtilissime granulatis; antennarum articulo
primo pedibusque rufo-ferrugineis.*

DEJ. *Spec.* II. p. 350. n° 50.
DEJ.-*Cat.* p. 8.
C. Nigricornis. STURM. V. p. 135. n° 8.
Carabus Nigricornis. DUFTSCHMID. II. p. 130. n° 167.
Harpalus Nigricornis. Var. b. GYLLENHAL. II. p. 113.
n° 29.
Carabus Holosericeus. Var. d. SCH. *Syn. Ins.* I. p.
198. n° 175.
VAR. *Chlænius Æneus.* DEJ. *Cat.* p. 8.

Long. 4 ½, 5 lignes. Larg. 2, 2 ¼ lignes.

À peu près de la taille du *Vestitus.*

Tête d'un vert-bronzé un peu cuivreux et brillant, paraissant lisse, avec le premier article des antennes d'un
rouge ferrugineux, et les autres d'un brun obscur.

Corselet ordinairement un peu plus cuivreux que la
tête, couvert d'un duvet court et un peu jaunâtre, moins
long que large, presque carré, un peu arrondi sur les côtés, de la même largeur à sa partie antérieure qu'à sa
base, entièrement couvert de points enfoncés assez serrés,
qui se confondent souvent entre eux: le bord antérieur
assez échancré, avec les bords latéraux un peu rebordés
et légèrement relevés vers les angles postérieurs, qui sont
presque coupés carrément.

Élytres d'une couleur verte, ordinairement un peu
bleuâtre, et couvertes d'un duvet assez serré et un peu

jaunâtre, un peu plus larges que le corselet, en ovale allongé et un peu sinuées à l'extrémité; les stries paraissant très-légèrement ponctuées; les intervalles légèrement granulés.

Dessous du corselet et de la poitrine d'un noir un peu verdâtre, avec l'abdomen d'un noir obscur.

Pattes d'un rouge ferrugineux; les tarses souvent d'un brun noirâtre, ou ayant seulement l'extrémité de chaque article de cette couleur.

Il se trouve assez communément en Suède, en Allemagne et en Dalmatie; il est un peu plus rare en France; on le trouve aussi en Sibérie.

12. C. Nigricornis.

Pl. 92. fig. 4.

Pubescens; capite sublævi thoraceque punctatissimo, cupreo-æneis; elytris viridibus, striatis, striis subpunctatis, interstitiis subtilissime granulatis; antennarum articulo primo pedibusque piceis.

Dej. *Spec.* ii. p. 351. n° 51.

C. *Nigricornis. var.* b. c. Sturm. v. p. 135. n° 8.

Carabus Nigricornis. Fabr. *Sys. El.* 1. p. 198. n° 156.

Carabus Nigricornis. var. Duftschmid. ii. p. 130 n° 167.

Harpalus Nigricornis. Gyllenhal. ii. p. 113. n° 29.

Carabus Holosericeus. var. c. Sch. *Syn. Ins.* 1. p. 198. n° 175.

Long. 4 ½, 5 lignes. Larg. 2, 2 ¼ lignes.

Ressemble entièrement au *Melanocornis* par la forme
et la grandeur. Il en diffère seulement par la lèvre supérieure et les palpes, qui sont d'un brun noirâtre, par les
antennes, dont le premier article est d'un brun noirâtre ou
très-légèrement ferrugineux, et par les pattes, qui sont
entièrement d'un brun noirâtre.

Il se trouve en Suède, en Danemarck, dans le nord de
l'Allemagne et dans quelques-uns de nos départemens sep-
tentrionaux.

15. C. Tibialis.

Pl. 93. fig. 1.

*Pubescens; capite lævi, viridi-æneo; thorace punctatissimo,
viridi-æneo subcupreo ; elytris viridibus, striatis, striis
subpunctatis, interstitiis subtilissime granulatis ; antennarum articulis tribus primis rufo-ferrugineis; femoribus
nigris; tibiis testaceo-pallidis.*

Dej. *Spec.* ii. p. 352. n° 52.
C. *Nigricornis.* Dej. *Cat.* p. 8.

Long. 4 ½, 5 lignes. Larg. 2, 2 ¼ lignes.

Ressemble beaucoup au *Schrankii* et au *Melanocornis;*
mais il est un peu moins large que le premier et un peu
plus que le second.

Tête lisse, avec les trois premiers articles des antennes
d'un rouge ferrugineux.

CHLÆNIUS.

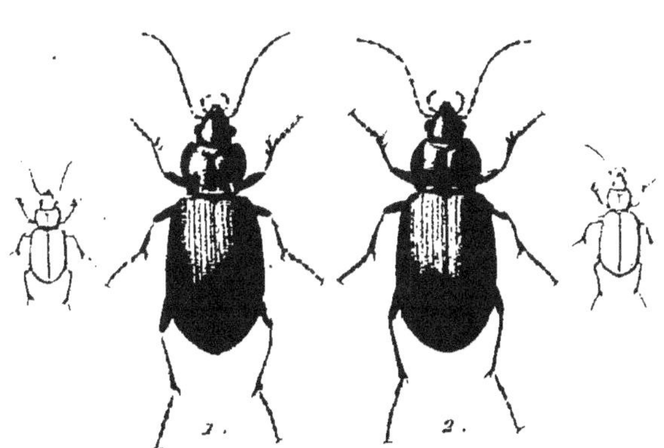

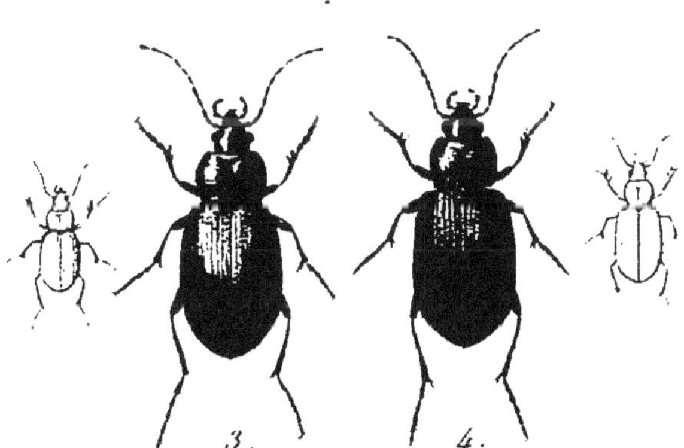

1. C. Tibialis.

2. C. Nigripes

3. C. Dives.

4. C. Holosericeus.

P. Dumenil Pinxit et Direxit

Corselet ordinairement un peu plus cuivreux que celui du *Schrankii* et un peu moins que celui du *Melanocornis;* aussi large que celui du *Schrankii,* mais n'étant pas très-rétréci à sa base; les angles postérieurs un peu saillans, ce que l'on ne voit pas dans le *Melanocornis.*

Stries des élytres paraissant très-légèrement ponctuées, comme dans ce dernier.

Pattes avec les cuisses noires ou d'un brun très-foncé; les jambes d'un jaune pâle et blanchâtre; leur extrémité et les tarses d'un brun un peu roussâtre.

Il se trouve communément dans toute la France, surtout dans les provinces méridionales, et en Espagne.

14. C. NIGRIPES.

Pl. 93. fig. 2.

Pubescens; capite thoraceque punctatissimis, cupreo-æneis; elytris viridibus, tenue striato-punctatis, interstitiis subtilissime punctatis; antennarum articulis duobus primis rufo-ferrugineis; pedibus nigris.

DEJ. *Spec.* II. p. 353. n° 53.

Long. 4 ½, 5 ½ lignes. Larg. 2, 2 ½ lignes.

Ressemble beaucoup au *Tibialis* par la forme et la grandeur.

Tête d'un vert-bronzé plus ou moins cuivreux et entièrement couverte de points enfoncés assez marqués et assez serrés; les antennes noirâtres, avec les deux premiers articles d'un rouge ferrugineux.

Corselet de la couleur de la tête, couvert de points en

foncés un peu plus marqués et plus serrés que dans les
espèces précédentes, ressemblant par la forme à celui
du *Melanocornis*, mais un peu plus long, avec les bords
latéraux nullement relevés vers les angles postérieurs.

Élytres d'une belle couleur verte, quelquefois un peu
obscure, plus planes que celles des espèces précédentes,
avec les bords latéraux un peu relevés en carène ; les
stries peu marquées et finement ponctuées, les intervalles
finement ponctués.

Dessous du corps et pattes entièrement noirs.

M. Dejean l'a trouvé assez communément dans les Pyrénées orientales. Sa couleur varie beaucoup ; les individus que l'on prend dans les vallées ont la tête et le corselet d'une belle couleur cuivreuse, et les élytres d'un
beau vert ; ceux que l'on trouve dans les montagnes n'ont
qu'une légère teinte cuivreuse sur la tête et sur le corselet, et leurs élytres sont d'un vert très-obscur. Il a pris
près du Canigou un individu qui est presque entièrement
noir. Il se trouve aussi dans la Navarre.

16. C. DIVES. *Hoffmansegg.*

Pl. 93. fig. 3.

*Pubescens ; capite punctatissimo thoraceque rugoso, punc-
tatissimo, rubro-cupreis ; elytris viridibus, tenue striato-
punctatis, interstitiis subtilissime punctatis ; antennis pedibusque nigris.*

DEJ. *Spec.* II. p. 354. nº 54.

DEJ. *Cat.* p. 8.

Long. 5 lignes. Larg. 2 ½ lignes.

Ressemble beaucoup au *Nigripes*, mais un peu moins allongé et proportionnellement plus court et plus large.

Tête et corselet d'un beau rouge-cuivreux très-brillant, avec les antennes noires.

Corselet un peu plus court et plus large que celui du *Nigripes*, plus fortement ponctué et paraissant un peu chagriné.

Élytres d'une belle couleur verte, un peu plus larges et plus courtes que celles du *Nigripes*; les stries un peu moins marquées; les intervalles ponctués de la même manière.

Dessous du corps et pattes entièrement noirs.

M. Dejean a trouvé ce bel insecte en Espagne, sous des pierres, à Rollan, village à quelques lieues de Salamanque.

16. C. HOLOSERICEUS.

Pl. 93. fig. 4.

Capite obscuro-æneo; thorace rugoso elytrisque striatis, interstitiis rugoso-granulatis, nigro-obscuris, pubescentibus; antennis pedibusque nigris.

DEJ. *Spec.* 11. p. 355. n° 55.

STURM. v. p. 134. n° 7.

DEJ. *Cat.* p. 8.

Carabus Holosericeus. FABR. *Sys. El.* 1. p. 193. n° 125.

OLIV. III. 35. p. 60. n° 72. T. II. fig. 122.

Sch. *Syn. Ins.* 1. p. 198. n° 175.
Duftschmid. 11. p. 129. n° 166.
Harpalus Holosericeus. Gyllenhal. 11. p. 112. n° 28.

Long. 5, 5 ½ lignes. Larg. 2 ¼, 2 ¼ lignes.

A peu près de la grandeur du *Schrankii.*

Tête d'une couleur bronzée obscure, quelquefois un peu verdâtre, paraissant lisse, avec les antennes noires.

Corselet d'un noir obscur, couvert d'un duvet très-serré, d'un brun un peu jaunâtre, plus large que la tête, moins long que large, presque carré, un peu arrondi sur les côtés, entièrement couvert de points enfoncés qui se confondent entre eux, et qui le font paraître chagriné.

Élytres de la couleur du corselet, couvertes de même d'un duvet très-serré, d'un brun un peu jaunâtre, plus larges que le corselet, en ovale peu allongé et légèrement sinuées vers l'extrémité; les stries bien marquées; les intervalles couverts de points élevés très-serrés, qui les font paraître chagrinés.

Dessous du corps et pattes noirs.

Il se trouve en Suède, en Allemagne, en France, en Dalmatie, en Russie et même Sibérie; mais il est assez rare partout.

17. C. Sulcicollis.

Pl. 94. fig. 1.

Supra nigro-obscurus, pubescens; thorace antice sparse punctato, postice trisulcato, punctatissimo; elytris obso-

CHLÆNIUS.

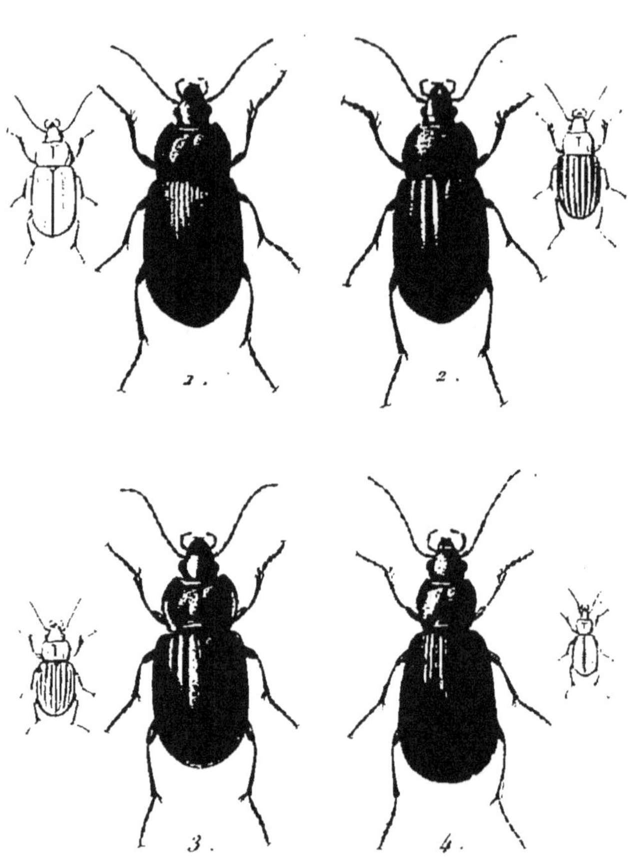

1. C. Sulcicollis
2. C. Cælatus
3. C. Quadrisulcatus
4. C. Chrysocephalus

lete punctato-striatis, interstitiis rugoso granulatis; antennis pedibusque nigris.

Dej. *Spec.* ii. p. 356. n° 56.

Dej. *Cat.* p. 8.

Sturm. v. p. 144. n° 12. т. 125. fig. b. B.

Carabus Sulcicollis. mas. Paykull. *Fauna Suecica.* i. p. 153. n° 72.

Sch. *Syn. Ins.* i. p. 193. n° 148.

Harpalus Sulcicollis. mas. Gyllenhal. ii. p. 130. n° 41.

Long. 5 $\frac{3}{4}$, 6 $\frac{1}{4}$ lignes. Larg. 2 $\frac{1}{2}$, 2 $\frac{3}{4}$ lignes.

Un peu plus grand que l'*Holosericeus*, et proportionnellement un peu plus large.

Tête noire, ayant quelques rides très-peu marquées, avec les antennes noires.

Corselet d'un noir obscur, moins long que large, plus large à sa base qu'antérieurement; la partie antérieure presque glabre, avec quelques points enfoncés bien marqués et assez éloignés les uns des autres; la partie postérieure très-fortement ponctuée et couverte d'un duvet très-serré d'un brun un peu jaunâtre, marquée de trois sillons; les bords latéraux déprimés, relevés, et assez fortement rebordés.

Élytres de la couleur du corselet, couvertes, comme la partie postérieure, d'un duvet très-serré, d'un brun un peu jaunâtre, plus larges que le corselet, en ovale peu allongé, légèrement sinuées vers l'extrémité et peu convexes; les stries peu marquées et très-légèrement ponctuées; les intervalles couverts de points élevés très-serrés qui se confondent entre eux et qui les font paraître chagrinés.

Dessous du corps et pattes noirs.

Il se trouve en Suède, en Allemagne, en France; mais il est très-rare partout.

18. C. CÆLATUS.

Pl. 94. fig. 2.

Supra obscuro-nigro-œneus; thorace antice sparse punctato, postice sulcato punctatissimo; elytris rugoso-granulatis, striatis, interstitiis alternatim elevatis, alternatim tomentosis; antennis pedibusque nigris.

DEJ. *Spec.* II. p. 358. n° 58.

Tachypus Cœlatus. WEBER. *Observations entomologiques.* p. 42. n° 2.

Carabus Cœlatus. SCH. *Syn. Ins.* 1. p. 177. n° 49.

Chlænius Anaglypticus. KNOCH. DAHL. *Coleoptera und Lepidoptera.* p. 5.

Carabus Quadrisulcatus. PAYKULL. *Mon. Car.* n° 68.

Chlænius Sulcicollis. GERMAR. *Fauna Ins. Europ.* 9. T. I.

Carabus sulcicollis. femina. PAYKULL. *Fauna Suecica.* 1. p. 53. n° 72.

Harpalus Sulcicollis. Femina et var. b. GYLLENHAL. 11. p. 130. n° 41.

Long. 6 lignes. Larg. 2 ½ lignes.

Cette espèce est encore peu connue, et elle a été prise

par plusieurs entomologistes pour la femelle du *Sulcicollis*, et par d'autres pour le *Quadrisulcatus*.

A peu près de la grandeur du *Sulcicollis*, et se rapprochant par sa forme du *Quadrisulcatus*, mais plus allongé.

Tête d'un noir très - légèrement bronzé, paraissant lisse; les trois premiers articles des antennes noirs, les autres brunâtres.

Corselet de la couleur de la tête, à peu près comme celui du *Sulcicollis*, mais moins large, avec les sillons postérieurs un peu plus fortement marqués.

Élytres un peu moins larges que celles du *Sulcicollis*, un peu plus convexes, légèrement chagrinées, et ayant chacune huit stries assez fortement marquées; la suture, les second, quatrième et sixième intervalles et le bord. extérieur de la couleur du corselet presque glabres et un peu relevés; les premier, troisième, cinquième et septième moins brillans que les autres et couverts d'un duvet court, serré, et d'un jaune un peu roussâtre.

Dessous du corps et pattes noirs.

Il se trouve dans le nord de l'Allemagne et en Suède; mais il est fort rare.

Ainsi que dans le *Sulcicollis* et le *Quadrisulcatus*, les deux sexes sont absolument semblables.

19. C. Quadrisulcatus.

Pl. 94. fig. 3.

Supra viridi-æneus subcupreus; thorace punctis sparsis impressis, postice sulcato; elytris costis tribus suturaque ele-

valis, cupreis, lævibus , interstitiis granulatis virescenti-
bus; antennis pedibusque nigris.

Dej. *Spec.* ii. p. 360. n° 59.
Sturm. v. p. 142. n° 11. t. 126.
German. *Fauna Ins. Europ.* 9. t. 2.
Dej. *Cat.* p. 8.
Carabus Quadrisulcatus. Illig. *Kœf. Preus.* 1 p. 176.
n° 48.
Sch. *Syn. Ins.* 1. p. 198. n° 149.

Long. 4 $\frac{3}{4}$, 5 $\frac{1}{4}$ lignes. Larg. 2 $\frac{1}{4}$, 2 $\frac{1}{2}$ lignes.

Ressemblant un peu à un *Carabus*, mais véritable *Chlænius.*

A peu près de la grandeur de l'*Holosericeus*, mais un peu
moins allongé et proportionnellement un peu plus large.

Tête d'un vert-bronzé un peu cuivreux, avec les antennes noires.

Corselet de la couleur de la tête, moins long que large,
presque carré, un peu arrondi sur les côtés, un peu moins
large à sa partie antérieure qu'à sa base; marqué postérieurement de trois sillons; quelques points enfoncés assez éloignés les uns des autres; le bord antérieur assez fortement échancré; les bords latéraux déprimés et légèrement rebordés.

Élytres un peu plus larges que le corselet, en ovale peu
allongé, très-légèrement sinuées vers l'extrémité, ayant
chacune trois côtes élevées d'une couleur cuivreuse assez
brillante, lisses; les intervalles d'un bronzé verdâtre, fortement granulés et très-légèrement pubescens.

Dessous du corps et pattes noirs.

Il se trouve, mais très-rarement, dans le nord de l'Allemagne, en Prusse, en Courlande et en Livonie.

20. C. CHRYSOCEPHALUS.

Pl. 94. fig. 4.

Pubescens; capite thoraceque angustato, subcordato, aureocupreis, punctatissimis; elytris cyaneis, striatis, interstitiis tenue punctatissimis; antennarum basi pedibusque rufo-ferrugineis.

DEJ. *Spec.* II. p. 361. n° 60.

DEJ. *Cat.* p. 8.

Carabus Chrysocephalus. ROSSI. I. p. 220. n° 544. T. 2. fig. 9.

SCH. *Syn. Ins.* I. p. 209. n° 232.

Long. 3 ¾, 4 ¼ lignes. Larg. 1 ½, 1 ¾ ligne.

Plus petit et proportionnellement plus allongé que le *Melanocornis.*

Tête d'une belle couleur cuivreuse un peu dorée, légèrement pubescente et couverte de gros points assez serrés; antennes d'un brun obscur, avec les deux premiers articles et la base du troisième d'un rouge ferrugineux.

Corselet de la couleur de la tête, assez allongé; aussi long que large, un peu en cœur, couvert d'un duvet court, assez serré et un peu jaunâtre, entièrement ponctué; le

bord antérieur assez fortement échancré, avec les bords
latéraux légèrement rebordés.

Élytres d'une couleur bleue quelquefois un peu verdâtre, un peu plus larges que le corselet, en ovale assez
allongé, couvert d'un duvet court, assez serré et un
peu jaunâtre, légèrement striées; les intervalles très-finement ponctués; une ligne de points enfoncés assez marqués le long du bord extérieur.

Dessous du corps d'un noir obscur, avec les pattes d'un
rouge ferrugineux.

Il se trouve en Italie, en Espagne et dans le midi de
la France. Il est assez commun dans les environs de Mont-
pellier.

21. C. ÆNEOCEPHALUS,

Pl. 95. fig. 1.

*Pubescens; capite aureo-cupreo, punctatissimo; thorace cya-
neo, angustato, subcordato, punctatissimo; elytris cyaneis, striatis, interstitiis tenue punctatissimis; antennis
pedibusque rufo-ferrugineis.*

DEJ. *Spec.* II. p. 362. n° 61.
DEJ. *Cat.* p. 8.

Long. 4 ½ lignes. Larg. 1 ¾ ligne.

Ressemble beaucoup au *Chrysocephalus*, mais il est un
peu plus grand.

Tête un peu moins ponctuée dans son milieu, avec les
antennes entièrement d'un rouge ferrugineux.

CHLÆNIUS.

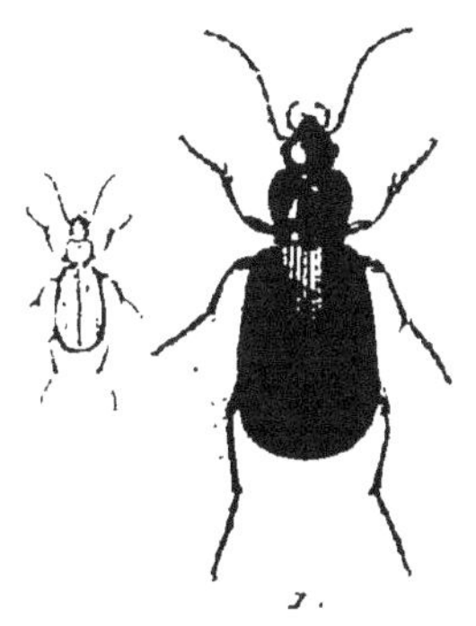

1.

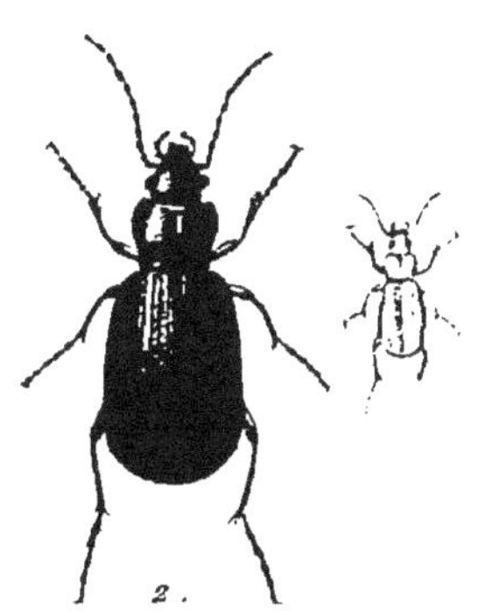

2.

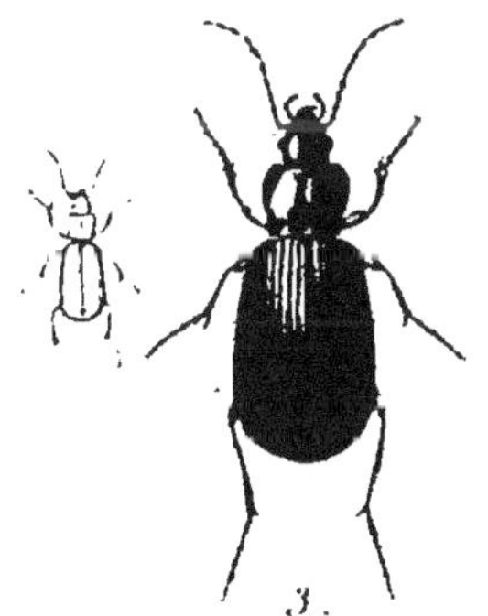

3.

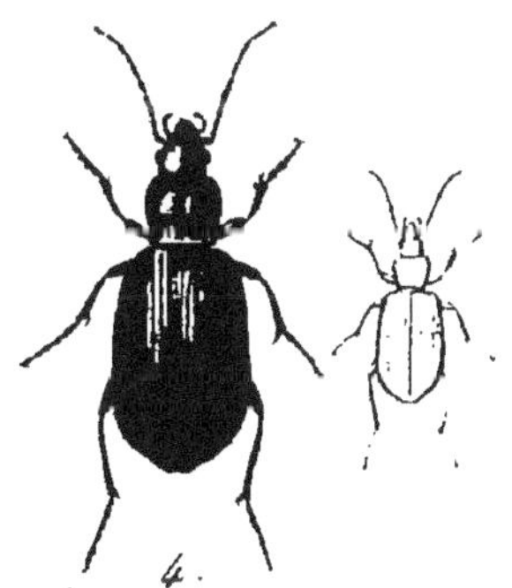

4.

1. C. Encocephalus.

2. C. Gracilis

3. C. Azureus.

4. C. Cœruleus.

Corselet de la couleur des élytres, avec les points enfoncés un peu moins serrés.

Élytres, dessous du corps et pattes comme dans le *Chrysocephalus*.

Il se trouve dans les provinces méridionales de la Russie.

22. C. GRACILIS. *Solier.*

Pl. 95. fig. 2.

Pubescens; capite aureo-cupreo, punctato; thorace viridi-æneo, angustato, subcordato, punctatissimo; elytris obscurioribus, striatis, interstitiis subtiliter punctatissimis; antennarum basi pedibusque rufo-ferrugineis.

DEJ. *Spec.* v. *Suppl.* p. 663. n° 111.

Long. 4 ½ lignes. Larg. 1 ¾ ligne.

Ressemble beaucoup à l'*Æneocephalus*, dont il n'est peut-être qu'une variété.

Tête un peu moins ponctuée; antennes d'un brun obscur, avec les deux premiers articles et la base du troisième d'un rouge ferrugineux.

Corselet d'un vert-bronzé assez brillant.

Élytres un peu plus obscures, que le corselet, striées à peu près comme dans l'*Æneocephalus*, avec les points qui couvrent les intervalles un peu moins rapprochés les uns des autres.

Dessous du corps et pattes à peu près comme dans l'*Æneocephalus*.

Il se trouve en Morée.

23. C. AZUREUS.

Pl. 95. fig. 5.

Supra cyaneus, pubescens; capite punctato; thorace angus-
tato, subcordato, punctatissimo; elytris striatis, intersti-
tiis subtiliter punctatissimis, antennarum basi pedibusque
rufo-ferrugineis.

Dej. *Spec.* v. *Suppl.* p. 664. n° 112.
Sturm. *Catal.* p. 114.

Long. 3 ¾, 4 ¼ lignes. Larg. 1 ½, 1 ¾ ligne.

Ressemble beaucoup au *Chrysocephalus*, mais entièrement en dessus d'un bleu un peu violet.

Tête un peu moins ponctuée, surtout dans son milieu.

Corselet un peu plus long, moins arrondi antérieurement sur les côtés et moins rétréci postérieurement; les
angles postérieurs coupés un peu plus carrément, et la
base légèrement échancrée dans son milieu.

"Élytres à peu près comme celles du *Chrysocephalus*,
avec les stries un peu plus marquées."

Dessous du corps et pattes à peu près comme dans le
Chrysocephalus.

Il a été rapporté des environs de Tanger par MM. Salz-
mann et Goudot. M. Bedeau l'a trouvé aussi dans les environs de Cadix.

24. C. CÆRULEUS.

Pl. 95. fig. 4.

Supra cyaneus, subpubescens; capite thoraceque angustato,

subcordato, punctis sparsis impressis; elytris profunde striatis, striis punctatis subgranulatis, interstitiis lœvibus; antennis pedibusque nigris.

Dej. *Spec.* ii. p. 363. n° 62.

Dej. *Cat.* p. 8.

Carabus Cæruleus. Steven. *Mémoires de la Société imp. des Naturalistes de Moscou.* 11. p. 37. n° 7.

Long. 6 lignes. Larg. 2 ¼ lignes.

Ressemble par la forme au *Chrysocephalus*, mais il est beaucoup plus grand et entièrement en dessus d'une belle couleur bleue.

Tête assez grande, assez avancée, un peu rétrécie postérieurement, avec les antennes noires.

Corselet assez allongé, aussi long que large, un peu en cœur, très-légèrement pubescent, avec des points enfoncés assez marqués et assez éloignés les uns des autres; le bord antérieur un peu échancré, les bords latéraux légèrement rebordés; la base coupée presque carrément, avec les angles postérieurs un peu aigus.

Élytres presque le double plus larges que le corselet, assez allongées, presque parallèles et un peu sinuées à l'extrémité; les stries très-profondes, assez larges, avec le fond légèrement pubescent, ponctué et presque légèrement granulé; les intervalles assez relevés, lisses et glabres.

Dessous du corps et pattes noirs.

Il se trouve dans la Géorgie russe.

25. C. **STEVENI.**

Pl. 97. fig. 1.

Supra cyaneus, pubescens; capite thoraceque angustato,
subcordato, punctatissimis; elytris tenue striatis, inter-
stitiis tenue punctatissimis; antennis pedibusque piceis.

Dej. *Spec.* ii. p. 364. n° 63.
Dej. *Cat.* p. 8.
Carabus Steveni. Sch. *Syn. Ins.* 1. p. 184. n° 79.

Long. 4 lignes. Larg. 1 ½ ligne.

A peu près de la grandeur et de la forme du *Chrysocé-*
phalus, et entièrement en dessus d'une couleur bleue paraissant un peu obscure à cause du duvet grisâtre et serré
dont il est couvert.

Tête assez fortement ponctuée, avec les antennes d'un
brun-obscur un peu roussâtre.

Corcelet un peu plus étroit que celui du *Chrysocepha-*
lus, assez fortement ponctué; le bord antérieur assez
échancré, les bords latéraux légèrement rebordés; les angles postérieurs un peu relevés et coupés presque carrément ainsi que sa base.

Élytres un peu plus étroites que celles du *Chrysocepha-*
lus, légèrement striées; les intervalles finement ponctués;
une ligne de points enfoncés assez marqués le long du
bord extérieur.

Dessous du corps et cuisses d'un brun un peu obscur,

PATELLIMANES .

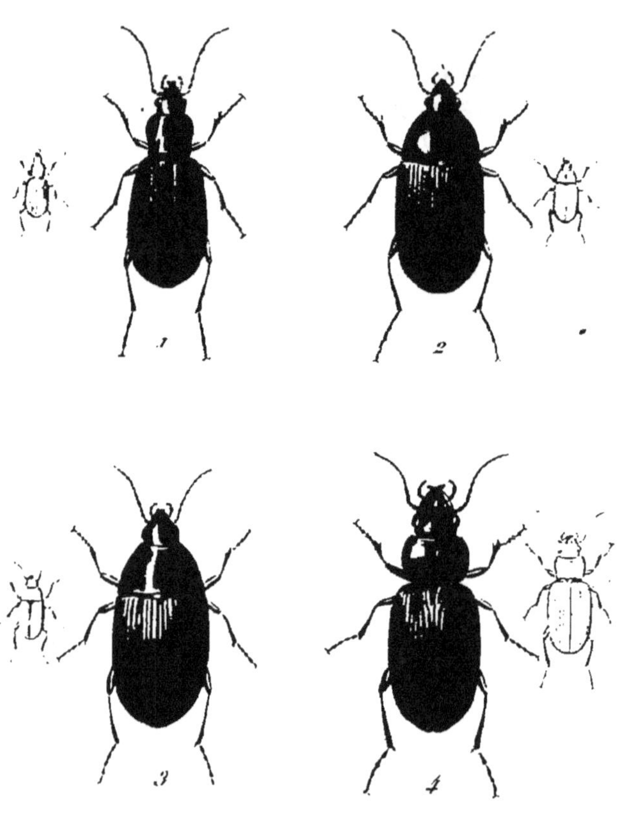

1 . Chlænius Stevem
2 . Oodes Helopioides
3 . Oodes Hispanicus .
4 . Rembus Latifrons .

l.' Duménil l'inxit et Direxit.

avec les jambes et les tarses d'un brun un peu roussâtre.

Il se trouve dans la Russie méridionale, dans les environs de Kislar, près la mer Caspienne.

VIII. EPOMIS. *Bonelli.*

CHLÆNIUS. *Latreille. Sturm.* CARABUS. *Duftschmid.*

*Les trois premiers articles des tarses antérieurs dilatés
dans les mâles. Dernier article des palpes fortement sécuriforme et plus dilaté dans les mâles. Antennes filiformes. Lèvre supérieure presque transverse et légèrement
échancrée. Mandibules courtes et légèrement arquées.
Une dent bifide au milieu de l'échancrure du menton.
Tête presque triangulaire et un peu rétrécie postérieurement. Corselet presque carré ou très-légèrement en
cœur.*

Latreille et Sturm ont cru devoir supprimer ce genre,
que nous devons à Bonelli, et l'ont réuni aux *Chlænius*,
avec lesquels il a effectivement les plus grands rapports. Il
en diffère cependant par les palpes, dont le dernier article
est assez fortement sécuriforme dans les deux sexes, et
plus dilaté dans le mâle que dans la femelle.

Les espèces de ce genre sont beaucoup moins nombreuses et plus grandes que les *Chlænius*; elles habitent
l'Europe la plus méridionale, l'Afrique et les Indes orientales.

1. E. Circumscriptus.

Pl. 96. fig. 1.

Capite thoraceque obscuro-viridi-æneis, punctis sparsis impressis; elytris nigricantibus, profunde striatis, subsulcatis, striis obsolete punctatis; margine, antennis pedibusque flavis.

Dej. *Spec.* ii. p. 369. n° 1.

Carabus Circumscriptus. Duftschmid. ii. p. 166. n° 219.

Chlænius Circumscriptus. Sturm. v. p. 124. n° 1.

Epomis Cræsus. Dej. *Cat.* p. 8.

Carabus Cinctus. Rossi. i. p. 212. n° 523. t. 4. fig. 9.

Sch. *Syn. Ins.* i. p. 187. n° 100.

Panzer. *Fauna German.* 30. n° 7.

Long. 9 $\frac{1}{2}$, 10 $\frac{1}{2}$ lignes. Larg. 4, 4 $\frac{1}{2}$ lignes.

Beaucoup plus grand que le *Chlænius Velutinus*. Tête d'un vert-bronzé obscur, avec les antennes d'une couleur jaunâtre très-légèrement ferrugineuse.

Corselet de la couleur de la tête, presque aussi lon que large, presque carré, un peu arrondi antérieurement, assez fortement ponctué; les points assez éloignés les uns des autres; le bord antérieur presque pas échancré; les bords latéraux très-légèrement rebordés, avec les angles postérieurs légèrement arrondis.

Élytres d'un vert-obscur très-foncé et presque noires, leur bord extérieur d'un jaune très-légèrement ferrugi-

PATELLIMANES .

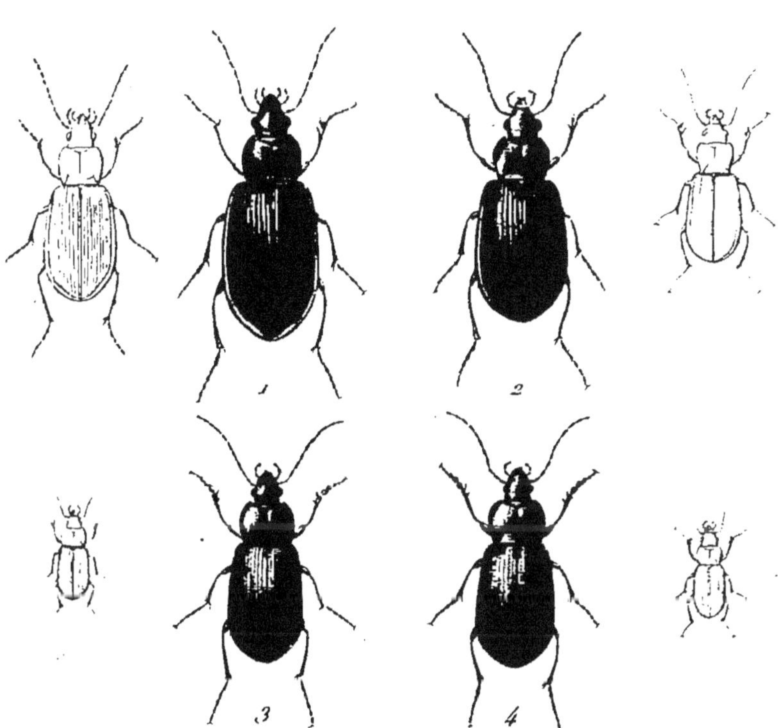

1 . Epomis Circumscriptus .

2 . ———— Dejeanii .

3 . Dinodes Rufipes .

4 . ———— Maillei .

neux, plus larges que le corselet, en ovale très-allongé, un peu sinuées à l'extrémité; les stries très-fortement marquées, légèrement ponctuées; les intervalles assez relevés et lisses.

Dessous du corps d'un brun obscur, avec les bords de l'abdomen d'un jaune ferrugineux.

Pattes d'un jaune très-légèrement ferrugineux.

Il se trouve en Italie, dans les provinces méridionales de la France, en Nubie et au Sénégal.

2. E. Dejeanii. *Solier.*

Pl. 96. fig. 2.

Supra viridi-subcyanescens; capite thoraceque punctis sparsis impressis; elytris profunde striatis, striis obsolete punctatis, interstitiis utrinque punctatis; margine, antennis pedibusque testaceis.

Dej. *Spec.* v. *Suppl.* p. 669. n° 5.

Long. 7 ½ lignes. Larg. 3 ⅓ lignes.

Beaucoup plus petit que le *Circumscriptus,* et d'un vert un peu bleuâtre en dessus.

Tête un peu moins allongée et triangulaire.

Corselet plus court, un peu plus large, plus plane et ponctué à peu près de la même manière.

Élytres un peu moins allongées; les stries moins fortement marquées, très-légèrement ponctuées; les intervalles beaucoup moins fortement relevés, nullement arrondis, ayant sur les côtés des points enfoncés, assez marqués, qui souvent s'avancent jusqu'au milieu ; la bordure et les pattes d'un jaune un peu moins pâle et un peu roussâtre.

Dessous du corps à peu près comme dans le *Circumscriptus.*

Il se trouve en Grèce.

IX. DINODES. *Bonelli.*

Cʜʟæɴɪᴜs. *Latreille.* Sᴛᴜʀᴍ. Cᴀʀᴀʙᴜs. *Duftschmid.*

Les trois premiers articles des tarses antérieurs dilatés dans les mâles. Dernier article des palpes peu allongé et légèrement sécuriforme. Antennes filiformes et très-légèrement comprimées. Lèvre supérieure transverse et coupée carrément. Mandibules peu avancées, légèrement arquées et assez aiguës. Une dent bifide au milieu de l'échancrure du menton. Tête presque triangulaire, un peu rétrécie postérieurement. Corselet presque carré ou arrondi.

Ce genre se rapproche aussi beaucoup des *Chlænius,* et Latreille et Sturm n'ont pas cru devoir l'adopter. Cependant il diffère des *Chlænius* par quelques caractères essentiels : les palpes sont un peu moins allongés, leurs articles sont plus courts, plus gros, et le dernier est légèrement sécuriforme dans les deux sexes. Les antennes sont un peu plus courtes, et leurs huit derniers articles sont un peu plus gros et légèrement comprimés. Le corselet est aussi plus arrondi.

1. D. Rufipes. *Bonelli.*

Pl. 96. fig. 3.

Supra cyaneus, interdum subvirescens ; capite thoraceque subquadrato, punctatis ; elytris striatis, striis subpunctatis, interstitiis punctatissimis ; antennarum basi pedibusque rufis.

Dej. *Spec.* ii. p. 372. n° 1.
Dej. *Cat.* p. 9.
Carabus Azureus. Duftschmid. ii. p. 232. n° 169.
Chlœnius Azureus. Sturm. v. p. 140. n° 10. t. 127.
Var. *D. Affinis.* Klug.

Long. 5, 5 ½ lignes. Larg. 2, 2 ¼ lignes.

A peu près de la grandeur du *Chlœnius Agrorum*, et entièrement en dessus d'une belle couleur bleue, quelquefois un peu verdâtre, et très-légèrement pubescent.

Tête couverte de points enfoncés assez marqués et assez serrés ; les antennes d'un brun obscur, avec les trois premiers articles d'un rouge ferrugineux.

Corselet un peu moins long que large, presque carré et un peu arrondi sur les côtés, légèrement convexe et entièrement couvert de points enfoncés assez marqués et assez serrés ; le bord antérieur un peu échancré ; les bords latéraux très-légèrement rebordés, avec les angles postérieurs légèrement arrondis.

Élytres un peu plus larges que le corselet, en ovale al-

longé, légèrement sinuées vers l'extrémité; les stries peu
enfoncées, très-légèrement ponctuées; les intervalles couverts de points enfoncés un peu plus petits et un peu plus
serrés que ceux du corselet.

Dessous du corps d'un brun noirâtre, avec les pattes
d'un rouge ferrugineux.

Il se trouve dans le midi de la France, en Italie, en Dalmatie, en Hongrie, dans la Russie méridionale, et au
cap de Bonne-Espérance.

L'*Affinis* de Klug est celui qui se trouve au cap de
Bonne-Espérance.

Ceux que l'on trouve dans le midi de la Russie ont le
corselet un peu moins arrondi sur les côtés; les angles
postérieurs sont aussi un peu moins arrondis, et la ponctuation du corselet et des élytres est un peu plus forte et
un peu moins serrée; mais ces différences ne sont pas assez sensibles pour en faire une espèce particulière.

2. D. MAILLEI. *Solier.*

- Pl. 96. fig. 4.

Supra cyaneus; capite thoraceque quadrato, punctatis; ely-
tris striatis, striis subpunctatis, interstitiis punctatis; an-
tennarum articulo primo ferrugineo; pedibus nigris.

DEJ. *Spec.* v. *Suppl.* p. 671. n° 3.

Long. 5; 5 ½ lignes. Larg. 2, 2 ¼ lignes.

Ressemble beaucoup au *Rufipes*, et entièrement en dessus d'un bleu brillant tirant un peu sur le violet.

Tête comme dans le *Rufipes,* avec le premier article des antennes seulement ferrugineux.

Corselet un peu plus long, plus carré, moins arrondi sur les côtés; la ponctuation un peu plus forte et moins serrée; les angles postérieurs un peu moins arrondis.

Élytres à peu près de la même forme, striées à peu près de même; les intervalles couverts de points enfoncés plus gros, plus marqués et moins rapprochés les uns des autres.

Dessous du corps et pattes noirs.

Il se trouve en Morée.

X. OODES. *Bonelli.*

HARPALUS. *Gyllenhal.* CARABUS. *Fabricius.*

Les trois premiers articles des tarses antérieurs dilatés dans les mâles. Dernier article des palpes allongé ; presque ovalaire et tronqué à l'extrémité. Antennes filiformes. Lèvre supérieure presque transverse, coupée carrément ou légèrement échancrée. Mandibules peu avancées, légèrement arquées et assez aiguës. Une dent simple au milieu de l'échancrure du menton. Tête presque triangulaire et un peu rétrécie postérieurement. Corselet trapézoïde, rétréci antérieurement et aussi large que les élytres à sa base.

Les insectes qui composent ce genre se rapprochent beaucoup par leur *facies* de certaines espèces d'*Amara,* et surtout des *Vulgaris* et *Communis;* mais ils en diffèrent beaucoup par leurs caractères génériques.

La lèvre supérieure est courte, presque transverse,
coupée carrément ou légèrement échancrée à sa partie
antérieure. Les mandibules sont peu avancées, légèrement
arquées et assez aiguës. Le menton est assez grand; légèrement concave, presque trilobé, fortement échancré,
et il a une assez forte dent simple, plus ou moins arrondie et obtuse au milieu de son échancrure. Les palpes
sont peu avancés; leurs articles sont assez allongés et presque égaux; le dernier est presque ovalaire et tronqué à
l'extrémité. Les antennes sont filiformes et un peu plus
courtes que la moitié du corps. La tête est presque triangulaire et un peu rétrécie postérieurement. Le corselet
est presque en forme de trapèze, légèrement convexe,
rétréci antérieurement et aussi large que les élytres à sa
base. Les élytres sont assez allongées, presque parallèles,
arrondies postérieurement, striées, et elles ont ordinairement deux petits points enfoncés entre la seconde et la
troisième strie. Les pattes ne sont pas très-allongées. Les
jambes antérieures sont assez fortement échancrées. Les
tarses sont composés d'articles presque cylindriques et bifides à l'extrémité; les trois premiers des tarses antérieurs
des mâles sont assez fortement dilatés : le premier en
forme de trapèze, et les deux autres en carré dont les angles sont un peu arrondis; ils sont tous les trois garnis en
dessous de poils très-serrés, formant une espèce de brosse
comme dans les *Chlænius.*

1. O. HELOPIOIDES.

Pl. 97. fig. 2.

Oblongo-ovatus, niger; elytris tenue punctato-striatis.

Dej. *Spec.* II. p. 378. n° 4.
Dej. *Cat.* p. 9.
Carabus Helopioides. FABR. *Sys. El.* I. p. 196. n° 144.
SCH. *Syn. Ins.* I. p. 203. n° 196.
DUFTSCHMID. II. p. 115. n° 142.
Harpalus Helopioides. GYLLENHAL. II. p. 135. n° 45.
VAR. *O. Notatus.* MEGERLE. DAHL. *Coleoptera und Le-*
pidoptera. p. 5.
O. Obtusus. STURM. DAHL. *Idem.*

Long. 3 ½, 4 lignes. Larg. 1 ½, 1 ¾ ligne.

A peu près de la grandeur de l'*Amara Vulgaris*, et entièrement en dessus d'un noir assez brillant.

Tête lisse, avec les antennes noirâtres.

Corselet un peu plus large que la tête à sa partie antérieure, et le double plus large à sa base, lisse, peu convexe, un peu déprimé vers les angles postérieurs; le bord
antérieur assez fortement échancré; les bords latéraux
très-légèrement rebordés; la base un peu échancrée et un
peu sinuée, avec les angles postérieurs légèrement courbés
en arrière et un peu aigus.

Élytres de la largeur du corselet, presque parallèles, assez allongées, arrondies et très-légèrement sinuées à l'extrémité; les stries légèrement ponctuées et deux points

enfoncés entre la seconde et la troisième strie; le premier un peu au-delà du milieu, et le second un peu plus près de l'extrémité que du premier.

Dessous du corps et pattes noirs.

Il se trouve dans les endroits humides, sous les pierres et les débris de végétaux, en Suède, en Allemagne et dans presque toute la France; sans être bien rare, il n'est nulle part bien commun.

2. O. Hispanicus.

Pl. 97. fig. 3.

Ovatus, niger; elytris tenue striatis; tarsis rufis.

Dej. *Spec.* ii. p. 379. n° 5.
Dej. *Cat.* p. 9.

Long. 3 ¾ lignes. Larg. 1 ¾ ligne.

Ressemble beaucoup à l'*Helopioides*; mais plus large et plus court.

Élytres avec les stries un peu moins marquées et tout-à-fait lisses.

Tarses d'un rouge ferrugineux.

Cet insecte se trouve en Espagne et aux Indes orientales.

XI. REMBUS. *Latreille.*

Pterostichus. *Dejean*, Catalogue. Carabus. *Fabricius.*

Les trois premiers articles des tarses antérieurs dilatés dans les mâles Dernier article des palpes allongé, presque ovalaire et tronqué à l'extrémité. Antennes filiformes. Lèvre supérieure très-fortement échancrée. Mandibules peu avancées, légèrement arquées et pointues. Point de dent au milieu de l'échancrure du menton. Tête presque triangulaire; un peu rétrécie postérieurement. Corselet très-légèrement en cœur, plus étroit que les élytres. Elytres assez allongées et presque parallèles.

Ce genre, formé par Latreille sur les *Carabus Politus* et *Impressus* de Fabricius, s'éloigne un peu par son *facies* de tous ceux de cette tribu, et se rapproche au contraire de quelques genres de la tribu suivante, et surtout des *Omaseus* et des *Pterostichus*; il en diffère cependant beaucoup par ses caractères génériques. La lèvre supérieure est courte, assez étroite et très-fortement échancrée en demi-cercle. Les mandibules sont courtes, peu saillantes, très-légèrement arquées, assez larges à leur base et assez pointues à l'extrémité. Le menton est assez concave, fortement échancré et sans dent sensible au milieu de son échancrure. Les palpes maxillaires sont assez allongés; les labiaux sont plus courts, et leurs articles sont un peu plus gros; le dernier des uns et des autres est presque ovalaire et tronqué à l'extrémité. Les antennes sont filiformes et plus courtes que la moitié du corps. La tête est presque triangulaire et un peu rétrécie postérieurement. Le corselet est presque carré, très-légèrement en cœur et un peu plus étroit que les élytres. Celles-ci sont assez allongées, presque parallèles, et arrondies à l'extrémité. Les pattes ne sont pas très-longues pour la grandeur de l'insecte. Les jambes antérieures sont assez fortement

échancrées. Les tarses sont composés d'articles allongés,
presque en triangle et bifides à l'extrémité : les trois premiers des tarses antérieurs des mâles sont assez fortement
dilatés : le premier presque en trapèze, et les deux autres
en carré dont les angles sont un peu arrondis; ils sont
tous les trois garnis en dessous de poils assez longs, formant une espèce de brosse, mais moins serrée cependant
que dans les *Chlænius*.

R. LATIFRONS.

Pl. 97. fig. 4.

*Niger; capite majore, antice depresso; thorace quadrato,
subtransverso, basi utrinque striato; elytris striatis, striis
obsoletissime punctatis.*

DEJ. *Spec.* v. *Suppl.* p. 679. n° 3.

Long. 7 $\frac{1}{2}$ lignes. Larg. 3 lignes.

Il se trouve aux Indes orientales.

XII. DICÆLUS. *Bonelli.*

*Les trois premiers articles des tarses antérieurs dilatés dans
les mâles. Dernier article des palpes plus ou moins sécuriforme. Antennes filiformes. Lèvre supérieure étroite,
assez avancée, échancrée et ayant une impression longitudinale dans son milieu. Mandibules peu avancées, non
dentées intérieurement, légèrement arquées et pointues.*

*Point de dent au milieu de l'échancrure du menton. Tête
ovale ou arrondie. Corselet carré ou trapézoïde, presque
aussi large que les élytres à sa base. Élytres larges et peu
allongées.*

Les insectes qui composent ce genre se rapprochent
beaucoup par leur *facies* de quelques espèces d'*Abax* et
de *Calathus*, et par leurs caractères génériques des *Licinus* et des *Badister*.

La lèvre supérieure est très-étroite, peu avancée, presque carrée, échancrée antérieurement, et elle a dans son
milieu une impression longitudinale qui la fait paraître
presque composée de deux parties. Les mandibules sont
peu avancées, assez fortes, légèrement arquées, non
dentées intérieurement et pointues à l'extrémité. Le menton est assez concave, fortement échancré et sans dent
sensible au milieu de son échancrure. Les palpes sont assez allongés, et leur dernier article est assez fortement et
plus ou moins sécuriforme dans les deux sexes. Les antennes sont filiformes et au plus de la longueur de la moitié du corps. La tête est ovale ou arrondie, un peu dé
primée et légèrement échancrée en arc de cercle, comme
dans les *Licinus*, et elle a en outre à sa partie antérieure
deux impressions assez fortement marquées. Les yeux
sont ordinairement très-peu saillans. Le corselet est assez
grand, carré ou trapézoïde, très-fortement échancré antérieurement pour recevoir la tête, et presque aussi large
que les élytres à sa base, qui est plus ou moins échancrée.
Les élytres sont ordinairement peu allongées, et elles se
rétrécissent vers l'extrémité, qui est plus ou moins arron-

die; elles sont fortement striées, presque sillonnées, et l'intervalle entre les sixième et septième stries forme ordinairement une espèce de carêne qui part de l'angle de la base, et qui se prolonge jusque près de la suture. Les pattes sont assez fortes. Les jambes antérieures sont assez fortement échancrées. Les tarses sont composés d'articles plus ou moins allongés, presque triangulaires et bifides à l'extrémité; les trois premiers des tarses antérieurs des mâles sont assez fortement dilatés : le premier presque en trapèze, et les deux autres en carré dont les angles sont un peu arrondis; ils sont tous les trois garnis en dessous de poils assez longs, formant une espèce de brosse, mais moins serrés que dans les *Chlænius*.

Toutes les espèces connues jusqu'à présent sont entièrement de couleur noire ou violette, et appartiennent exclusivement à l'Amérique septentrionale.

D. Dejeanii. *Leconte.*

Pl. 100. fig. 3.

Ovatus, niger; thorace quadrato; elytris ovatis, latioribus, linea laterali subelevata.

Dej. *Spec.* v. *Suppl.* p. 687. n° 9.

Long. 11 ¼ lignes. Larg. 5 lignes.

Il se trouve dans l'Amérique septentrionale.

XIII. LICINUS. *Latreille.*

CARABUS. *Fabricius.*

Les deux premiers articles des tarses antérieurs fortement dilatés dans les mâles. Dernier article des palpes fortement sécuriforme. Antennes filiformes. Lèvre supérieure courte, étroite et échancrée. Mandibules courtes, arrondies, très-obtuses et dentées intérieurement. Point de dent au milieu de l'échancrure du menton. Tête arrondie, déprimée et échancrée antérieurement. Corselet arrondi ou cordiforme.

Ce genre, formé depuis long-temps par Latreille, est maintenant bien connu de tous les entomologistes. Les insectes qui le composent sont tous de moyenne grandeur, de couleur noire, et ils ont à la première vue quelques rapports de forme avec certaines espèces de *Nebria*, surtout avec la *Brevicollis*. Ils ont cependant un *facies* particulier, qui les fait aisément distinguer de tous les autres genres de cette famille et des caractères génériques qui leur sont propres.

La lèvre supérieure est très-courte, étroite et échancrée. Les mandibules sont courtes, très-peu saillantes, arrondies, très-obtuses, et elles ont une dent assez forte près de l'extrémité. Le menton est assez étroit, légèrement concave, très-fortement échancré, et il n'a point de

dent au milieu de son échancrure. Les palpes sont peu
allongés; les labiaux sont plus courts que les maxillaires;
le dernier article des uns et des autres est assez fortement sécuriforme et plus dilaté dans le mâle que dans la
femelle. Les antennes sont filiformes et à peu près de la
longueur de la moitié du corps. La tête est arrondie, presque plane, déprimée et échancrée antérieurement en arc
de cercle. Les yeux sont peu saillans. Le corselet est ordinairement plus ou moins arrondi, quelquefois presque
carré ou cordiforme et toujours fortement échancré antérieurement pour recevoir la tête. Les élytres sont assez
grandes, assez planes, et ordinairement en ovale plus ou
moins allongé. Les pattes sont assez grandes. Les jambes
antérieures sont assez fortement échancrées. Les tarses
sont composés d'articles presque cylindriques ou en triangle très-allongé et bifides à l'extrémité; les deux premiers articles des tarses antérieurs des mâles sont très-fortement dilatés : le premier presque en forme de trapèze,
le second presque en ovale moins long que large ; ils sont
garnis en-dessous de poils longs et serrés qui forment une
espèce de brosse, et ils sont plus fortement ciliés en dedans qu'en dehors.

Toutes les espèces de ce genre paraissent habiter exclusivement l'Europe et le Nord de l'Afrique. La plupart vivent
sous les pierres, dans les terrains secs et arides; quelques-
unes cependant, telles que les *Depressus* et *Hoffmanseggii*,
ne se trouvent que dans les bois et les montagnes.

LICINUS.

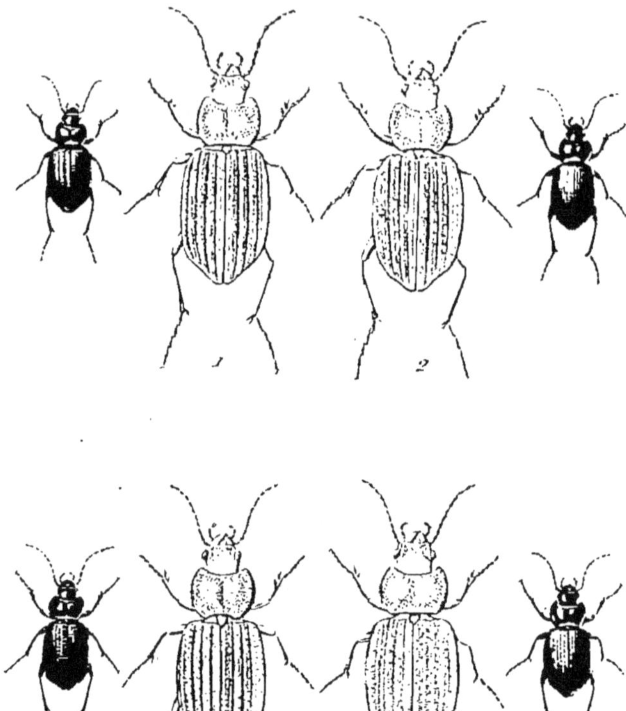

1 . L . Agricola.
2 . L . Silphoides.
3 . L . Granulatus.
4 . L . Siculus.

1. L. AGRICOLA.

Pl. 98. fig. 1.

*Niger; thorace rotundato, punctatissimo; elytris ovatis, li-
neis tribus elevatis ; tenue punctato-striatis, interstitiis
subplanis punctatissimis.*

Dej. *Spec.* ii. p. 394. nº 1.
Dej. *Cat.* p. 8.

Carabus Agricola. Oliv. iii. 35. p. 55. nº 64. т. 5.
fig. 53.

Carabus Silphoides. Rossi. *Fauna Etrusca.* 1. p. 215.
nº 532. т. 1. fig. 7.

Long. 6, 7 ½ lignes. Larg. 2 ¾, 3 ½ lignes.

Ressemble beaucoup au *Silphoides*, avec lequel il a été
confondu par un grand nombre d'entomologistes; mais il
est ordinairement plus grand et d'une couleur plus terne,
surtout dans la femelle.

Corselet presque aussi fortement ponctué au milieu que
sur les bords. Élytres avec les stries moins fortement ponctuées ; les
troisième, cinquième et septième intervalles plus relevés
et formant trois lignes bien distinctes; les autres, au contraire, moins relevés et presque planes; tous couverts de
points enfoncés beaucoup plus petits, plus nombreux et
plus serrés. Il se trouve communément dans la partie du midi de la

France située sur la rive gauche du Rhône, et ce fleuve paraît tracer la démarcation entre cette espèce et le *Sil-phoides*; il se trouve aussi dans les environs de Lyon. Il est commun en Italie; il habite aussi en Dalmatie et en Crimée.

2. L. Silphoides.

Pl. 98. fig. 2.

Niger; thorace rotundato, punctato, in medio sublævigato; elytris ovatis, lineis tribus subelevatis, punctato-striatis, interstitiis subelevatis, profunde punctatis.

Dej. *Spec.* II. p. 394. n° 2.
Sturm. III. p. 177. n° 1. T. 74. fig. a.
Dej. *Cat.* p. 8.
Carabus Silphoides. Fabr. *Sys. El.* 1. p. 190. n° 109.
Sch. *Syn. Ins.* 1. p. 194. n° 154.
Duftschmid. II. p. 44. n° 36.

Long. 5 ½, 6 ½ lignes. Larg. 2 ½, 3 lignes.

Un peu plus grand, plus large et plus déprimé que la *Nebria Brevicollis*, et entièrement en dessus d'un noir peu brillant, plus terne dans la femelle que dans le mâle. Tête assez grande, large, arrondie, presque plane, avec les antennes noirâtres.

Corselet moins long que large, très-arrondi sur les côtés, couvert de points enfoncés assez gros, assez serrés, beaucoup plus petits et moins marqués sur le milieu; le

bord antérieur très-fortement échancré, presque en demi-
cercle ; les angles antérieurs assez aigus ; les bords latéraux déprimés, légèrement rebordés et un peu relevés
postérieurement.

Élytres en ovale peu allongé, fortement sinuées vers
l'extrémité et assez planes ; leur bord extérieur un peu relevé en carêne ; les stries assez fortement ponctuées ; les
intervalles un peu relevés ; les troisième, cinquième et
septième un peu plus que les autres, et formant presque
trois lignes élevées, mais peu marquées, tous couverts de
points enfoncés assez gros et peu serrés qui font paraître
les élytres presque granulées. Dessous du corps et pattes d'un noir plus brillant que
le dessus.

Il se trouve assez communément sous les pierres, dans
les endroits secs et arides, en Espagne et dans le midi de
la France, jusques au Rhône. On le trouve aussi, mais
moins communément en Normandie, en Bourgogne et
dans plusieurs autres endroits de la France ; il est fort
rare aux environs de Paris. MM. Duftschmid et Sturm
disent qu'on le trouve en Autriche.

Les individus que l'on prend dans les parties occidentales et septentrionales de la France sont ordinairement
plus petits que ceux qui viennent du midi.

5. L. GRANULATUS.

Pl. 98. fig. 3.

*Niger ; thorace rotundato, punctato, in medio sublœvi-
gato ; elytris ovatis, lineis tribus elevatis, punctato-*

striatis, interstitiis subclevatis, profunde punctatis, sub-scabris.

Dej. *Spec.* ii. p. 396. n° 3.
Dej. *Cat.* p. 8.

Long. 6 ½, 7 lignes. Larg. 3, 3 ¼ lignes.

Ressemble beaucoup au *Silphoides*, dont il n'est peut-être qu'une variété, mais il est un peu plus grand et d'un noir plus brillant.

Les troisième, cinquième et septième intervalles des élytres un peu plus relevés, et formant presque trois lignes aussi marquées que dans l'*Agricola*, avec les points enfoncés un peu plus grands, plus marqués, et faisant paraître les élytres un peu inégales.

Il se trouve en Espagne et en Portugal.

4. L. Siculus.

.Pl. 98. fig. 4.

Niger; thorace latiore, brevi, rotundato, subtransverso, punctato, in medio sublævigato; elytris ovalis, punctato-striatis, interstitiis subclevatis, profunde punctatis.

Dej. *Spec.* ii. p. 396. n° 4.

Lòng. 6 ½, 7 ½ lignes. Larg. 3, 3 ½ lignes.

Ressemble beaucoup au *Silphoides*, mais il est plus grand et proportionnellement un peu plus large.

LICINUS.

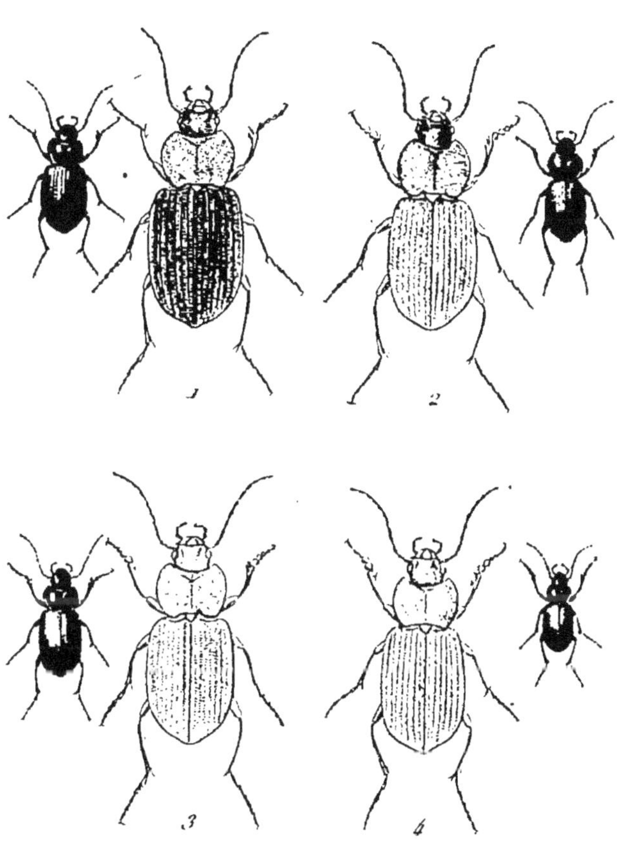

1 . L . Peltoides.

2 . L . Æqualus.

3 . L . Cassideus .

4 . L . Depressus.

P. Dumenil Ponzet et Dumont .

Tête plus lisse.

Corselet plus large, plus court, avec les angles postérieurs plus arrondis.

Élytres un peu plus larges, avec les stries bien distinctes et fortement ponctuées; les intervalles un peu relevés,
et ponctués comme dans le *Silphoides;* mais les troisième,
cinquième et septième paraissant sensiblement plus élevés
que les autres.

Il se trouve communément en Sicile.

5, **L. Peltoides.** *Illiger.*

Pl. 99. fig. 1.

*Niger; thorace subrotundato, punctatissimo, postice subat-
tenuato; elytris oblongo-ovatis, punctato-striatis, interstitiis subelevatis punctatissimis.*

Dej. *Spec.* 11. p. 398. n° 7.
Bonelli. *Observations Entomologiques.* 2. p. 13. n° 6.
Dej. *Cat.* p. 8.

Long. 5 ¾, 6 ¼ lignes. Larg. 2 ½, 3 lignes.

Ressemble un peu au *Silphoides,* mais il est un peu plus
étroit et plus allongé.

Tête un peu plus fortement ponctuée.

Corselet un peu plus allongé, moins arrondi et un peu
rétréci postérieurement, entièrement couvert de points

enfoncés assez serrés, qui se confondent souvent entre eux.

Élytres plus étroites, presque planes, avec le bord extérieur un peu relevé en carène; les stries ponctuées et tous les intervalles un peu relevés et couverts de points enfoncés assez serrés.

Dessous du corps et pattes d'un noir un peu plus brillant que le dessus.

Il se trouve assez communément en Portugal, sous les pierres, dans les endroits secs.

6. L. ÆQUATUS.

Pl. 99. fig. 2.

Niger; thorace subrotundato, punctatissimo; elytris oblongo-ovatis, punctato-striatis, interstitiis planis punctatissimis.

Dej. *Spec.* II. p. 599. n° 8.
Dej. *Cat.* p. 8.

Long. 5 $\frac{1}{2}$, 6 $\frac{1}{2}$ lignes. Larg. 2 $\frac{1}{2}$, 3 lignes.

Ressemble beaucoup au *Peltoides.*

Tête un peu plus petite, couverte de points plus serrés.

Corselet un peu plus petit, un peu moins arrondi et moins rétréci postérieurement.

Élytres un peu plus ovales, un peu rétrécies antérieurement, moins planes, un peu moins sinuées et coupées plus carrément à l'extrémité; leur bord extérieur moins relevé en carêne; les stries un peu moins enfoncées; les intervalles non relevés, et couverts de points enfoncés assez serrés et assez marqués.

Il se trouve dans les Pyrénées et dans les montagnes du département des Basses-Alpes.

Les individus que l'on trouve dans les Pyrénées ont le corselet très-légèrement rétréci postérieurement, et ses bords latéraux et postérieur sont un peu déprimés et relevés. Dans ceux du département des Basses-Alpes le corselet n'est pas sensiblement rétréci postérieurement, et ses bords latéraux et postérieur ne paraissent ni relevés ni déprimés. La ponctuation du corselet et des élytres est aussi un peu plus forte et un peu plus serrée.

7. L. CASSIDEUS.

Pl. 99. fig. 3.

Niger; thorace plano, subquadrato, punctatissimo; elytris oblongo-ovatis, subparallelis, tenue punctato-striatis, interstitiis planis tenue punctatissimis.

DEJ. *Spec.* II. p. 400. n° 9.

DEJ. *Cat.* p. 8.

Carabus Cassideus. FABR. *Sys. El.* I. p. 190. n° 108.

SCH. *Syn. Ins.* I. p. 194. n° 152.

DUFTSCHMID. II. p. 45. n° 37.

Carabus Emarginatus. OLIV. III. 35. p. 55. n° 65. T. 13. fig. 150.

SCH. *Syn. Ins.* I. p. 225. n° 316.

Licinus Depressus. STURM. III. p. 178. n° 2.

Long. 6, 6 ½ lignes. Larg. 2 ½, 2 ¾ lignes.

A peu près de la grandeur du *Silphoides*, mais d'une forme plus étroite, plus parallèle, et entièrement en dessus d'un noir mat.

Tête assez grande, arrondie, assez fortement ponctuée, presque plane.

Corselet moins long que large, un peu arrondi sur les côtés, plus carré cependant que celui du *Silphoides* et des espèces voisines, presque plane, et entièrement couvert de points enfoncés très-serrés; le bord antérieur très-fortement échancré; les bords latéraux un peu déprimés et très-légèrement rebordés; la base assez fortement échancrée au milieu, et les angles postérieurs très-arrondis.

Élytres presque pas plus larges que le corselet, assez allongées, presque parallèles, sinuées et coupées presque carrément à l'extrémité et presque planes; le bord extérieur assez fortement relevé en carène; les stries ponctuées et peu enfoncées; les intervalles planes et couverts de points enfoncés assez serrés et peu marqués.

Dessous du corps et pattes d'un noir un peu plus brillant que le dessus.

Il se trouve assez communément sous les pierres, dans les endroits secs et arides, dans presque toute la France, le midi de l'Allemagne et les provinces méridionales de la Russie.

8. L. Depressus.

Pl. 99. fig. 4.

Niger; thorace rotundato, subconvexo, punctatissimo; ely-
tris oblongo ovatis, subparallelis, tenue punctato-striatis,
interstitiis planis, tenue punctatissimis.

DEJ. *Spec.* II. p. 401. n° 10.
GYLLENHAL. II. p. 73. n° 1.
DEJ. *Cat.* p. 8.
Carabus Depressus. PAYKULL. *Fauna Suecica.* I. p. 110.
n° 18.
SCH. *Syn. Ins.* I. 194. n° 153.
Carabus Cossyphoides. DUFTSCHMID. II. p. 45. n° 38.
Licinus Cossyphoides. STURM. III. p. 180. n° 3. T. 74.
fig. o. O.
Carabus Cassideus. ILLIGER. *Kæf. Preus.* I. p. 159.
n° 23.

Long. 4 $\frac{1}{4}$, 5 lignes. Larg. 1 $\frac{3}{4}$, 2 $\frac{1}{4}$ lignes.

Ressemble beaucoup au *Cassideus,* mais beaucoup plus
petit.

Tête proportionnellement moins grande et moins ponctuée.

Corselet un peu plus petit, plus arrondi, moins plane et
un peu convexe au milieu; la ponctuation un peu plus
forte et moins serrée; le bord antérieur moins fortement

échancré; les bords latéraux plus déprimés et un peu relevés postérieurement, et la base un peu moins échancrée dans son milieu.

Élytres un peu moins parallèles, un peu moins planes; leur bord extérieur un peu moins relevé en carène; les stries ponctuées de la même manière.

Il se trouve dans les bois et les montagnes, en Suède, en Allemagne, en Suisse et dans le nord et l'ouest de la France.

9. L. HOFFMANSEGGII.

Pl. 100. fig. 1.

Niger; thorace subcordato, obsolete punctato; elytris ovatis, profunde striatis, striis lævibus, interstitiis subelevatis obsolete punctatis.

DEJ. *Spec.* II. p. 402. n° 11.
STURM. III. p. 181. n° 4.
DEJ. *Cat.* p. 8.
Carabus Hoffmanseggii. PANZER. *Fauna Germ.* 89. n° 5.
DUFTSCHMID. II. p. 46. n° 39.
Calosoma Hoffmanseggii. SCH. *Syn. Ins.* 1. p. 228. n° 11.

Long. 5. ¼, 6 ¼ lignes. Larg. 2 ¼, 2 ¾ lignes.

VAR. A. *L. Separatus.* DAHL.

Long. 4. ¾ lignes. Larg. 2 lignes.

VAR. B. *L. Nebrioides.* STURM. *Nov. Act. Acad.* C. L. C. *Nat. Cur.* XII. p. 483. n° 7. T. 45. fig. 5.

PATELLIMANES.

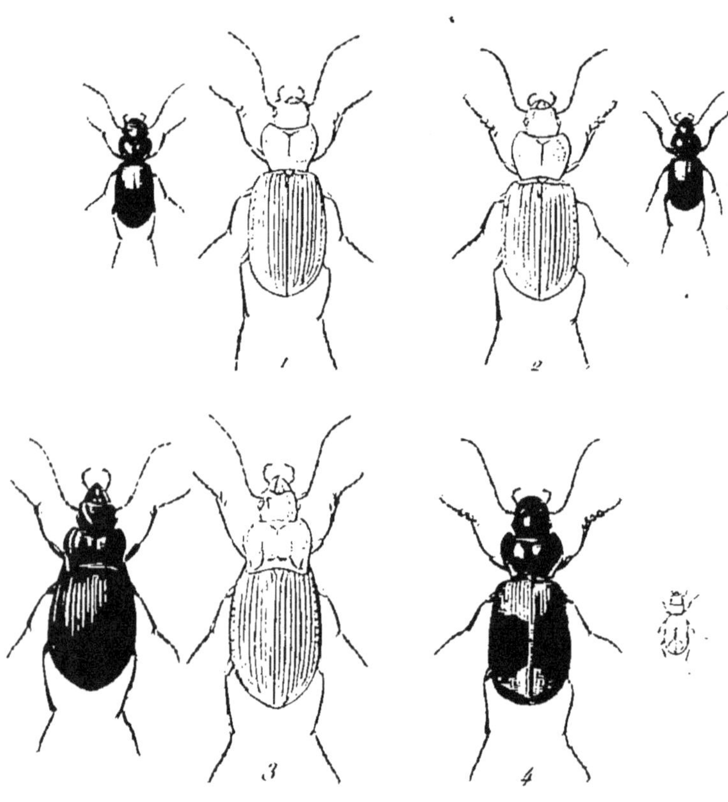

1 . Licinus Hoffmanseggii
2 . ——— Oblongus
3 . Dicælus Dejeanii.
4 . Badister Cephalotes.

Long. 6, 6 ½ lignes. Larg. 2 ¾, 3 lignes.

D'un noir assez brillant.

Varie beaucoup pour la grandeur et pour les propor-
tions de la tête, du corselet et des élytres.

Tête plus ou moins grosse et plus ou moins large, arrondie, déprimée antérieurement, légèrement ponctuée;
antennes d'un brun un peu ferrugineux, avec les trois premiers articles noirâtres.

Corselet antérieurement plus large que la tête, presque en cœur, assez rétréci postérieurement, légèrement
ponctué; le bord antérieur très-fortement échancré; les
bords latéraux déprimés, relevés et légèrement rebordés;
la base assez fortement échancrée, et les angles postérieurs un peu arrondis.

Élytres plus larges que le corselet, en ovale peu allongé, assez rétrécies à la base, plus ou moins larges au
milieu, arrondies et sinuées à l'extrémité; les stries fortement marquées et paraissant lisses; les intervalles un
peu relevés et très-légèrement ponctués.

Dessous du corps et pattes de la couleur du dessus.

Il se trouve dans les bois et les montagnes, dans l'Autriche, la Hongrie, la Styrie, la Carniole, l'Illyrie, la
Suisse et quelques parties de la France.

Il varie beaucoup pour la forme; il est quelquefois très-
large, quelquefois assez étroit. Le *L. Nebrioides* de Sturm,
que l'on trouve dans les montagnes de la Carniole, n'est
qu'une variété de cette espèce, qui est un peu plus grande,
et qui a la tête très-grosse et les élytres très-larges et un

peu plus courtes. Le *L. Separatus* de Dahl, qui l'a trouvé en Hongrie, dans le Bannat, est au contraire plus petit ; sa tête est assez petite, et ses élytres sont assez allongées et assez étroites. Si l'on comparait séparément ces deux variétés, on les prendrait nécessairement pour des insectes très-différents; mais quand on examine en même temps un grand nombre d'individus, on trouve tous les passages entre elles deux, et il est impossible d'en faire plusieurs espèces.

10. L. Oblongus.

Pl. 100. fig. 2.

Niger ; thorace subcordato, obsolete punctato ; elytris oblongis, striatis, striis tenue punctatis, interstitiis planis obsolete punctatis.

Dej. *Spec.* II. p. 404. n° 12.

Long. 5 ½ lignes. Larg. 2 lignes.

Ressemble un peu à l'*Hoffmanseggii*, mais il est plus étroit, plus allongé, et entièrement en dessus d'un noir moins brillant.

Tête très-légèrement ponctuée.

Corselet à peu près de la même forme, ponctué de la même manière, mais plus plane, avec ses bords latéraux moins relevés.

Élytres beaucoup plus étroites, plus allongées, assez planes, avec le bord extérieur relevé en carène; les stries

peu enfoncées et finement ponctuées ; les intervalles pla-
nés et très-légèrement ponctués.

Dessous du corps et pattes d'un noir un peu plus brillant que le dessus.

Il se trouve dans les montagnes du département des
Basses-Alpes.

XIV. BADISTER. *Clairville.*

Amblychus. *Gyllenhal.* Carabus. *Fabricius.*

*Les trois premiers articles des tarses antérieurs dilatés dans
les mâles. Dernier article des palpes allongé, ovalaire et
terminé presque en pointe. Antennes filiformes. Lèvre supérieure courte, étroite et échancrée. Mandibules courtes,
arrondies et très-obtuses. Point de dent au milieu de l'é-
chancrure du menton. Tête arrondie, déprimée antérieurement. Corselet cordiforme.*

Les insectes qui forment ce genre avaient d'abord été
compris par Latreille dans ses *Licinus*, depuis, Gyllenhal
en forma le genre *Amblychus*, et Clairville le genre *Badister*. Ce dernier nom est maintenant adopté par presque
tous les entomologistes.

Les *Badister* ont bien effectivement quelques rapports
avec les *Licinus*; mais ils sont beaucoup plus petits, ordinairement variés de couleurs tranchées, et leurs caractères génériques présentent des différences bien sensibles.

La lèvre supérieure est très-courte, étroite et échancrée. Les mandibules sont courtes, très-peu saillantes,

arrondies, très-obtuses, presque échancrées à l'extrémité, et elles n'ont point de dents comme dans les *Licinus*. Le menton est assez étroit, légèrement concave, fortement échancré, et il n'a point de dent au milieu de son échancrure. Les palpes maxillaires sont assez allongés; leur dernier article est allongé, ovalaire et terminé presque en pointe; les labiaux sont presque moitié plus courts; leur dernier article est ovalaire, plus court et plus renflé que celui des labiaux, mais terminé de même presque en pointe. Les antennes sont filiformes et à peu près de la longueur de la moitié du corps. La tête est à peu près comme celle des *Licinus*, arrondie, presque plane, déprimée et échancrée antérieurement en arc de cercle. Les yeux sont peu saillans. Le corselet est plus ou moins cordiforme et très-échancré antérieurement pour recevoir la tête. Les élytres sont en ovale plus ou moins allongé. Les tarses sont composés d'articles allongés, presque cylindriques et bifides à l'extrémité; les trois premiers des tarses antérieurs des mâles sont fortement dilatés : le premier presque en trapèze, et les deux autres en carré moins long que large, dont les angles, surtout les antérieurs, sont très-arrondis; ils sont tous les trois garnis en dessous de poils assez serrés, qui forment une espèce de brosse et sont plus fortement ciliés en dedans qu'en dehors.

Toutes les espèces connues de ce genre appartiennent à l'Europe et à la Californie; elles se trouvent ordinairement dans les endroits humides, sous les pierres et les débris de végétaux.

BADISTER.

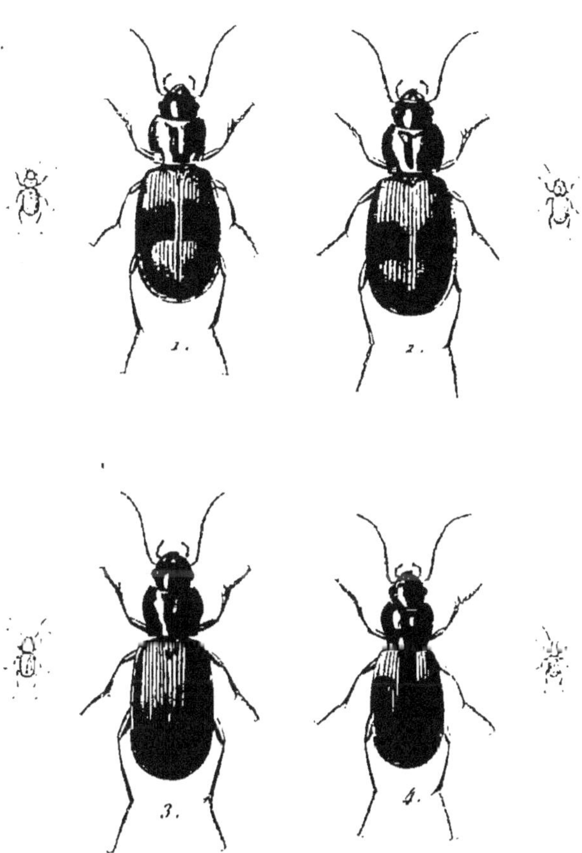

1. B. Bipustulatus.

2. B. Lacertosus.

3. B. Peltatus.

4. B. Humeralis.

P. Dumenil Pinxit et Direxit

1. B. Cephalotes.

Pl. 100. fig. 4.

*Niger; thorace capitis latitudine, scutello pedibusque rufis;
elytris antice rufis, apice nigris, sutura maculaque trans-
versa sublunata communi rufis.*

Dej. *Spec.* 11. p. 406. n° 1.

Long. 3 ½, 3 ¾ lignes. Larg. 1 ⅓, 1 ½ ligne.

Ressemble beaucoup au *Bipustulatus*, mais plus grand.

Tête proportionnellement beaucoup plus grosse, à peu
près aussi large que le corselet.

Corselet plus large, plus court, plus échancré antérieurement, plus arrondi postérieurement, plus convexe
au milieu, avec les bords latéraux un peu déprimés.

Écusson de la couleur de élytres.

La tache rouge placée au milieu de la tache noire de
l'extrémité des élytres, plus grande, plus large et presque
en forme de lunule.

Le reste comme dans le *Bipustulatus*.

Il se trouve dans l'ouest et le nord de la France; mais
il est rare partout.

2. B. Bipustulatus.

Pl. 101. fig. 1.

Niger; thorace capite latiore, pedibusque rufis; elytris an-

*tice rufis, apice nigris, sutura maculaque rotundato com-
muni rufis.*

DEJ. *Spec.* II. p. 406. n° 2.

STURM. III. p. 186. n° 1. T. 75. fig. A-M.

DEJ. *Cat.* p. 8.

Carabus Bipustulatus. FABR. *Sys. El.* I. p. 203.
n° 184.

SCH. *Syn. Ins.* I. p. 211. n° 248.

DUFTSCHMID. II. p. 142. n° 185.

Amblychus Bipustulatus. GYLLENHAL. II. p. 74. n° 1.

Carabus Crux minor. OLIV. III. 35. p. 99. n° 137.
T. 8. fig. 96. a. b.

Long. 2 $\frac{1}{2}$, 3 lignes. Larg. 1, 1 $\frac{1}{4}$ ligne.

Ressemble beaucoup, au premier aspect, au *Stenolophus
Vaporariorum.*

Tête noire assez arrondie, lisse, déprimée antérieurement; antennes avec le premier article d'un jaune ferrugineux, le second d'un brun noirâtre avec l'extrémité ferrugineuse, les autres plus ou moins obscurs.

Corselet d'un rouge ferrugineux, plus large que la tête,
un peu moins long que large, un peu rétréci postérieurement, lisse; le bord antérieur assez fortement échancré;
les bords latéraux très-légèrement rebordés; la base coupée carrément et les angles postérieurs arrondis.

Écusson noir.

Élytres un peu plus larges que le corselet, en ovale allongé, arrondies à l'extrémité, de la couleur du corselet,
avec une grande tache noire en forme de fer à cheval à

leur partie postérieure, qui ne va pas tout-à-fait jusqu'au bord extérieur, dont les deux extrémités se rapprochent vers le milieu des élytres, mais ne vont pas jusqu'à la suture, et qui a dans son milieu une tache arrondie, commune aux deux élytres, de la couleur de la base et se joignant avec elle par la suture; les stries lisses et peu marquées; deux petits points enfoncés peu marqués près de la seconde strie du côté extérieur.

Poitrine et abdomen d'un noir un peu bleuâtre, avec les pattes d'un jaune ferrugineux.

Il se trouve communément sous les pierres, les feuilles et les débris de végétaux, en Suède, en Allemagne, en Espagne et dans toute la France.

3. B. LACERTOSUS. *Knoch.*

Pl. 101. fig. 2.

Niger; thorace capite latiore, scutello pedibusque rufis; elytris antice rufis, apice nigris, sutura maculaque angulata communi rufis.

Dej. *Spec.* II. p. 408. n° 3.
Sturm. III. p. 188. n° 2. t. 75. fig. n. N.
Dej. *Cat.* p. 8.

Long. 2 ¾ lignes. Larg. 1 ¼ ligne.

Ressemble beaucoup au *Bipustulatus*, dont il n'est peut-être qu'une variété, mais un peu plus large.

Corselet un peu plus court et plus convexe.

Écusson d'une couleur rougeâtre obscure.

La tache rouge qui se trouve au milieu de la tache noire de l'extrémité des élytres, plus grande, presque transversale et se rapprochant plus du bord extérieur.

Le reste comme dans le *Bipustulatus*.

Il se trouve dans le nord de l'Allemagne.

4. B. Peltatus.

Pl. 101. fig. 3.

Supra obscuro-nigro-æneus; thoracis elytrorumque margine tenuissimo pedibusque pallidis.

Dej. *Spec.* ii. p. 408. n° 4.
Bonelli. *Observations Entomologiques.* 2. p. 12. n° 3.
Sturm. iii. p. 189. n° 3. t. 76. fig. A. a.
Dej. *Cat.* p. 8.
Carabus Peltatus. Panzer. *Faun. Germ.* 57. n° 20.
Sch. *Syn. Ins.* 1. p. 214. n° 259.
Duftschmid. ii. p. 147. n° 193.
Amblychus Peltatus. Gyllenhal. ii. p. 76. n° 9.
Badister Corruscus. Stéven.

Long. 2, 2 $\frac{1}{2}$ lignes. Larg. $\frac{3}{4}$, 1 ligne.

Ressemble par la forme au *Bipustulatus*, mais plus petit, un peu plus allongé et d'un noir-obscur très-légèrement bronzé, avec un reflet un peu bleuâtre, principalement sur les élytres.

Tête très-lisse; les antennes d'un noir obscur, avec la base du premier article un peu plus pâle.

Corselet un peu plus large que la tête, presque aussi long que large, un peu rétréci postérieurement ; les bords latéraux avec une bordure très-étroite, d'une couleur brûnâtre très-claire et un peu jaunâtre, qui s'élargit un peu vers la base ; le bord antérieur assez échancré, mais moins que dans le *Bipustulatus* ; les bords latéraux légèrement rebordés, un peu déprimés et relevés vers les angles postérieurs.

Élytres un peu plus larges que le corselet, assez allongées et arrondies à l'extrémité, avec une bordure très-étroite, d'une couleur brunâtre très-claire et un peu jaunâtre ; les stries lisses, peu marquées ; deux petits points enfoncés placés près de la seconde strie, comme dans le *Bipustulatus.*

Dessous du corps d'un brun noirâtre, avec les pattes d'une couleur brune très-claire et un peu jaunâtre.

Il se trouve dans les endroits humides, sous les pierres et les débris de végétaux, en Suède, en Allemagne, en Espagne et dans presque toute la France ; mais il est assez rare partout.

5. B. HUMERALIS.

Pl. 101. fig. 4.

Supra nigro-obscurus ; thoracis margine, elytrorum macula humerali, margine pedibusque flavo-pallidis.

DEJ. *Spec.* II. p. 410. n° 5.

BONELLI. *Observations Entomologiques.* 2. p. 11. n° 2.

DEJ. *Cat.* p. 8.

B. Sodalis. STURM. III. p. 191. n° 4. T. 76. fig. B. b.

Carabus Dorsiger. DUFTSCHMID. II. p. 151. n° 198.

Long. 2 lignes. Larg. ¼ ligne.

Un peu plus petit que le *Peltatus*, proportionnellement plus allongé, et d'un noir-obscur un peu brunâtre.

Tête lisse; antennes avec le premier article jaunâtre à la base, brunâtre à son extrémité; le second, le troisième et le quatrième brunâtres, et les derniers d'une couleur jaunâtre plus ou moins obscure.

Corselet un peu plus large que la tête, presque aussi long que large, un peu rétréci postérieurement; les bords latéraux ayant une bordure assez étroite d'un jaune pâle; le bord antérieur un peu échancré; les bords légèrement rebordés, déprimés et un peu relevés vers les angles postérieurs.

Élytres un peu plus larges que le corselet, assez allongées, arrondies à l'extrémité; avec une bordure assez étroite d'un jaune pâle, et à l'angle de la base une grande tache de la même couleur, presque carrée, un peu plus large postérieurement qu'antérieurement; les stries lisses et peu marquées; deux petits points enfoncés près de la seconde strie, comme dans le *Bipustulatus*.

Dessous du corps d'un brun noirâtre, avec les pattes d'un jaune pâle.

Il se trouve, mais assez rarement, dans les mêmes endroits que le *Peltatus*, en Allemagne, en France, en Suisse et en Italie.

Cette nombreuse tribu renferme les insectes que M. Latreille avait compris sous le nom générique de *Feronia*, dans la première édition du *Règne Animal* de Cuvier, à l'exception des genres *Callistus*, *Oodes*, *Chlænius*, *Epomis*, *Dinodes*, *Rembus* et *Dicælus*, qui font partie de la tribu précédente. Depuis, M. Latreille a supprimé dans ses *Familles naturelles du Règne Animal* le genre *Feronia*, et a adopté la plupart des genres créés par Bonelli, Megerle et Ziegler, et il les a placés dans les différentes divisions de ses *Thoraciques*; mais M. Dejean, dans le troisième volume de son *Species*, revenant en partie aux idées premières de M. Latreille, a réuni, sous le nom de *Feronia*, un assez grand nombre de genres, et a donné à cette tribu le nom de *Féroniens*.

Les insectes qui la composent se distinguent des *Harpaliens*, par les tarses intermédiaires, et par le quatrième article des tarses antérieurs, qui ne sont jamais dilatés dans les mâles; et des *Patellimanes*, par les tarses antérieurs des mâles, dont les deux ou trois premiers articles sont plus ou moins triangulaires ou cordiformes, mais jamais carrés ou arrondis, et qui sont garnis en dessous de poils peu serrés, qui ne forment pas une espèce de brosse. Comme dans les *Patellimanes* et les *Harpaliens*, les jambes antérieures sont toujours assez fortement échancrées; les élytres ne sont jamais tronquées à l'extrémité; le dernier article des palpes n'est jamais terminé en alène.

Le tableau suivant présente l'ensemble de la série des genres qui composent cette tribu.

PREMIÈRE DIVISION.

*Le premier article des tarses antérieurs dilaté, au moins
dans les mâles.*

Elle ne comprend qu'un seul genre. . . . . . ı *Stenomorphus.*

DEUXIÈME DIVISION.

*Les deux premiers articles des tarses antérieurs dilatés
dans les mâles.*

Elle comprend six genres.

La dent de l'échancrure du menton

- nulle. 2 *Omphreus.*
- simple. . . . . 3 *Melanotus.*
- bifide. — Dernier article des palpes labiaux
  - en forme ovalaire et terminé presque en pointe. Corselet
    - plane, presque carré, peu ou point rétréci postérieurement. 4 *Pogonus.*
    - convexe, cordiforme, assez fortement rétréci postérieurement. 5 *Cardiaderus.*
  - presque cylindrique, tronqué à l'extrémité et légèrement sécuriforme. Corselet
    - convexe, presque ovalaire. . . . 6 *Baripus.*
    - plane, rétréci postérieurement, plus ou moins cordiforme. . . 7 *Patrobus.*

TROISIÈME DIVISION.

*Les trois premiers articles des tarses antérieurs dilatés
dans les mâles.*

Elle peut être partagée en deux subdivisions.

PREMIÈRE SUBDIVISION.

Crochets des tarses dentelés en dessous.

Elle comprend cinq genres.

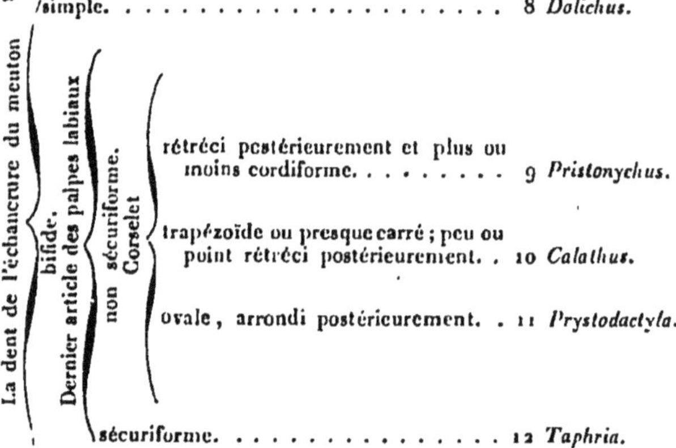

DEUXIÈME SUBDIVISION.

Crochets des tarses sans dentelures.

Elle comprend vingt-six genres.

Troisième article des antennes aussi long que les deux suivans réunis. Élytres

beaucoup plus larges que l'abdomen. . . . . 13 *Mormolyce.*

à peu près de la largeur de l'abdomen. . . . . 14 *Sphodrus.*

assez allongés, très-légèrement triangulaires ou presque carrés. La dent de l'échancrure du menton

— simple. Corselet plus ou moins — cordiforme; angles postérieurs toujours marqués. Élytres

planes, en ovale allongé, sans angles antérieurs marqués. . . . . 15 *Platynus.*

légèrement convexes, en ovale ou carré allongé; angles antérieurs toujours marqués. . . . . 16 *Anchomenus.*

arrondi; point d'angles postérieurs marqués. . . . . 17 *Agonum.*

nulle. . . . . 18 *Olisthopus.*

que les deux suivans réunis. tarses antérieurs des mâles ou cordiformes.

trilobé ou légèrement échancré. Dernier article des palpes maxillaires

— non sécuriforme, presque cylindrique et tronqué à l'extrémité. Dernier article des palpes labiaux

légèrement sécuriforme. Lobe intermédiaire du menton

des mâles triangulaire ou très-fortement sécuriforme. . . . . . . 19 *Trigonotoma.*

avancé et presque en pointe. . . . . 20 *Caladromus.*

peu avancé et presque tronqué. . . . . 21 *Lesticus.*

presque cylindrique, Lobe intermédiaire du menton

presque nul. . . . . 22 *Distrigus.*

arrondi. . . . . 23 *Abacetus.*

allongé et terminé presque en pointe. . . . . 24 *Drimostoma.*

fortement sécuriforme. . . . . 25 *Microcephalus.*

Troisième article des antennes plus court / Les trois premiers articles des

peu allongés, fortement triangulaires / Menton

fortement échancré. / La dent de son échancrure

simple ou bifide. / Les trois premiers articles des tarses antérieurs des mâles

sans appendices en dessous. / Dernier article des palpes extérieurs

cylindrique ou sécuriforme. / Corps

- plus ou moins allongé ou aplati ; corselet plus ou moins cordiforme, arrondi, carré ou trapézoïde. / La dent de l'échancrure du menton
  - bifide. / Dernier article des palpes labiaux
    - non sécuriforme. / Jambes intermédiaires
      - point ou légèrement arquées. . . 26 *Feronia.*
      - fortement arquées. . . . . . . 27 *Cumptoscelis.*
    - fortement sécuriforme. . . . . 28 *Myas.*
  - simple. / Corselet
    - convexe et cordiforme. / Mandibules
      - larges et peu avancées. . . . . . 29 *Cephalotes.*
      - étroites et très-avancées. . . . . 30 *Stomis.*
    - plane et presque carré. . . . . 31 *Abaris.*
    - assez fortement sécuriforme. . . . . 32 *Rathymus.*
- court, épais et convexe; corselet transversal. / Dernier article des palpes labiaux
  - presque cylindrique. / La dent de l'échancrure du menton
    - bifide. . . . . 33 *Pelor.*
    - simple. . . . . 34 *Zabrus.*
  - légèrement ovalaire. . . . . 35 *Amara.*

garnis d'appendices en dessous. . . . . 36 *Lophidius.*

nulle. / Corselet

- plus ou moins carré ou cordiforme, point ou légèrement transversal. 37 *Antarctia.*
- transversal, arrondi sur les côtés, légèrement prolongé dans son milieu postérieurement. . . . . 38 *Masoreus.*

I. STENOMORPHUS. . *Dejean.*

*Le premier article des tarses antérieurs fortement dilaté, au
moins dans les mâles. Dernier article des palpes maxillaires presque cylindrique, celui des labiaux un peu plus
court, plus large, presque ovalaire, et l'un et l'autre
tronqués à l'extrémité. Antennes filiformes. Lèvre supérieure en carré moins long que large, légèrement échancrée antérieurement. Mandibules courtes, arquées et
presque obtuses. Point de dent au milieu de l'échancrure
du menton. Corselet très-allongé, un peu rétréci postérieurement. Élytres allongées et parallèles.*

M. Dejean a donné à ce nouveau genre, formé sur un
insecte de la Colombie, le nom de *Stenomorphus*, tiré
des deux mots grecs, στηνος, étroit, et μορφη, forme.

Il se rapproche beaucoup par le *facies* de quelques *Feronia*, et surtout des *Cophosus* de Ziegler, mais il en diffère beaucoup par ses caractères génériques.

La lèvre supérieure est très-légèrement convexe, en
carré un peu moins long que large et légèrement échancrée antérieurement. Les mandibules sont courtes, arquées et presque obtuses. Le menton est assez court, légèrement concave, assez fortement échancré, et il n'a
pas de dent sensible au milieu de son échancrure. Les
palpes extérieurs sont peu saillans ; le dernier article
des maxillaires est assez allongé et presque cylindrique;
celui des labiaux est plus court, plus large et presque

FÉRONIENS.

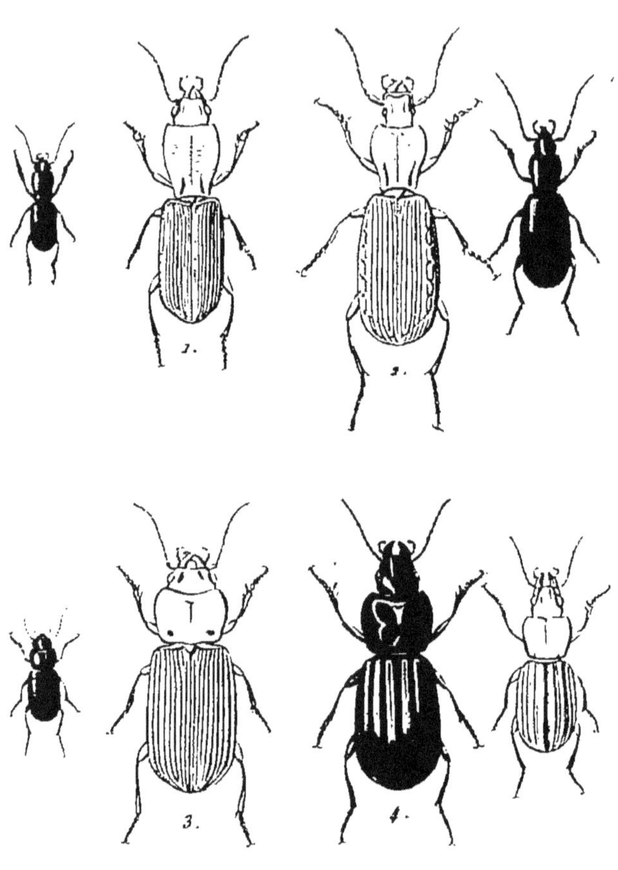

1. Stenomorphus Angustatus.
2. Omphreus Morio
3. Melanotus Flavipes.
4. Baripus Speciosus.

P. Dumenil Pinx et Direxit.

ovalaire; l'un et l'autre sont tronqués à l'extrémité. Les antennes sont filiformes et un peu plus courtes que la moitié du corps; leurs trois premiers articles sont obcôniques; le premier est plus long que les autres ; le second est presque moitié plus court; le troisième est aussi long que le premier; les suivans sont un peu plus courts , égaux entre eux , et presque en carré allongé , dont les angles sont arrondis ; le dernier est terminé en pointe obtuse. Les pattes sont assez fortes pour la grosseur de l'insecte. Les jambes antérieures sont assez fortement échancrées antérieurement. Dans le seul individu qui fait partie de la collection de M. Dejean, et qu'il suppose être un mâle , le premier article des tarses antérieurs est très-fortement dilaté , aussi long que les trois suivans réunis et légèrement cordiforme ; les trois suivans sont presque égaux et fortement cordiformes. Les articles des tarses intermédiaires et postérieurs sont assez allongés, très-légèrement triangulaires et presque cylindriques. Les crochets des tarses ne sont pas dentelés en dessous.

STENOMORPHUS ANGUSTATUS.

Pl. 102. fig. 1.

Niger; thorace elongato, postice angustato, utrinque striato; elytris elongatis, parallelis, profunde striatis; antennis pedibusque piceis.

Dej. *Spec.* v. *Suppl.* p. 697.

Il se trouve aux environs de Carthagène.

II. OMPHREUS. *Parreyss.*

Dernier article des palpes assez fortement sécuriforme. An-
tennes filiformes, assez allongées ; le premier article très-
grand, grossissant vers l'extrémité et aussi long que les
trois suivans. Lèvre supérieure transversale et coupée pres-
que carrément. Mandibules légèrement arquées et très-
aiguës. Point de dent au milieu de l'échancrure du
menton. Corselet allongé et légèrement cordiforme. Ély-
tres en ovale très-allongé.

Ce genre a été établi, par M. Parreyss, sur un très-
bel insecte pris par lui dans le Montenegro.

La lèvre supérieure est assez courte, transversale et
coupée presque carrément. Les mandibules sont un peu
avancées, légèrement arquées et très-aiguës. Le menton
est assez grand, concave, très-fortement échancré, et
sans dent sensible au milieu de son échancrure. Les palpes
sont assez grands; leur dernier article est un peu renflé
et assez fortement sécuriforme. Les antennes sont filiformes, et à peu près de la longueur de la moitié du
corps ; leur premier article est très-grand, presque en
fuseau et aussi long que les trois suivans; le second et le
troisième sont presque égaux, presque cylindriques et
un peu plus gros vers l'extrémité; les suivans sont un peu
plus longs, égaux entre eux, allongés, presque cylindriques et légèrement comprimés. La tête est assez grande,
assez allongée, presque ovale et légèrement rétrécie pos-

térieurement. Les yeux sont peu saillans; le corselet est allongé et légèrement cordiforme. Les élytres sont plus larges que le corselet, en ovale très-allongé et très- légèrement convexes. Les pattes sont grandes et assez fortes. Les jambes antérieures sont assez fortement échancrées. Les articles des tarses sont allongés , presque cylindriques ou légèrement triangulaires. Les crochets des tarses ne sont pas dentelés en dessous.

Dans le mâle les deux premiers articles des tarses antérieurs sont légèrement dilatés; le premier est allongé et légèrement triangulaire; le second est moitié plus court et presque carré.

1. O. Morio. *Parreyss.*

Pl. 102. fig. 2.

Niger ; thorace elongato , angustato ; elytris elongato-ovatis, planiusculis, obsolete striatis , margineque punctis impresso.

Dej. *Spec.* III. p. 94. n° 1. et *Spec.* v. *Suppl.* p. 698.

Long. 10 lignes. Larg. 3 ¼ lignes.

Presque aussi grand que le *Sphodrus Planus*, et entièrement d'un noir assez brillant, surtout sur la tête et le corselet.

Corselet un peu plus large que la tête, plus long que large , un peu rétréci postérieurement, très-légèrement

cordiforme, presque plane, la ligne médiane très-fortement
marquée ; le bord antérieur un peu échancré ; les côtés
légèrement rebordés ; les angles postérieurs coupés presque carrément, et sa base assez fortement échancrée.

. Élytres d'un noir plus mat que le corselet, presque
le double plus larges que lui, en ovale très-allongé, très-
légèrement convexes et presque planes, ayant chacune
neuf stries et le commencement d'une dixième près de
l'écusson ; les stries fines, très-légèrement ponctuées et
très-peu marquées, excepté vers la base ; les intervalles
planes ; . cinq à huit points enfoncés très-marqués sur le
septième intervalle ; une ligne de points enfoncés le long
du bord extérieur.

Dessous du corps d'un noir obscur.

Il a été découvert dans le Montenegro , par M. Parreyss.

III. MELANOTUS. *Dejean.*

HARPALUS. *Dejean*, Catalogue.

*Les deux premiers articles des tarses antérieurs légèrement
dilatés dans les mâles. Dernier article des palpes assez
allongé, presque cylindrique et tronqué à l'extrémité. Antennes courtes, presque moniliformes. Lèvre supérieure en
carré moins long que large, échancrée antérieurement.
Mandibules peu avancées, légèrement arquées et peu aiguës. Une dent simple au milieu de l'échancrure du menton. Corselet assez court et presque transversal. Élytres
peu allongées et presque parallèles.*

M. Dejean a formé ce nouveau genre sur l'*Harpalus Impressifrons* de son *Catalogue* et sur une autre espèce de Buenos-Ayres, et il lui a donné le nom de *Melanotus*, tiré des deux mots grecs μέλας, noir, et νοτος, dos.

Ces insectes se rapprochent beaucoup des *Harpalus* par le *facies*, mais ils semblent appartenir à la tribu des Féroniens.

Voici les caractères génériques qu'ils présentent :

La lèvre supérieure est presque plane, en carré un peu moins long que large, et assez fortement échancrée antérieurement. Les mandibules sont peu avancées, légèrement arquées et peu aiguës. Le menton est assez grand, concave, fortement échancré, et il a une dent simple au milieu de son échancrure. Les palpes extérieurs sont peu saillans ; leur dernier article est assez allongé, très-légèrement ovalaire, presque cylindrique et tronqué à l'extrémité. Les antennes sont plus courtes que la tête et le corselet réunis ; le premier article est presque cylindrique, légèrement arqué et presque aussi long que les trois suivans réunis ; les deux suivans sont obcôniques et plus minces que les autres ; le second est le plus court de tous ; le troisième est un peu plus long que les suivans, qui sont plus larges, presque égaux, légèrement comprimés, assez courts et presque en carré, dont les angles sont arrondis ; le dernier est terminé en pointe obtuse. La tête est triangulaire, et elle a entre les antennes deux impressions très-fortement marquées. Le corselet est assez court et presque transversal. Les élytres sont parallèles et peu allongées. Les pattes sont assez courtes pour la grosseur de l'insecte. Les jambes antérieures sont fortement échancrées inté-

rieurement. Les deux premiers articles des tarses antérieurs sont légèrement dilatés dans les mâles, triangulaires, coupés un peu obliquement à l'extrémité et plus
saillans en dedans, qu'en dehors; les deux suivans sont
plus petits, même dans les femelles, égaux, assez courts
et cordiformes. Les articles des tarses intermédiaires et
postérieurs sont allongés, très-légèrement triangulaires
et presque cylindriques. Les crochets des tarses ne sont
pas dentelés en dessous.

M. FLAVIPES.

Pl. 102. fig. 5.

*Nigro-piceus; thorace subtransverso; elytris striatis, punc-
toque impresso; antennis pedibusque flavo-testaceis.*

DEJ. *Spec.* v. *Suppl.* p. 700. n° 1.

Il se trouve aux environs de Buenos-Ayres, où il a été
découvert par M. Lacordaire.

IV. POGONUS. *Ziegler.*

RAPTOR. *Megerle.* PLATYSMA. *Sturm.* CARABUS. *Duftschmid.*

*Les deux premiers articles des tarses antérieurs dilatés dans
les mâles. Dernier article des palpes allongé, légèrement
ovalaire et terminé presque en pointe. Antennes assez
courtes, presque filiformes, légèrement comprimées et
grossissant un peu vers l'extrémité. Lèvre supérieure*

*courte, transversale et coupée presque carrément. Man-
dibules peu avancées, légèrement arquées et assez aiguës.
Une dent bifide au milieu de l'échancrure du menton. Corselet le plus souvent court et presque transversal, toujours
peu convexe, presque carré, peu ou point rétréci postérieurement. Élytres assez allongées, parallèles et peu convexes.*

Ce genre, bien distinct et adopté maintenant par tous
les entomologistes, a été établi par Ziegler sur le *Carabus Littoralis* de Duftschmid.

Les *Pogonus* sont de petits carabiques assez agiles,
ordinairement de couleur métallique, quelquefois, à
élytres jaunâtres, qui présentent tous les caractères suivans :

1. La lèvre supérieure est assez courte, transversale et
coupée carrément à sa partie antérieure. Les mandibules
sont peu saillantes, légèrement arquées et assez aiguës.
Le menton est assez grand, légèrement concave, fortement échancré, et il a une assez forte dent, bien distinctement bifide au milieu de son échancrure. Les palpes
sont peu saillans; leurs articles sont presque égaux; le
dernier est assez allongé, un peu renflé, légèrement ovalaire et terminé presque en pointe. Les antennes sont à
peu près de la longueur de la tête et du corselet réunis,
quelquefois un peu plus courtes, quelquefois un peu plus
longues; le premier article est assez gros, assez long et
cylindrique; le second est également cylindrique, mais
moins gros et plus court; le troisième est de la longueur

du premier, et il va en grossissant vers l'extrémité; le
quatrième est de la forme du troisième, mais il est plus
court; les suivans sont à peu près de la longueur du
quatrième, légèrement comprimés, en carré allongé dont
les angles sont arrondis, et ils vont un peu en grossissant vers l'extrémité; le dernier est un peu plus long et
en ovale allongé. La tête est assez avancée et presque
triangulaire. Les yeux sont saillans et assez gros, ce qui
fait paraître la tête rétrécie postérieurement. Le corselet
est ordinairement plus ou moins court et presque transversal, toujours peu convexe, presque carré, peu ou
point rétréci postérieurement. Les élytres sont assez allongées, presque parallèles, peu convexes et arrondies
à l'extrémité. Les pattes sont assez courtes. Les jambes
antérieures sont assez fortement échancrées. Les articles
des tarses sont assez allongés et très-légèrement triangulaires; les deux premiers des tarses antérieurs sont assez
fortement dilatés dans les mâles : le premier presque en
forme de trapèze échancré à son extrémité; le second
en forme de cœur dont la partie intérieure est beaucoup
plus saillante que l'extérieure. Les crochets des tarses
ne sont pas dentelés en dessous.

Les *Pogonus* se trouvent exclusivement aux bords de
la mer et des eaux salées; le nom de *Halophilus*, donné
par M. Germar à l'une des espèces, peut convenir à
toutes.

Elles habitent le Cap de Bonne-Espérance, l'Amérique
septentrionale, et surtout l'Europe et la Sibérie.

POGONUS.

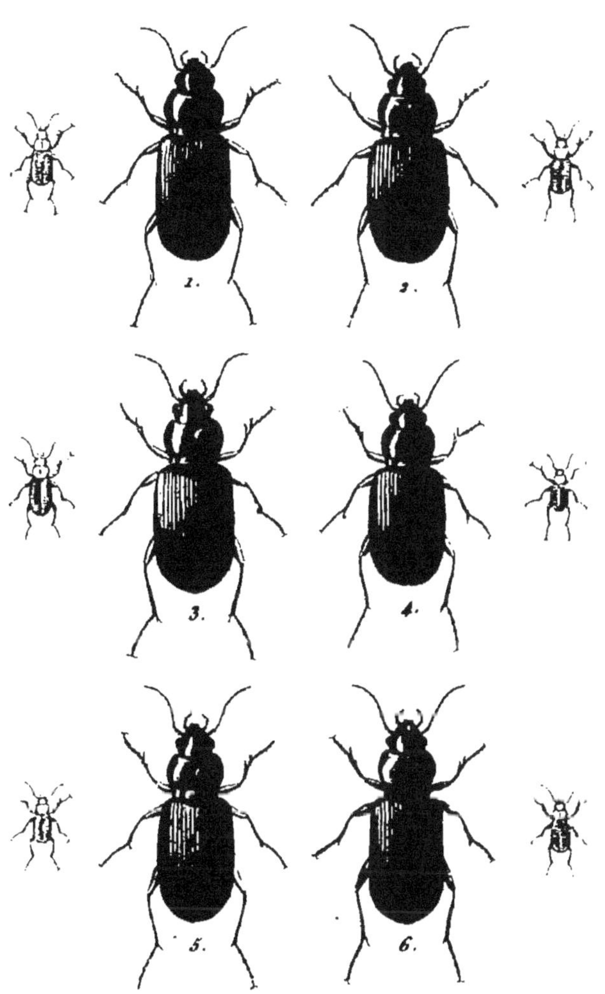

1. P. Pallidipennis.
2. P. Flavipennis.
3. P. Luridipennis

4. P. Fulvipennis.
5. P. Iridipennis.
6. P. Littoralis.

P. Dumenil Pinxit et Direxit.

1. P. Pallidipennis.

Pl. 103. fig. 1.

Viridi-æneus; thorace quadrato, postice subcoarctato; elytris flavo-pallidis; æneo-micantibus, elongatis, parallelis, striato punctatis, punctisque tribus impressis; pedibus flavo-pallidis.

Dej. *Spec.* iii. p. 7. n° 1.
P. *Maculipennis.* Dej. *Cat.* p. 9.

Long. 3 ¼, 3 ½ lignes. Larg. 1 ⅓, 1 ½ ligne.

Un peu plus grand que le *Littoralis*, et d'une forme presque absolument semblable.

Tête d'un vert bronzé, avec les antennes d'une couleur roussâtre assez claire, et les mandibules d'un brun obscur.

Corselet de la couleur de la tête et un peu moins rétréci postérieurement que celui du *Littoralis*.

Élytres d'un jaune pâle, quelquefois un peu roussâtre, avec un léger reflet bronzé, principalement au milieu, qui y forme quelquefois une grande tache dorsale légèrement obscure, et forme alors à l'extrémité une tache commune presque en croissant un peu plus pâle que le reste des élytres; le fond des stries légèrement bronzé.

Dessous du corps d'un vert-bronzé assez brillant, avec les pattes d'un jaune-pâle un peu roussâtre.

Il se trouve communément dans le midi de la France, sur les bords de la Méditerranée.

2. P. Flavipennis.

Pl. 103. fig. 2.

Viridi-æneus ; thorace quadrato, postice subcoarctato ; ely-
tris flavo-pallidis, æneo-micantibus, subelongatis, oblon-
go-ovatis, striato-punctatis, punctisque tribus impres-
sis ; pedibus flavo-pallidis.

Dej. *Spec.* iii. p. 8. n° 2.
P. *Pallidipennis.* Dej. *Cat.* p. 9.
P. *Latipennis.* Ullrich.

Long. 3, 3 ½ lignes. Larg. 1 ¼, 1 ½ ligne.

Ressemble beaucoup au *Pallidipennis*, mais un peu
plus petit et d'une forme un peu différente.

Corselet un peu plus rétréci postérieurement.

Élytres proportionnellement un peu plus courtes, un
peu plus larges, moins parallèles, plus ovales et un peu
plus planes.

Il se trouve en Espagne, où il a été pris autrefois
par M. Dejean, et aux environs de Trieste.

3. P. Luridipennis. *Germar.*

Pl. 103. fig. 3.

Viridi-æneus, nitidus ; thorace subtransverso, postice coarc-
tato ; clytris flavo-pallidis, æneo-micantibus, breviori-

bus, subparellelis, striato-punctatis, punctisque tribus impressis; pedibus flavo-pallidis.

Dej. *Spec.* iii. p. 9. n° 3.

Harpalus Luridipennis. Ahrens. *Fauna Ins. Europ.* vii. t. 3.

Long. 3, 3 ½ lignes. Larg. 1 ⅓, 1 ⅔ ligne.

Ressemble aussi beaucoup au *Pallidipennis;* mais ordinairement un peu plus petit et d'une forme entièrement différente.

Tête et corselet d'un vert-bronzé plus clair et plus brillant.

Corselet un peu plus court, presque transversal, plus large antérieurement et plus rétréci postérieurement.

Élytres un peu plus courtes, plus larges et presque ovales, également d'un jaune pâle, quelquefois un peu roussâtre, avec un léger reflet bronzé, ne s'apercevant guère que dans le fond des stries, et ne formant pas ordinairement une tache obscure au milieu des élytres, comme dans le *Pallidipennis.*

Il se trouve près des lacs salés, en Allemagne et en Sibérie, et sur les bords de la mer dans le nord de la France et en Angleterre.

4. P. Fulvipennis.

Pl. 103. fig. 4.

Obscure æneus; thorace subtransverso, postice subcoarctato; elytris testaceis, æneo-micantibus, brevioribus, subparal-

telis, striato-punctatis , punctisque tribus impressis ; pedibus flavo-pallidis.

DEJ. *Spec.* v. *Suppl.* p. 702. n° 19.
Bembidium Fulvipenne. STURM.

Long. 2 ⅓ lignes. Larg. 1 ligne.

Ressemble beaucoup à l'*Iridipennis*, mais un peu plus petit et proportionnellement un peu moins allongé.

Tête et corselet d'un vert-bronzé très-obscur et presque noirâtre.

Corselet un peu plus court , un peu moins arrondi sur les côtés antérieurement et un peu moins rétréci postérieurement.

Élytres un peu plus courtes, d'un jaune testacé recouvert d'un très-léger reflet bronzé, striées et ponctuées à peu près de la même manière.

Dessous du corps et pattes à peu près comme dans l'*Iridipennis.*

Il se trouve en Italie.

5. P. IRIDIPENNIS.

Pl. 103. fig. 5.

Æneus; thorace subtransverso, postice subcoarctato; elytris flavo-obscuris, æneo-micantibus, brevioribus, subparallelis, striato-punctatis , punctisque tribus impressis ; pedibus flavo-pallidis.

DEJ. *Spec.* III. p. 10. n° 5.
NICOLAI. *Dissert. Halensis.* p. 16. n° 5.
P. Brevicollis. MANNERHEIM.

Long. 2 ½ , 3 lignes. Larg. 1 , 1 ¼ ligne.

Ressemble par la forme au *Luridipennis*, mais plus petit.

Tête et corselet d'une couleur bronzée un peu verdâtre, moins obscure que dans le *Littoralis*.

Corselet presque transversal comme celui du *Luridipennis*, mais moins arrondi antérieurement, et un peu moins rétréci postérieurement.

Élytres ayant à peu près la même forme, d'un jaune obscur recouvert d'une teinte bronzée plus ou moins marquée.

Il se trouve communément sur les bords des lacs salés de la Saxe; il se trouve aussi en Sibérie et au Caucase.

6. P. Littoralis. *Megerle.*

Pl. 103. fig. 6.

Obscure æneus ; thorace quadrato, postice subcoarctato ; elytris elongatis parallelis , striato - punctatis , punctisque tribus impressis ; pedibus rufo- æneis.

Dej. *Spec.* iii. p. 11. n° 6.
Dej. *Cat.* p. 9.
Carabus Littoralis. Duftschmid. ii. p. 183. n° 247.
Platysma Littoralis. Sturm. v. p. 67. n° 17. t. 115. fig. a. A.
Carabus Pilipes. Germar. *Reise nach Dalmat.* p. 195. n° 73.

Long. 2 ¼, 3 ¼ lignes. Larg. 1, 1 ¼ ligne.

Plus petit que l'*Harpalus Æneus*, proportionnellement plus étroit et entièrement d'une couleur bronzée obscure, quelquefois un peu verdâtre, quelquefois un peu cuivreuse.

Tête assez grande, presque triangulaire, légèrement convexe, avec les mandibules noirâtres.

Corselet plus large que la tête, presque carré, moins long que large, presque transversal, un peu arrondi sur les côtés antérieurement, légèrement rétréci postérieurement; légèrement convexe, presque lisse, avec la base fortement ponctuée, le bord antérieur presque coupé carrément.

Élytres plus larges que le corselet, deux fois aussi longues que larges, presque parallèles, très-légèrement convexes et arrondies à l'extrémité, ayant chacune neuf stries peu enfoncées, distinctement ponctuées, et le commencement d'une dixième près de la suture; les troisième et quatrième, sixième et septième stries se réunissant deux à deux, et n'allant pas tout-à-fait jusqu'à l'extrémité; trois points enfoncés, distincts entre la seconde et la troisième strie.

Dessous du corps un peu plus brillant et un peu plus verdâtre que le dessus.

Pattes assez courtes et d'une couleur roussâtre légèrement bronzée.

Il se trouve très-communément sur les bords de la Méditerranée, en France et en Dalmatie.

POGONUS.

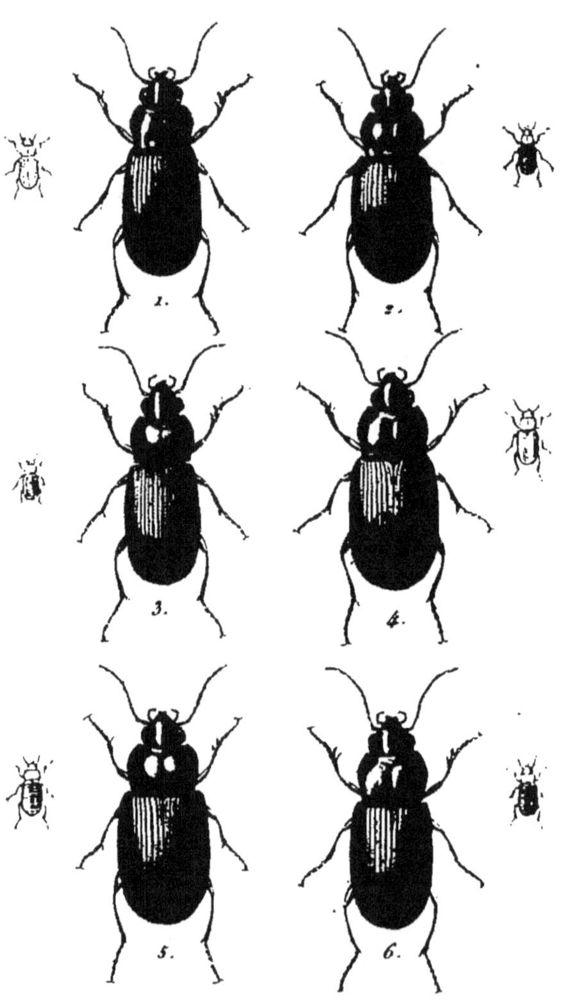

1. P. Halophilus.
2. P. Viridanus.
3. P. Gilvipes.
4. P. Riparius.
5. P. Orientalis
6. P. Meridionalis.

P. Dumenil l'ainé et Duval

7. P. HALOPHILUS. *Germar.*

Pl. 104. fig. 1.

Æneus ; thorace quadrato, postice subcoarctato ; elytris sub-
elongatis, suboblongo-ovatis, striato-punctatis, striis
externis obsoletis, punctisque tribus impressis ; pedibus
rufis, æneo-micantibus.

DEJ. *Spec.* III. p. 13. n° 7.
NICOLAI. *Dissert. Halensis.* p. 16. n° 1.
AHRENS. *Fauna Ins. Europ.* x. T. I.
P. *Oceanicus.* DEJ. *Cat.* p. 9.
P. *Hispanicus.* DEJ. *Cat.* p. 9.
Carabus Chalceus. MARSHAM. *Entom. Britan.* I. p. 460.
n° 75.

Long. 2 ¾, 3 ¼ lignes. Larg. 1 ¼, 1 ½ ligne.

Ressemble beaucoup au *Littoralis*, mais ordinairement
plus petit et d'une forme différente, d'une couleur bronzée, quelquefois verdâtre et assez brillante, quelquefois
un peu cuivreuse, quelquefois obscure et presque noire ;
avec les antennes proportionnellement un peu plus longues.

Corselet un peu moins rétréci postérieurement.

Élytres un peu moins allongées, proportionnellement un
peu plus larges, moins parallèles et presque ovales ; leurs
stries un peu moins marquées, surtout vers l'extrémité ;

les sixième et septième beaucoup moins marquées et quelquefois presque entièrement effacées.

Les pattes ordinairement d'une couleur plus roussâtre et moins bronzée.

Il se trouve communément en Saxe, sur les bords des lacs salés; en Angleterre, en France, sur les bords de l'Océan et sur ceux de la Méditerranée.

8. P. Viridanus.

Pl. 104. fig. 2.

Viridi-æneus; thorace quadrato, postice subcoarctato; clytris subelongatis, suboblongo-ovatis, striato-punctatis, striis externis obsoletis, punctisque tribus impræssis; pedibus rufis.

Dej. *Spec.* iii. p. 14. n° 8.
P. Dubius. Dej. *Cat.* p. 9.

Long. 3 ¼, 7 lignes. Larg. 1 ½, ligne.

Ressemble beaucoup à l'*Halophilus*, dont il n'est peut-être qu'une variété, mais un peu plus grand et d'une couleur bronzée plus claire et presque verte.

Corselet un peu moins convexe.

Pattes d'un jaune roussâtre.

Il se trouve en Sicile; et M. Dejean en a pris autrefois un individu en Espagne.

9. P. GILVIPES.

PI. 104. fig. 3.

*Obscure cupreo-æneus ; thorace quadrato, postice subcoarc-
tato ; elytris subelongatis, subparallelis, profunde striato-
punctatis, punctisque quinque impressis, pedibus flavo-
pallidis.*

DEJ. *Spec.* III. p. 14. n° 9.
P. *Flavipes.* ULLRICH. STURM. *Cat.* p. 186.
P. *Pallipes.* SCHUPPEL.

Long. 2 ½, 3 lignes. Larg. 1, 1 ¼ ligne.

Ressemble par la forme au *Littoralis*, mais ordinairement plus petit; d'une couleur bronzée obscure, un peu
cuivreuse, avec les palpes et les antennes entièrement
d'un jaune roussâtre.

Élytres proportionnellement un peu moins allongées et
un peu moins parallèles; leurs stries plus fortement marquées et plus fortement ponctuées; cinq points enfoncés
distincts entre la seconde et la troisième strie.

Il se trouve sur les bords de la Méditerranée, dans le
midi de la France et aux environs de Trieste.

10. P. RIPARIUS.

PI. 104. fig. 4.

*Obscure æneus ; thorace quadrato, antice subangustato, pos-
tice non coarctato ; elytris subelongatis, oblongo-ovatis ,*

striato-punctatis, striis externis obsoletis, punctisque tri-
bus impressis; pedibus rufo-æneis.

Dej. *Spec.* iii. p. 16. n° 11.
Dej. *Cat.* p. 9.

Long. 3, 3 ½ lignes. Larg. 1 ¼, 1 ½ ligne.

A peu près de la grandeur du *Littoralis*, mais d'une forme entièrement différente ; d'une couleur bronzée quelquefois un peu cuivreuse, quelquefois obscure et presque noirâtre, avec les antennes proportionnellement un peu plus longues.

Corselet plus large, un peu rétréci antérieurement, un peu sinué sur les côtés près de la base, mais nullement rétréci postérieurement.

Élytres un peu moins allongées, plus larges, moins parallèles et plus ovales; leurs stries un peu moins marquées surtout vers l'extrémité; les sixième et septième quelquefois presque entièrement effacées; trois points enfoncés distincts entre la seconde et la troisième strie.

Il se trouve communément sur les bords de la Méditerranée, dans le midi de la France, en Dalmatie et en Crimée.

11. P. ORIENTALIS.

Pl. 104. fig. 5.

Æneus; thorace subtransverso, postice non coarctato; ely-
tris brevioribus, oblongo-ovatis, striato-punctatis, striis

externis obsoletis, punctisque tribus impressis; pedibus rufo - æneis.

Dej. *Spec.* iii. p. 16. n° 12.
Dej. *Cat.* p. 9.

Long. 3 ¼ lignes. Larg. 1 ⅓ ligne.

Ressemble un peu au *Riparius* par la taille et la couleur, mais d'une forme un peu différente.

Corselet un peu plus court, presque transversal, un peu moins rétréci antérieurement, un peu moins sinué sur les côtés près de la base.

Élytres un peu plus courtes, plus larges et plus ovales; striées et ponctuées à peu près de la même manière.

Dessous du corps d'un bronzé un peu verdâtre.

Pattes d'une couleur roussâtre légèrement bronzée.

Il se trouve dans la Russie méridionale.

12. P. Meridionalis.

Pl. 104. fig. 6.

Nigro - æneus; thoraceque quadrato, antice subangustato, postice non coarctato; elytris subelongatis, oblongo-ovatis, striato-punctatis, interstitiis alternatim punctatis; pedibus rufo - æneis.

Dej. *Spec.* iii. p. 17. n° 13.

Long. 2 ¾, 3 ¼ lignes. Larg. 1 ¼, 1 ½ ligne.

Un peu plus petit que le *Riparius*, et d'une forme un peu plus étroite. D'une couleur bronzée obscure et un peu noirâtre, assez brillante dans les mâles, plus terne dans les femelles.

Corselet à peu près de la même forme, seulement un peu plus convexe et un peu plus étroit.

Élytres un peu plus étroites, striées de la même manière; les sixième et septième stries aussi marquées que les autres; cinq à sept points enfoncés, distincts, entre la seconde et la troisième strie; deux à quatre points entre la quatrième et la cinquième, et deux ou trois entre la sixième et la septième.

Dessous du corps d'un vert-bronzé obscur.

Pattes d'une couleur roussâtre légèrement bronzée avec les cuisses quelquefois presque entièrement d'un vert bronzé.

Il se trouve communément dans le midi de la France sur les bords de la Méditerranée.

13. P. Punctulatus.

Pl. 105. fig. 1.

Nigro-æneus; thorace quadrato, antice subangustato, postice non coarctato; elytris subelongatis, oblongo-ovalis, striato-punctatis, striis externis obsoletis, interstitiis tertio septimoque punctatis; pedibus rufo-æneis.

Dej. *Spec.* iii. p. 18. n° 14.

Long. 2 ½ lignes. Larg. 1 ligne.

Ressemble beaucoup au *Meridionalis*, et à peu près de la même forme et de la même couleur, mais beaucoup

FÉRONIENS.

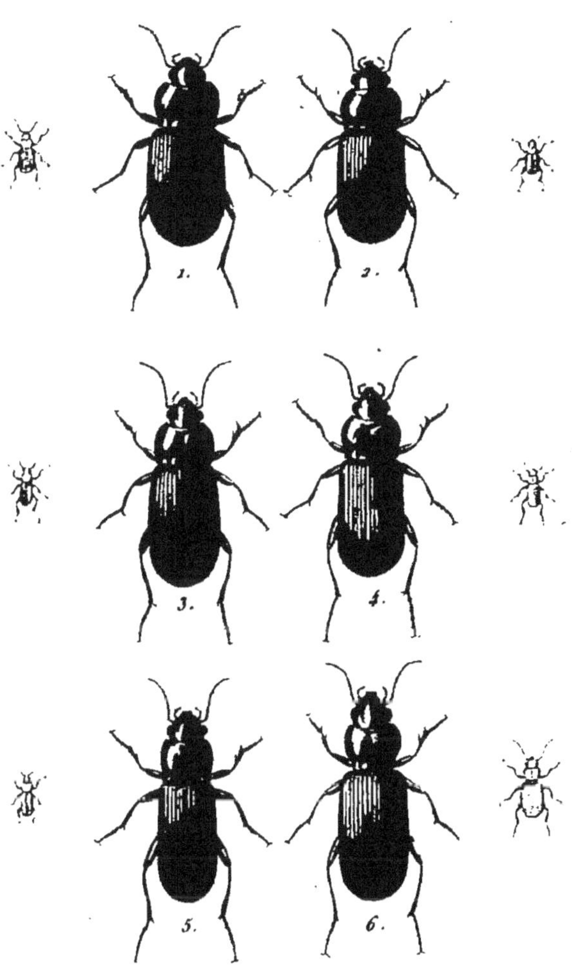

1. Pogonus Punctulatus.
2. P.   Gracilis.
3. P.   Rufoæncus
4. Pogonus Testaceus.
5. P.   Filiformis.
6. Cardiaderus Chloroticus.

P. Duménil Pinxit et Direxit.

plus petit, avec les antennes presque entièrement roussâtres.

Élytres avec les stries un peu moins marquées, surtout
vers l'extrémité; les sixième et septième quelquefois presque entièrement effacées; les troisième et septième intervalles ponctués à peu près de la même manière; mais
l'extrémité du cinquième sans aucun point enfoncé.

Dessous du corps et pattes comme dans le *Meridionalis*.
Il se trouve au Caucase.

14. P. Gracilis.

Pl. 105. fig. 2.

*Obscure viridi-æneus; thorace quadrato, postice subcoarc-
tato; elytris subelongatis, subparallelis, striato-punctatis, punctisque tribus impressis; pedibus rufis.*

Dej. *Spec.* iii. p. 18. n° 15.
P. *Pygmæus.* Ullrich. Sturm. *Cat.* p. 186.

Long. 2, 2 ¼ lignes. Larg. ⅔, ¾ ligne.

Ressemble un peu au *Gilvipes*, mais plus petit et pro-
-portionnellement plus étroit et d'un vert-bronzé obscur
en dessus, avec les antennes d'un jaune roussâtre.

Corselet un peu plus long, un peu plus large, moins
transversal et moins convexe.

Élytres plus étroites, les stries assez fortement ponctuées; trois points enfoncés peu distincts, entre la seconde et la troisième strie.

Dessous du corps d'une couleur bronzée obscure, avec les pattes d'un jaune roussâtre.

Il se trouve sur les bords de la Méditerranée, en France et aux environs de Trieste.

15. P. Rufoæneus. *Gebler.*

Pl. 105. fig. 3.

Obscure viridi-æneus; thorace quadrato, postice non coarctato; elytris flavo-obscuris, æneo-micantibus, subelongatis, subparallelis, striato-punctatis, punctisque tribus impressis; pedibus rufis.

Dej. *Spec.* iii. p. 19. n° 16.

Long. 2 ¼ lignes. Larg. ¾ ligne.

Ressemble au *Gracilis*, mais ordinairement un peu plus grand, avec les palpes, les antennes et les pattes également d'un jaune roussâtre.

Tête et corselet d'un vert-bronzé un peu moins obscur.

Corselet un peu plus large et moins rétréci postérieurement.

Élytres d'un jaune obscur, avec un reflet d'un vert bronzé quelquefois très-marqué sur la suture vers la base; les stries assez fortement marquées et légèrement ponctuées; trois points enfoncés bien distincts entre la seconde et la troisième strie.

Dessous du corps d'une couleur bronzée obscure, avec l'extrémité de l'abdomen un peu roussâtre.

Il se trouve en Sibérie.

16. P. Testaceus.

Pl. 105. fig. 4.

Testaceus, æneo-micans; thorace plano, quadrato, postice non coarctato; elytris elongatis, parallelis, striatis, striis subpunctatis, punctisque tribus impressis.

Dej. *Spec.* III. p. 20. n° 17.

Long. 2 ½ lignes. Larg. ¾ ligne.

Ressemble par la forme aux deux espèces précédentes, mais un peu plus grand et moins convexe, et entièrement en dessus d'un jaune testacé, avec un reflet bronzé plus ou moins marqué, toujours assez fortement sur la tête et quelquefois sur le corselet.

Corselet assez grand, très-légèrement convexe, presque carré, un peu sinué sur les côtés près de la base, mais point rétréci postérieurement.

Élytres presque planes, allongées, parallèles, guère plus larges que le corselet; les stries assez fortement marquées, très-légèrement ponctuées, trois points enfoncés, peu distincts entre la seconde et la troisième strie.

Dessous du corps d'une couleur un peu plus obscure que le dessus, avec les pattes au contraire un peu plus pâles.

Il se trouve assez communément dans le midi de la France, sur les bords de la Méditerranée.

17. P. Filiformis.

Pl. 105. fig. 5.

*Elongatus, obscure viridi-æneus; thorace elongato-qua-
drato, postice non coarctato; elytris elongatis, parallelis, striatis, striis subpunctatis, punctisque tribus
impressis; pedibus rufis.*

Dej. *Spec.* iii. p. 21. n° 18.
Sirdenus Filiformis. Ziegler.

Long. 2 ½ lignes. Larg. ½ lignes.

A peu près de la longueur du *Testaceus*, mais beaucoup plus étroit et d'un vert-bronzé obscur.

Tête assez grosse, légèrement convexe, lisse, avec un
enfoncement de chaque côté entre les antennes, et les
mandibules roussâtres; les antennes de la même couleur.

Corselet un peu plus large que la tête, un peu plus
long que large, presque carré, un peu sinué sur les côtés près de la base, mais point rétréci postérieurement,
et très-légèrement convexe.

Élytres à peu près de la largeur du corselet, allongées,
parallèles; les stries assez fortement marquées et légèrement ponctuées; trois points enfoncés distincts placés
entre la seconde et la troisième strie.

Dessous du corps d'un brun noirâtre un peu bronzé,
avec les pattes d'un jaune roussâtre.

Il se trouve en Sardaigne, d'où il a été rapporté par
Dahl.

V. CARDIADERUS. *Dejean.*

DAPTUS. *Gebler.* **POGONUS** *Sturm.*

*Les deux premiers articles des tarses antérieurs dilatés
dans les mâles. Dernier article des palpes allongé, légèrement ovalaire et terminé presque en pointe. Antennes
filiformes, assez allongées. Lèvre supérieure courte,
transversale et coupée carrément. Mandibules assez
avancées, légèrement arquées et assez aiguës. Une dent
bifide au milieu de l'échancrure du menton. Corselet
cordiforme, convexe et assez fortement rétréci postérieurement. Élytres assez allongées, parallèles et peu
convexes.*

M. Dejean a formé ce nouveau genre sur le *Daptus
Chloroticus* de Gebler et Fischer, qui n'a aucune espèce
de rapport avec les autres *Daptus*, et lui a donné le
nom de *Cardiaderus*, tiré de deux mots grecs, καρδία, cœur,
et δίρη, col. Cet insecte se rapproche beaucoup des *Pogonus*, et ce n'est pas sans quelque raison que M. Sturm
l'a placé dans ce genre. Il en diffère cependant par plusieurs caractères essentiels. Les mandibules sont plus
saillantes. Les antennes sont un peu plus longues, et leurs
articles plus cylindriques. La tête est un peu renflée postérieurement. Les yeux sont un peu moins gros et moins
saillans. Le corselet est plus allongé; il est assez convexe,
cordiforme et assez fortement rétréci postérieurement.
Le premier article des tarses antérieurs des mâles est un
peu plus court et plus cordiforme.

Il n'y a jusqu'à présent qu'une seule espèce qui puisse appartenir à ce genre.

C. Chlonoticus. *Gebler.*

Pl. 105. fig. 6.

Flavo-pallidus; thorace cordato, postice coarctato; elytris striato-punctatis.

Dej. *Spec.* III. p. 22. n° 1.

Daptus Chloroticus. Fischer. *Entomographie de la Russie.* II. p. 10. n° 3. t. 46. fig. 8.

Pogonus Luridus. Sturm. *Cat.* p. 186.

Long. 3 $\frac{1}{4}$, 3 $\frac{1}{4}$ lignes. Larg. 1 $\frac{1}{3}$, 1 $\frac{2}{3}$ ligne.

Un peu le *facies* de quelques *Ophonus*, et presque entièrement d'un jaune-pâle un peu testacé.

Tête assez grosse, avec les mandibules assez grandes, avancées, surtout dans les mâles.

Corselet un peu plus large que la tête, aussi long que large, cordiforme, fortement rétréci postérieurement; assez convexe, rebordé et presque lisse; la ligne longitudinale du milieu assez fortement marquée; le bord antérieur très-légèrement échancré; la base et les angles postérieurs presque coupés carrément.

Élytres plus larges que le corselet, deux fois aussi longues, larges, légèrement ovales, presque parallèles, arrondies à l'extrémité, et légèrement convexes; ayant une très-légère teinte bronzée, qui forme quelquefois une tache légèrement obscure au milieu, comme dans quelques *Pogonus*; les stries assez marquées, légèrement ponctuées, disposées à peu près comme dans les *Pogonus*; deux points enfoncés, distincts, placés sur la troisième strie.

Il se trouve dans les steppes de la Sibérie.

VI. BARIPUS. *Dejean.*

Molops. *Germar.*

Les deux premiers articles des tarses antérieurs dilatés dans les mâles. Dernier article des palpes presque cylindrique et tronqué à l'extrémité. Antennes courtes et presque moniliformes. Lèvre supérieure très-courte, transversale et coupée presque carrément. Mandibules fortes, peu arquées et assez aiguës. Une dent bifide au milieu de l'échancrure du menton. Corselet convexe, assez grand, presque ovalaire. Élytres convexes, en ovale allongé.

Le *Molops rivalis* de M. Germar, dont les mâles n'ont que les deux premiers articles des tarses antérieurs dilatés, a servi à M. Dejean pour former un nouveau genre, auquel il a donné le nom de *Baripus*, tiré des deux mots grecs βαρύς, lourd, pesant, et πούς, pied.

La lèvre supérieure est très-courte, transversale et coupée presque carrément. Les mandibules sont fortes, un peu avancées, peu arquées et assez aiguës. Le men-

ton est assez grand, légèrement concave, fortement
échancré, et il a une dent bifide au milieu de son échancrure. Les palpes sont assez forts, peu saillans et presque égaux; leur dernier article est assez allongé; celui des
maxillaires est presque cylindrique et très-légèrement
ovalaire; celui des labiaux est un peu courbé, et très-légèrement sécuriforme; tous les deux sont tronqués à l'extrémité. Les antennes sont assez minces, presque moniliformes, et guère plus longues que le corselet; leur
premier article est assez long et cylindrique; le second,
également cylindrique, mais moitié plus court; le troisième, aussi long que le premier, presque cylindrique et
un peu plus gros vers l'extrémité; le quatrième est comme
le troisième, mais un peu plus court; les suivans sont en
ovale allongé et de la longueur du quatrième. La tête est
assez grosse, presque triangulaire et un peu renflée postérieurement. Les yeux sont assez grands et peu saillans.
Le corselet est assez grand, convexe, arrondi sur les
côtés et presque ovalaire. Les élytres sont en ovale allongé et convexes. Les pattes sont courtes et assez fortes.
Les jambes antérieures sont assez fortement échancrées,
les articles des tarses sont assez allongés, très-légèrement
triangulaires et presque cylindriques; les deux premiers
des tarses antérieurs sont assez fortement dilatés dans les
mâles, en forme de cœur dont la partie extérieure est un
peu plus saillante que l'intérieure. Les crochets des tarses
ne sont pas dentelés en dessous.

Les insectes de ce genre paraissent habiter exclusivement l'Amérique méridionale, au-delà du tropique.

B. Speciosus. *Klug.*

Pl. 102. fig. 4.

*Capite thoraceque nigro-cyaneis, rufo-cupreo variegatis;
elytris convexis, rufo-cupreis; costis elevatis, nigro-
cyaneis; subtus cyaneus; pedibus concoloribus.*

Dej. *Spec. v. Suppl.* p. 703. n° 2.

Long. 10 ½ lignes. Larg. 3 ½ lignes.

Il se trouve dans les parties méridionales du Brésil.

VII. PATROBUS. *Megerle.*

Platysma. *Sturm.* Harpalus. *Gyllenhal.*
Carabus. *Fabricius.*

Les deux premiers articles des tarses antérieurs dilatés
dans les mâles. Dernier article des palpes allongé,
presque cylindrique et tronqué à l'extrémité. Antennes
filiformes et assez allongées. Lèvre supérieure courte,
transversale et coupée carrément. Mandibules peu avancées, légèrement arquées et assez aiguës. Une dent
bifide au milieu de l'échancrure du menton. Corselet
presque plane, rétréci postérieurement et plus ou moins
cordiforme. Élytres en ovale allongé, presque planes ou
peu convexes.

M. Mégerle a établi ce genre sur le *Carabus Rufipes* de
Fabricius; mais les caractères n'en ont été donnés que

par M. Dejean. Les *Patrobus* sont des carabiques de taille
moyenne , de couleur noire ou brune , qui présentent
tous les caractères suivans :

La lèvre supérieure est courte , transversale et coupée
carrément. Les mandibules sont peu avancées , légèrement arquées et assez aiguës. Le menton est assez grand , légèrement concave , fortement échancré , et il a une assez
forte dent bien distinctement bifide au milieu de son
échancrure. Les palpes sont assez saillans ; leurs articles
sont presque égaux ,. le dernier est assez allongé , presque cylindrique et tronqué à l'extrémité. Les antennes
sont filiformes , à peu près de la longueur de la moitié
du corps , quelquefois un peu plus , quelquefois un peu
moins ; leurs articles sont allongés et presque cylindriques : le premier est un peu plus gros que les autres ; le
second plus petit et beaucoup plus court ; le troisième
presque aussi long que les deux premiers ; tous les autres plus courts et à peu près de la même longueur. La
tête est triangulaire et rétrécie postérieurement. Les
yeux sont assez gros et très-saillans. Le corselet est presque plane , rétréci postérieurement et plus ou moins cordiforme. Les élytres sont un peu plus larges que le corselet , en ovale allongé , presque planes ou peu convexes.
Les pattes sont assez longues et assez fortes. Les jambes
antérieures sont assez fortement échancrées. Les articles
des tarses sont assez allongés et légèrement triangulaires ;
les deux premiers des tarses antérieurs sont assez fortement dilatés dans les mâles : le premier est triangulaire
et assez allongé ; le second est plus court et cordiforme.
Les crochets des tarses ne sont pas dentelés en dessous.

FÉRONIENS.

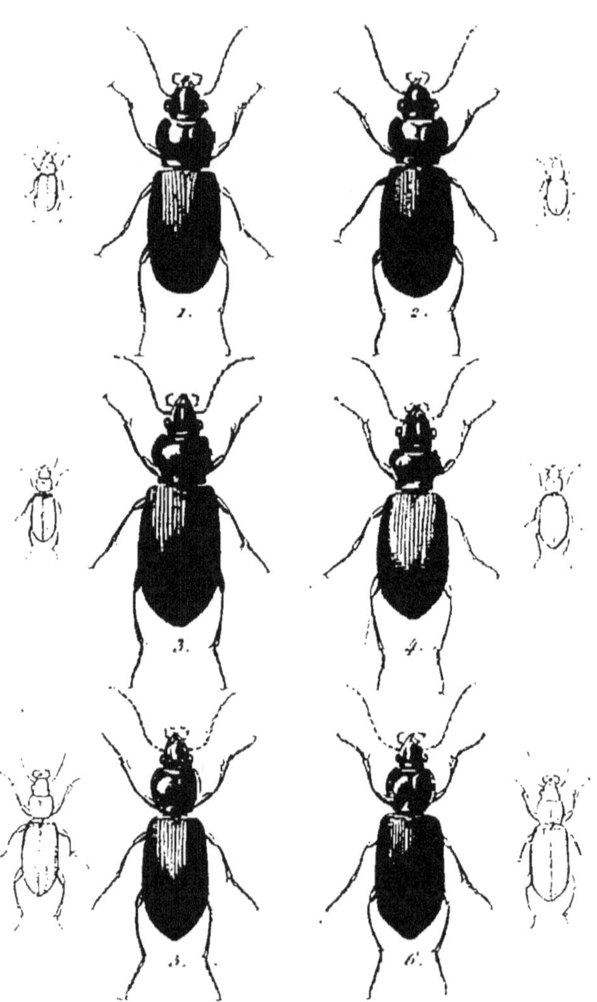

1. Patrobus Rufipes.
2.   Septentrionis.
3.   Depressus.
4. Patrobus Rufipennis.
5. Dolichus Flavicornis.
6. idem   Variété.

P. Duménil l'inscrit et l'exécut

Ces insectes sont peu agiles ; on les trouve ordinairement sous les pierres, les mousses et le débris des végétaux.

Ils habitent l'Europe, le nord de l'Asie et l'Amérique septentrionale ; la plupart même ne se rencontrent que dans les régions les plus boréales.

1. P. RUFIPES.

Pl. 106. fig. 1.

Apterus ; nigro-piceus ; thorace cordato, postice utrinque foveolato ; elytris oblongo-ovatis, punctato-striatis, punctisque tribus impressis ; pedibus rufis.

DEJ. *Spec.* III. p. 28. n° 1.
DEJ. *Cat.* p. 10.
Carabus Rufipes. FABR. *Sys. El.* 1. p. 184. n° 75.
SCH. *Syn. Ins.* 1. p. 188. n° 105.
DUFTSCHMID. II. p. 181. n° 245.
Harpalus Rufipes. GYLLENHAL. II. p. 97. n° 16. et IV. p. 427. n° 16.
SAHLBERG. *Dissert. entom. Ins. Fennica.* p. 226. n° 16.
Platysma Rufipes. STURM. v. p. 56. n° 10.

Long. $3\frac{1}{2}$, $4\frac{1}{2}$ lignes. Larg. $1\frac{1}{4}$, $1\frac{3}{4}$ ligne.

Aptère ; varie pour la grandeur, et entièrement en dessus d'une couleur brune, quelquefois assez claire et quelquefois tout-à-fait noire.

Tête avec la lèvre supérieure et les antennes d'un brun roussâtre, et les palpes d'un rouge ferrugineux.

Corselet un peu plus large que la tête, aussi long que

large ; rétréci postérieurement et cordiforme , très-légèrement convexe , lisse, rebordé sur les côtés ; une impression presque arrondie et très-fortement marquée de chaque
côté de la base ; le bord antérieur légèrement échancré;
les angles postérieurs et la base coupée carrément.

Élytres plus larges que le corselet , très-légèrement
convexes , en ovale allongé, dont la partie la plus large
est un peu au-delà du milieu ; huit stries sur chacune, et
le commencement d'une neuvième près de l'écusson;
les troisième et quatrième , sixième et septième se réunissant deux à deux , et n'allant pas tout-à-fait jusqu'à l'extrémité; trois points enfoncés distincts entre la seconde
et la troisième strie.

Dessous du corselet et de la poitrine d'un brun roussâtre fortement ponctué.

Dessous de l'abdomen d'un rouge ferrugineux obscur,
avec les pattes d'un rouge ferrugineux.

Il se trouve en Laponie et dans le nord de la Suède.

2. P. Septentrionis. *Schœnherr.*

Pl. 106. fig. 2.

*Alatus ; nigro-piceus ; thorace cordato, postice utrinque
foveolato ; elytris oblongato-ovatis , punctato-striatis,
punctisque tribus impressis ; pedibus piceis.*

Dej. *Spec.* III. p. 29. n. 2.

Harpalus Rufipes. var. *c.* Gyllenhal. II. p. 97. n° 16.
et var. *d.* IV. p. 427. n° 16.

Sahlberg. *Dissert. entom. Ins. Fennica.* var. *c. d.*
p. 226. n° 16.

Long. 3 ¾, 4 ¼ lignes. Larg. 1 ⅓, 1 ⅓ ligne.

Ressemble beaucoup au *Rufipes*, et confondu avec lui par beaucoup d'entomologistes.

Un peu plus grand.

Corselet un peu plus court, et un peu moins rétréci postérieurement.

Élytres un peu plus allongées, avec les stries intérieures un peu moins fortement ponctuées.

Toujours des ailes sous les élytres

Pattes plus obscures, avec les cuisses ordinairement d'un brun noirâtre.

Il se trouve en Laponie et dans les parties septentrionales de la Finlande.

3. P. Depressus. *Gebler.*

Pl. 106. fig. 3.

Alatus; niger; thorace subcordato, postice utrinque foveolato; elytris elongatis, subparallelis, striatis; striis obsoleto punctatis, punctisque tribus impressis.

Dej. *Spec.* v. *Suppl.* p. 705. n° 9.

Long. 4, 4 ¾ lignes. Larg. 1 ⅓, 1 ¾ ligne.

Un peu plus grand que le *Rufipes*, et proportionnellement plus étroit et plus allongé.

Corselet plane, arrondi sur les côtés antérieurement, rétréci postérieurement, un peu plus cordiforme; sa plus grande largeur à peu près au quart de sa longueur.

Élytres allongées, assez larges antérieurement, presque parallèles; les stries paraissant très-légèrement ponctuées, et les trois points enfoncés placés sur le bord de la troisième strie assez marqués.

Des ailes sous les élytres.

Dessous du corps et pattes noires.

Il se trouve en Sibérie, dans les monts Altaï.

4. P. Rufipennis. *Hoffmansegg.*

Pl. 106. fig. 4.

Alatus; capite thoraceque nigris; thorace cordato, postice utrinque foveolato; elytris oblongo-ovatis, rufis, punctato-striatis, interstitiis punctatis; pedibus testaceis.

Dej. *Spec.* iii. p. 33. n° 7.
Dej. *Cat.* p. 10.

Long. 4 $\frac{3}{4}$, 5 $\frac{1}{2}$ lignes. Larg. 1 $\frac{2}{3}$, 2 lignes.

Un peu plus grand que les espèces précédentes; et proportionnellement un peu plus large et plus aplati.

Tête noire assez allongée, avec les palpes et les antennes d'un rouge ferrugineux.

Corselet noir, presque plane, assez court, fortement cordiforme, très-rétréci postérieurement, presque lisse, avec quelques points enfoncés, épars çà et là, et la base légèrement ponctuée; une impression longitudinale, fortement marquée de chaque côté près des angles postérieurs; le bord antérieur légèrement échancré; les bords latéraux un peu relevés; les angles postérieurs et la base coupés carrément.

Élytres assez grandes, presque planes, en ovale allongé, d'un rouge ferrugineux ; leurs tries assez marquées, assez fortement ponctuées, et disposées à peu près
comme celles du *Rufipes ;* les intervalles couverts de points
enfoncés assez éloignés les uns des autres ; des ailes sous
les élytres.

Dessous du corselet d'un brun noirâtre et fortement
ponctué ; la poitrine un peu moins fortement ponctuée
et d'un brun roussâtre ; abdomen d'un rouge ferrugineux
plus clair vers l'extrémité, avec les pattes d'un jaune
testacé.

Il se trouve en Portugal et dans le midi de la France,
sous les écorces et sous les pierres.

VIII. DOLICHUS. *Bonelli.*

Harpalus. *Gyllenhal.* Carabus. *Fabricius.*

*Les trois premiers articles des tarses antérieurs dilatés dans
les mâles. Crochets des tarses dentelés en dessous. Dernier article des palpes allongé, presque cylindrique et
tronqué à l'extrémité ou légèrement sécuriforme. Antennes assez allongées, filiformes et presque sétacées. Lèvre
supérieure en carré moins long que large. Mandibules
légèrement arquées et assez aiguës. Une dent simple au
milieu de l'échancrure du menton. Corselet assez allongé, ovalaire ou cordiforme. Élytres assez allongées ;
plus ou moins ovales ou parallèles.*

Ce genre, établi par Bonelli sur le *Carabus Flavicornis*

de Fabricius, est depuis long-temps adopté par tous les entomologistes.

A la première vue, les *Dolichus* ressemblent à quelques espèces d'*Anchomenus* ou d'*Agonum* ; mais ils sont beaucoup plus grands, et ils en diffèrent par plusieurs caractères essentiels.

La lèvre supérieure est assez grande, plane, en carré moins long que large, et coupée carrément à sa partie antérieure. Les mandibules sont un peu avancées, légèrement arquées et assez aiguës. Le menton est assez grand, légèrement concave, fortement échancré, et il a une forte dent simple au milieu de son échancrure. Les palpes sont assez grands ; leurs articles sont presque égaux ; le dernier est assez allongé, presque cylindrique et tronqué à l'extrémité. Les antennes sont à peu près de la longueur de la moitié du corps ; elles sont assez minces, filiformes et presque sétacées ; leurs articles sont assez allongés et presque cylindriques : le premier est un peu plus gros ; le second est plus court que tous les autres ; le troisième est au contraire un peu plus long que les suivans, qui sont tous égaux. La tête est assez allongée, triangulaire et un peu rétrécie postérieurement. Les yeux sont assez saillans. Le corselet est plus ou moins allongé, ovalaire ou cordiforme. Les élytres sont assez allongées, planes, ou peu convexes ; plus ou moins ovales ou parallèles, sinuées et quelquefois presque tronquées à l'extrémité. Les pattes sont grandes et assez fortes. Les jambes antérieures sont assez fortement échancrées. Les articles des tarses sont allongés, presque cylindriques ou très-légèrement triangulaires ; les trois premiers des tarses antérieurs sont assez fortement dilatés dans les mâles : le premier, un peu plus long que les autres, est en triangle allongé, et presque en trapèze; les deux suivans sont légèrement cordiformes, et presque en carré allongé dont les angles sont arrondis. Les crochets des tarses sont fortement dentelés en dessous.

Une seule espèce habite l'Europe; les autres se trouvent au Cap de Bonne-Espérance.

1. D. FLAVICORNIS.

Pl. 106. fig. 5 et 6.

Alatus ; nigro-piceus ; thorace margine , antennis pedibusque flavescentibus ; elytris striatis , sæpe, macula baseos ferruginea.

DEJ. *Spec.* III. p. 57. n° 1.

STURM. V. p. 158. n° 1. T. 129. fig. a. n.

DEJ. *Cat.* p. 10.

Carabus Flavicornis. FABR. *Syst. El.* I. p. 180. n° 56.

SCH. *Syn. Ins.* I. p. 182. n° 74.

DUFTSCHMID. II. p. 163. n° 216.

Harpalus Flavicornis. GYLLENHAL. II. p. 148. n° 56. et IV. p. 447. n° 56.

Long. 6 $\frac{1}{2}$, 8 lignes. Larg. 2 $\frac{1}{4}$, 5 lignes.

Un peu plus grand que le *Prystonichus Terricola*, et d'un brun noirâtre en dessus.

Tête assez grande, allongée, avec les antennes d'un
jaune testacé.

Corselet plus large que la tête, aussi long que large,
très-légèrement cordiforme, presque ovalaire et assez
plane, couvert de rides transversales, assez rapprochées,
ondulées et peu marquées, avec les bords latéraux d'un
jaune ferrugineux, arrondis et relevés vers les angles postérieurs, qui sont aussi arrondis; la base coupée carrément.

Élytres plus larges que le corselet, assez allongées, légèrement ovales, presque parallèles, un peu sinuées près
de l'extrémité et très-légèrement convexes, d'un brun
noirâtre un peu plus foncé que le corselet, ayant souvent
à la base une grande tache commune d'un rouge ferrugineux qui se prolonge quelquefois jusqu'aux deux tiers de
la suture; neuf stries bien marquées sur chaque et le commencement d'une dixième près de l'écusson; les troisième
et quatrième, cinquième et sixième se réunissant deux à
deux.

Dessous du corps d'un brun-noirâtre un peu moins
foncé que le dessus, avec les pattes d'un jaune testacé.

Il se touve sous les pierres, en Italie, en Savoie, en
Autriche, en Volhynie, dans la Russie méridionale et
même quelquefois en Prusse et en Suède.

IX. PRISTONYCHUS.

Sphodrus. *Bonelli. Sturm.* Læmostenus. *Bonelli.*
Harpalus. *Gyllenhal.* Carabus. *Fabricius.*

*Les trois premiers articles des tarses antérieurs dilatés dans
les mâles. Crochets des tarses dentelés en dessous. Dernier
article des palpes presque cylindrique et tronqué à
l'extrémité. Antennes filiformes et assez allongées. Lèvre
supérieure en carré moins long que large, légèrement
échancrée antérieurement. Mandibules légèrement arquées
et assez aiguës. Une dent bifide au milieu de l'échancrure
du menton. Corselet rétréci postérieurement, plus ou
moins cordiforme et allongé. Élytres plus ou moins ovales
et allongées.*

Bonelli avait cru devoir réunir tous les insectes qui forment
ce genre avec les *Sphodrus* de Clairville; une seule
espèce lui avait paru présenter quelques différences, et il
en avait formé le genre *Læmostenus*; depuis, tous les entomologistes
ont suivi cet exemple. Cependant en examinant
attentivement ces insectes, il nous a paru qu'il était
impossible de les laisser avec les véritables *Sphodrus*, et
que le genre *Læmostenus* de Bonelli ne présentait pas des
caractères assez essentiels pour être conservé. M. Dejean
a donc cru devoir former un nouveau genre sous le nom de
Pristonychus, tiré de deux mots grecs, πριστής, scie, et
ὄνυξ—ὄνυξος, ongle.

Les insectes qui le composent sont tous d'assez grande

taille, ordinairement d'une couleur noirâtre, avec les élytres bleuâtres, et quelquefois entièrement d'un beau violet; la plupart sont aptères, et ils présentent tous les caractères suivans :

La lèvre supérieure est assez grande, plane, en carré moins long que large, et légèrement échancrée antérieurement. Les mandibules sont un peu avancées; légèrement arquées et assez aiguës. Le menton est assez grand, légèrement concave, fortement échancré, avec une forte dent assez distinctement bifide au milieu de son échancrure. Les palpes sont assez grands; leurs articles sont presque égaux; le dernier est presque cylindrique et tronqué à l'extrémité. Les antennes sont filiformes, à peu près de la longueur de la moitié du corps, quelquefois un peu plus, quelquefois un peu moins; leurs articles sont assez allongés, presque cylindriques et quelquefois un peu comprimés; le second est toujours plus court que les autres; le troisième est au contraire un peu plus long, mais jamais autant que dans les *Sphodrus.* La tête est assez allongée, presque ovale et un peu rétrécie postérieurement. Les yeux sont assez petits et ordinairement très-peu saillans. Le corselet est plus ou moins allongé, plus ou moins rétréci postérieurement et plus ou moins cordiforme. Les élytres sont un peu plus larges que le corselet, plus ou moins allongées et plus ou moins ovales, quelquefois presque planes, quelquefois légèrement convexes, et légèrement sinuées à l'extrémité. Les pattes sont assez fortes et plus ou moins allongées. Les jambes antérieures sont assez fortement échancrées. Les articles des tarses sont assez allongés, presque cylindriques ou légèrement trian-

PRISTONYCHUS.

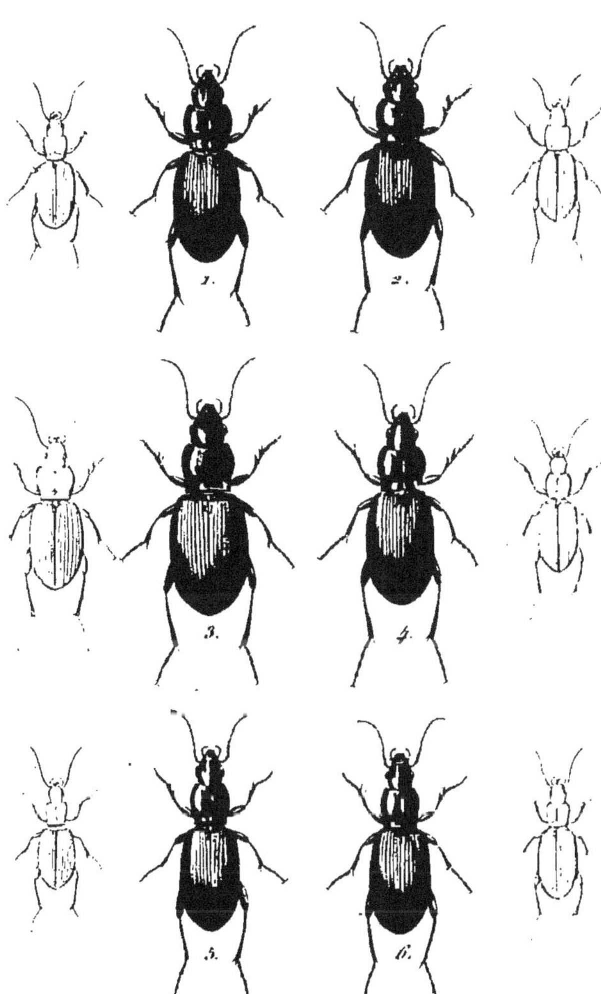

1. P. Terricola .

2. P. Punctatus .

3. P. Cimmerius .

4. P. Tauricus .

5. P. Oblongus .

6. P. Angustatus .

P. Duménil Pinxit et Direxit

gulaires ; les trois premiers des tarses antérieurs sont dilatés dans les mâles, quelquefois assez légèrement, quelquefois assez fortement : le premier est en triangle allongé et un peu plus long que les autres ; les deux suivans sont assez fortement cordiformes. Les crochets des tarses sont dentelés en dessous, quelquefois assez fortement, quelquefois assez légèrement, mais les dentelures sont toujours visibles à la base des crochets.

Les *Pristonychus* se trouvent ordinairement sous les pierres, dans les endroits humides et obscurs, comme les caves et les souterrains ; quelques espèces habitent de préférence les troncs des vieux arbres et sous les écorces ; d'autres sont particulières aux montagnes ; ce sont celles dont les crochets des tarses sont le plus fortement dentelés.

Toutes les espèces de ce genre paraissent habiter exclusivement l'Europe (particulièrement les parties méridionales), le Caucase, la Sibérie et le nord de l'Afrique.

1. P. Terricola.

Pl. 107. fig. 1.

Apterus, nigro-piceus ; thorace cordato, postice utrinque impresso ; elytris obscure cyaneis, oblongo-ovalis, subconvexis, striatis, striis obsolete punctatis ; antennis pedibusque piceis ; tibiis intermediis incurvis.

Dej. *Spec.* iii. p. 45. n° 1.
Sphodrus Terricola. Dej. *Cat.* p. 10.

Carabus Terricola. OLIV. III. p. 57. n° 68. T. II. fig. 124.

Sphodrus Subcyaneus. STURM. V. p. 151. n° 2.

Carabus Subcyaneus. SCH. *Syn. Ins.* I. p. 183. n° 78.

Harpalus Subcyaneus. GYLLENHAL. II. p. 91. n° 11.

SAHLBERG. *Dissert. entom. Ins. Fennica.* p. 222. n° 10.

VAR. *Sphodrus Sardeus.* DAHL.

Long. 5 ½, 8 lignes. Larg. 2 ¼, 3 ¼ lignes.

Varie beaucoup pour la couleur, la grandeur et même pour la forme.

Tête d'un brun noirâtre, allongée, presque ovale, un peu rétrécie postérieurement, lisse, avec les antennes tantôt d'un brun presque noirâtre et tantôt d'un rouge ferrugineux.

Corselet de la couleur de la tête, plus large qu'elle, un peu moins long que large, cordiforme, plus ou moins rétréci postérieurement, assez plane, presque lisse; une impression assez fortement marquée de chaque côté près des angles postérieurs; le bord antérieur un peu échancré; les bords latéraux un peu relevés postérieurement; la base et les angles postérieurs presque coupés carrément.

Élytres ordinairement d'un noir un peu bleuâtre, quelquefois d'un beau violet, quelquefois d'un brun noirâtre, plus larges que le corselet, légèrement convexes, en ovale allongé, dont la partie la plus large est un peu au-delà du milieu, légèrement sinuées vers l'extrémité, paraissant avec une forte loupe très-finement granulées, ayant chacune neuf stries assez fortement marquées, et le commencement d'une dixième près de l'écusson ; les stries trèslégèrement ponctuées ; les troisième et quatrième, cinquième et sixième se réunissant ordinairement deux à deux ; aucun point enfoncé entre les stries ; point d'ailes sous les élytres.

Dessous du corps d'un brun obscur.

Pattes grandes, ordinairement d'un brun obscur, quelquefois noirâtres et quelquefois presque d'un rouge ferrugineux ; les jambes intermédiaires assez sensiblement arquées.

Il se trouve dans presque toute l'Europe, particulièrement dans les parties méridionales, sous les pierres, dans les endroits humides, et surtout dans les caves et les souterrains.

Le *Sphodrus Sardeus* de Dahl, que l'on trouve en Sicile, en Sardaigne, en Italie, en Dalmatie, et dans tout le midi de la France, ne paraît être qu'une variété de cette espèce ; il est un peu plus grand, plus robuste ; le corselet est un peu moins rétréci postérieurement, les élytres sont moins bleues ; mais après avoir comparé ensemble une très-grande quantité d'individus de différens pays, on trouve tous les passages des uns aux autres, et il est impossible de trouver des caractères suffisans pour former deux espèces.

Dans quelques individus, particulièrement dans ceux que l'on trouve au nord de la France, les second, quatrième et sixième intervalles des élytres sont un peu plus larges que les autres ; mais ce caractère n'est pas assez constant pour pouvoir former une espèce particulière.

2. P. Punctatus. *Megerle.*

Pl. 107. fig. 2.

Apterus, nigro-piceus; thorace subelongato, subcordato, postice utrinque impresso; elytris cyaneis, subovato-oblongis, subconvexis, profunde striatis, striis obsolete punctatis; antennis pedibusque piceis; tibiis intermediis incurvis.

Dej. *Spec.* iii. p. 47. n° 2.

Sphodrus Punctatus. Dahl. *Coleoptera und Lepidoptera.*
p. 7.

Sphodrus Punctulatus. Ziegler.

Long. 7, 7 ½ lignes. Larg. 2 ¾, 3 lignes.

Ressemble beaucoup au *Terricola.* Corselet un peu plus allongé, moins cordiforme, moins rétréci postérieurement; l'impression transversale postérieure un peu plus éloignée de la base; quelques points enfoncés très-peu marqués près des angles postérieurs et le long de la base.

Élytres un peu moins ovales, moins rétrécies antérieurement; leur couleur un peu plus bleue; leurs stries un peu plus fortement marquées; leur ponctuation assez distincte et les intervalles un peu relevés.

Le reste comme dans le *Terricola.*

Il se trouve en Hongrie, dans le Bannat.

3. P. Cimmerius. *Stéven.*

Pl. 107. fig. 3.

*Apterus, nigro-piceus; thorace latiore, subcordato, postice
utrinque impresso; elytris cyaneo-violaceis, ovatis, latioribus, subconvexis, profunde striatis, striis obsolete
punctatis; antennis pedibusque piceis; tibiis intermediis
incurvis.*

Dej. *Spec.* iii. p. 48. n° 3.

Sphodrus Cimmerius. Fischer. *Entomog. de la Russie.*
ii. p. 111. n° 5. t. 36. fig. 2.

Dej. *Cat.* p. 10.

Long. 8 ½ lignes. Larg. 3 ½ lignes.

Plus grand, proportionnellement plus large que le *Terricola*, et se rapprochant un peu, par la forme et par la
grandeur, de l'*Alpinus*.

Tête plus large que celle du *Terricola*, et un peu
moins allongée.

Corselet plus large, moins en cœur, moins rétréci postérieurement et un peu plus plane; les impressions postérieures un peu moins marquées, assez fortement ponctuées.

Élytres d'une couleur un peu plus bleue et un peu
violette, plus larges, plus ovales, et proportionnellement
un peu plus courtes; leurs stries fortement marquées, pa-

raissant, à la loupe, finement ponctuées; les intervalles un peu relevés.

Pattes un peu plus fortes et un peu plus courtes, avec les jambes intermédiaires sensiblement arquées.

Il se trouve en Crimée et en Morée.

4. P. Tauricus.

Pl. 107. fig. 4.

Apterus, nigro-piceus; thorace subelongato, subcordato, postice utrinque subimpresso; elytris obscure subcyaneis, subelongato-ovatis, planiusculis, subtiliter striatis, striis obsolete punctatis; antennis pedibusque piceis; tibiis intermediis subincurvis.

Dej. *Spec.* iii. p. 48. n° 4.
Sphodrus inæqualis. Steven:

Long. 7 ½ lignes. Larg. 2 ¾ lignes.

Ressemble aussi beaucoup au *Terricola.*

Corselet un peu plus allongé, moins en cœur, moins rétréci postérieurement; les impressions postérieures moins marquées.

Élytres un peu plus allongées, moins convexes, presque planes, d'un noir-obscur très-légèrement bleuâtre; les stries plus fines, moins enfoncées, leur ponctuation assez distincte, et les intervalles un peu plus planes.

Le reste comme dans le *Terricola* ; avec les jambes intermédiaires un peu moins sensiblement arquées.

Il se trouve en Crimée.

5. P. Oblongus.

PI. 107. fig. 5.

Apterus, nigro-piceus ; thórace angustato, subcordato, postice utrinque impresso ; elytris nigris, ovatis, convexis, striatis ; antennis pedibusque piceis ; tibiis intermediis subincurvis.

Dej. *Spec.* iii. p. 5o. n° 6.

Long. 6 $\frac{1}{2}$, 7 $\frac{1}{2}$ lignes. Larg. 2 $\frac{1}{2}$, 3 lignes.

Au premier aspect, ressemble un peu au *Terricola*, mais proportionnellement plus allongé, avec les antennes un peu plus grêles.

Corselet plus étroit, surtout antérieurement, un peu plus allongé, moins en cœur et un peu moins rétréci postérieurement.

Élytres plus ovales, plus rétrécies antérieurement, un peu plus convexes et d'un noir assez brillant ; leurs stries assez fortement marquées, et ne paraissant nullement ponctuées.

Pattes un peu plus grêles et un peu plus allongées, avec les jambes intermédiaires très-légèrement arquées.

Il habite les provinces méridionales de la France, et particulièrement le département des Basses-Alpes.

6. P. Angustatus.

Pl. 107. fig. 6.

Apterus, nigro-piceus; thorace elongato-angustato, cordato, postice utrinque impresso; elytris nigris, elongato-oblongis; subdepressis, striatis; antennis pedibusque piceis; tibiis intermediis rectis.

Dej. *Spec.* III. p. 50. n° 7.

Long. 7 $\frac{1}{2}$ lignes. Larg. 2 $\frac{3}{4}$ lignes.

Beaucoup plus allongé, plus étroit et plus déprimé que le *Terricola*, avec les antennes un peu plus grêles et plus longues.

Corselet beaucoup plus étroit, un peu plus allongé, moins en cœur et proportionnellement un peu moins rétréci postérieurement, avec les impressions postérieures un peu moins marquées.

Élytres plus étroites, plus allongées, plus planes, leur extrémité moins arrondie, et leur couleur noire sans aucun reflet violet; les stries paraissant, avec une très-forte loupe, très-légèrement ponctuées.

Pattes longues et beaucoup plus grêles, avec les jambes intermédiaires tout-à-fait droites.

Il se trouve dans le département des Basses-Alpes.

PRISTONYCHUS.

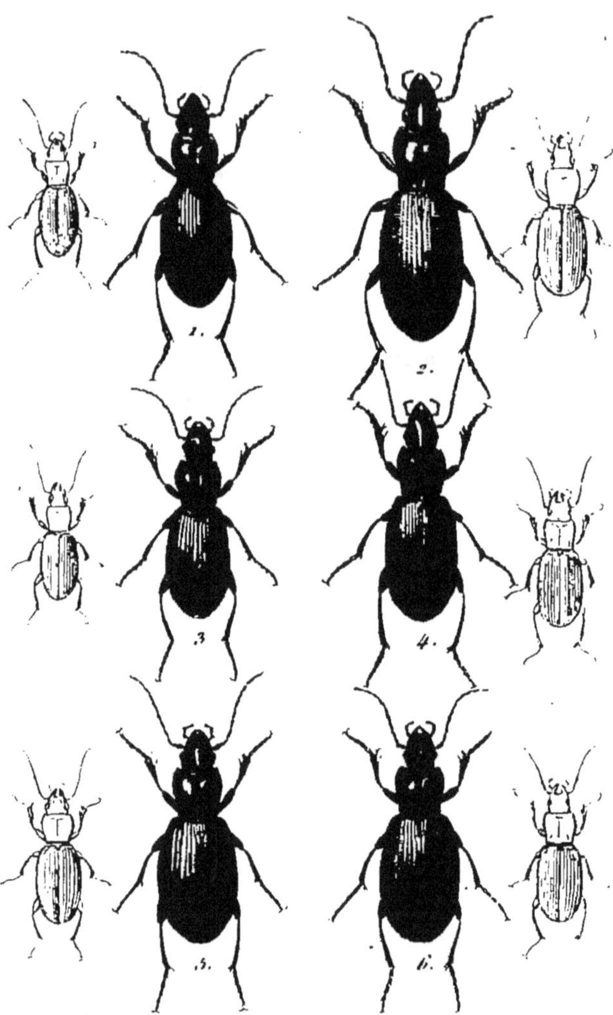

1. P. Elongatus.
2. P. Dalmatinus.
3. P. Cœruleus.

4. P. Amethystinus.
5. P. Janthinus.
6. P. Alpinus.

P. Dumenil Pinxit et Direxit.

7. P. ELONGATUS.

Pl. 108. fig. 1.

Apterus, nigro-piceus; thorace elongato, cordato, postice utrinque impresso; elytris obscure cyaneis, elongato-ovatis, convexis, striatis; tibiis intermediis rectis.

DEJ. *Spec.* III. p. 51. n° 8.

Sphodrus Elongatus. DEJ. *Cat.* p. 10.

Long. 7, 7 $\frac{1}{2}$ lignes. Larg. 2 $\frac{1}{2}$, 2 $\frac{3}{4}$ lignes.

Proportionnellement plus allongé que le *Terricola.*

Corselet plus étroit, plus allongé, un peu moins rétréci postérieurement, avec les bords latéraux plus relevés.

Élytres un peu plus allongées, plus ovales, plus rétrécies antérieurement, beaucoup plus convexes et toujours d'un bleu noirâtre; les stries assez fortement marquées, ne paraissant nullement ponctuées; les intervalles un peu relevés.

Pattes assez longues et assez fortes, avec les jambes intermédiaires tout-à-fait droites.

Il se trouve en Illyrie, en Dalmatie et en Croatie.

8. P. DALMATINUS.

Pl. 108. fig. 2.

Apterus, cyaneo-violaceus; thorace elongato, subcordato, postice utrinque impresso; elytris elongato-ovatis, sub-

*convexis, profunde striato-punctatis; tibiis intermediis
rectis.*

DEJ. *Spec.* III. p. 52. n° 9.
Sphodrus Dalmatinus. DEJ. *Cat.* p. 10.

Long. 8 ½, 9 lignes. Larg. 3, 3 ¼ lignes.

Plus grand et plus allongé que le *Terricola*, et d'un
bleu violet plus ou moins obscur, plus ou moins brillant
en dessus.

Corselet ordinairement un peu plus obscur antérieurement, un peu plus clair et plus violet vers sa base,
plus allongé que celui du *Terricola*, moins en cœur,
plus étroit antérieurement, et un peu moins rétréci postérieurement, avec les impressions un peu moins marquées.

Élytres plus allongées et plus étroites que celles du
Terricola; les stries plus fortement marquées et plus fortement ponctuées, avec les intervalles un peu relevés et
presque arrondis.

Dessous du corps d'un bleu noirâtre.

Pattes un peu plus fortes que celles du *Terricola*; les
cuisses d'un bleu noirâtre, les jambes noires, les intermédiaires tout-à-fait droites.

Il a été découvert en Dalmatie par M. Dejean, et rapporté depuis par M. Parreyss.

9. P. Cæruleus. *Bonelli.*

Pl. 108. fig. 3.

Apterus, obscure cyaneus ; thorace cordato, postice utrin-
que obsolete impresso ; elytris oblongo-ovatis, planiuscu-
lis, striatis ; tibiis intermediis rectis.

Dej. *Spec.* iii. p. 53. n° 10.

Sphodrus Cæruleus. Dej. *Cat.* p. 11.

Long. 6 ¾ lignes. Larg. 2 ½ lignes.

Plus allongé, plus étroit et un peu plus déprimé que le
Terricola, et d'un bleu obscur un peu violet en dessus.

Corselet un peu plus plane, avec les bords latéraux
moins relevés et les impressions postérieures beaucoup
moins marquées.

Élytres un peu plus allongées, plus étroites, surtout
antérieurement, et un peu plus planes ; leurs stries ne
paraissant pas sensiblement ponctuées.

Dessous du corps d'un bleu noirâtre.

Pattes plus courtes et plus fortes, d'un brun noirâtre,
avec un léger reflet violet sur les cuisses ; les jambes intermédiaires tout-à-fait droites.

Il se trouve en Piémont.

10. P. Amethystinus.

Pl. 108. fig. 4.

Apterus, cyanco-violaceus ; thorace subelongato, subcor-
dato, postice utrinque obsolete impresso ; elytris oblongo-

ovalis, planiusculis, profunde striatis ; tibiis intermediis rectis.

DEJ. *Spec.* III. p. 54. n° 11.

Long. 7 ½ lignes. Larg. 2 ¾ lignes.

Ressemble beaucoup au *Janthinus*, mais un peu plus allongé.

Corselet un peu plus étroit, un peu plus rétréci postérieurement ; les côtés un peu moins arrondis antérieurement.

Élytres plus étroites, plus fortement striées, les stries ne paraissant pas sensiblement ponctuées, et les intervalles un peu relevés.

Le reste comme dans le *Janthinus.*

Il se trouve en Italie.

11. P. JANTHINUS.

Pl. 108. fig. 5.

Apterus, cyaneo - violaceus ; thorace subcordato, postice utrinque obsolete impresso ; elytris ovalis, planiusculis, subtiliter striato-punctatis ; tibiis intermediis rectis.

DEJ. *Spec.* III. p. 54. n° 12.

Sphodrus Janthinus. STURM. V. p. 153. n° 3. T. 128. fig. o.

DEJ. *Cat.* p. 11.

Carabus Janthinus. DUFTSCHMID. II p. 177. n° 237.

Harpalus Episcopus. DRAPIEZ. *Annal. gén. des Sciences physiques.* 1. 2ᵉ cahier. p. 130. n° 9. T. 7. fig. 1.

VAR. *Sphodrus Purpuratus.* MEGERLE. DAHL. *Coleoptera und Lepidoptera.* p. 7.

Long. 7 ½, 8 lignes. Larg. 3, 3 ¼ lignes.

Plus grand, plus déprimé que le *Terricola*, et ordinairement en dessus d'un bleu-violet un peu pourpré, surtout sur la base du corselet et sur les élytres.

Tête d'un bleu noirâtre, avec les antennes un peu plus fortes.

Corselet un peu plus allongé, plus étroit antérieurement, moins en cœur, plus planes; les bords latéraux moins relevés, les impressions postérieures moins marquées.

Élytres proportionnellement un peu plus courtes, plus ovales, plus rétrécies antérieurement et plus planes; leurs stries moins enfoncées et finement ponctuées; les intervalles planes.

Dessous du corps d'un bleu violet, plus obscur sur l'abdomen.

Pattes plus courtes, plus fortes et d'un brun noirâtre, avec une légère teinte violette sur les cuisses; les jambes intermédiaires tout-à-fait droites.

Il se trouve dans les montagnes de la Carinthie, de la Carniole et de l'Autriche.

Le *Sphodrus Purpuratus* de M. Megerle ne paraît différer de cette espèce que par la couleur, qui est un peu plus obscure et moins violette.

12. P. ALPINUS.

Pl. 108. fig. 6.

Apterus, obscure cyaneus; thorace brevi, subcordato, pos-
tice utrinque obsolete impresso; elytris ovatis, latioribus,
subconvexis, subtiliter striatis, striis obsolete punctatis;
tibiis intermediis rectis.

DEJ. *Spec.* III. p. 56. n° 13.

Long. 8 lignes. Larg. 3 ⅓ lignes.

Un peu plus grand et plus large que le *Terricola*, et d'un
bleu-obscur presque noirâtre en dessus.

Tête presque noire, moins allongée, un peu rétrécie
postérieurement et très-légèrement ponctuée, avec les antennes plus fortes et un peu plus courtes.

Corselet un peu plus court, plus large, moins en cœur,
un peu moins rétréci postérieurement et un peu plus
plane; les impressions postérieures moins marquées; les
angles postérieurs un peu relevés et presque aigus.

Élytres plus larges et plus ovales, finement striées; les
stries très-légèrement ponctuées et les intervalles presque
planes.

Dessous du corps d'un noir un peu bleuâtre.

Pattes plus courtes, plus fortes et d'un noir obscur; les
jambes intermédiaires tout-à-fait droites.

Il se trouve dans le département des Basses-Alpes et
en Italie.

FÉRONIENS.

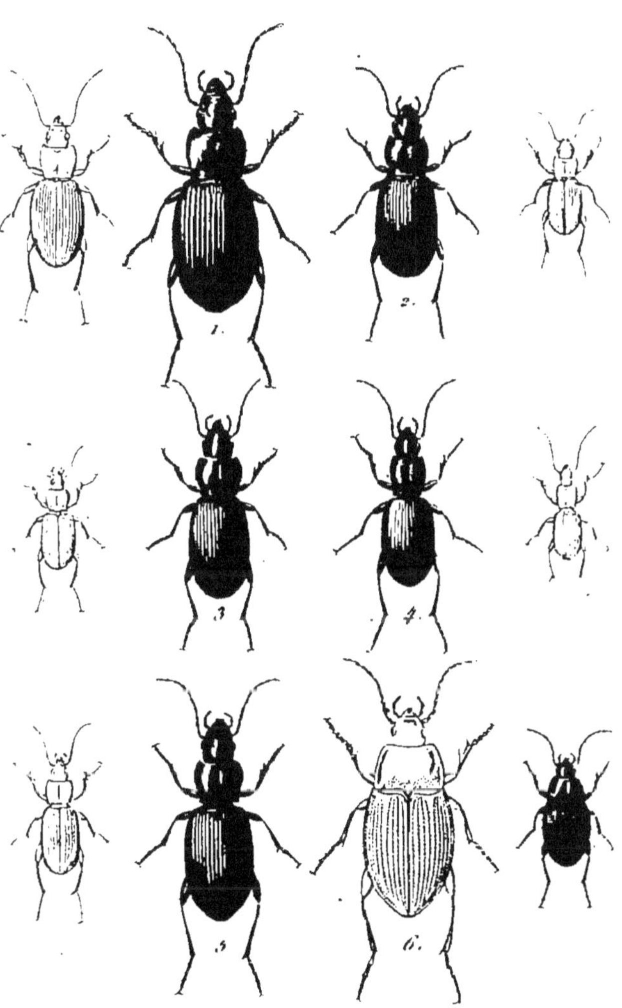

1. Pristonychus Chalybeus.
2. — — Cyanipennis.
3. — — Complanatus.
4. Pristonychus Elegans.
5. — — Venustus.
6. Calathus Giganteus.

P. Duménil Pinxit et Direxit

13. P. Chalybeus.

Pl. 109. fig. 1.

Apterus, cyaneo-violaceus; thorace brevi, subcordato, postice utrinque impresso; elytris ovatis, latioribus, subconvexis, striatis, striis subtilissime punctatis; tibiis intermediis rectis.

Dej. *Spec.* iii. p. 57. n° 14.

Long. 9 lignes. Larg. 3 ¾ lignes.

Ressemble beaucoup à l'*Alpinus*, dont il n'est peut-être qu'une variété, un peu plus grande, et d'un bleu plus clair et plus brillant.

Tête un peu plus large et un peu plus fortement ponctuée.

Corselet avec les impressions postérieures plus marquées.

Élytres avec les stries plus fortement marquées et plus distinctement ponctuées.

Dessous du corps un peu plus bleu.

Le reste comme dans l'*Alpinus*.

Il se trouve dans les montagnes du département des Basses-Alpes.

14. P. Cyanipennis. *Eschscholtz.*

Pl. 109. fig. 2.

Apterus, nigro-piceus; thorace elongato, subcordato, postice utrinque obsolete impresso; elytris obscure cyaneis, elongato-ovatis, planiusculis, subtiliter striatis, striis obsolete punctatis; tibiis intermediis rectis.

Dej. *Spec.* iii. p. 57. n° 15.

Long. 6 ¼ lignes. Larg. 2 ⅓ lignes.

Un peu plus allongé et ordinairement un peu plus petit que le *Terricola.*

Tête un peu plus courte et moins lisse.

Corselet un peu plus allongé, moins en cœur, et moins rétréci postérieurement, avec les impressions postérieures moins marquées.

Élytres plus étroites, plus allongées, plus planes et d'une couleur plus bleue et un peu violette; leurs stries plus fines, moins marquées, paraissant légèrement ponctuées à l'aide d'une forte loupe.

Jambes intermédiaires tout-à-fait droites.

Le reste comme dans le *Terricola.*

Il se trouve dans les provinces méridionales de la Russie.

15. P. COMPLANATUS.

Pl. 109. fig. 3.

Alatus, nigro-piceus; thorace subcordato, postice utrinque impresso; elytris nigro-cyanescentibus, oblongo-ovatis, planiusculis, striatis, striis obsolete punctatis; antennis pedibusque piceis; tibiis intermediis rectis.

Dej. *Spec.* iii. p. 58. n° 16.
Sphodrus Complanatus. Dej. *Cat.* p. 11.
Sphodrus Hypogæus. Hoffmansegg.

Long. 5 ½, 7 lignes. Larg. 2, 2 ¾ lignes.

« Ordinairement plus petit que le *Terricola*.

Tête un peu moins allongée , un peu plus large et un peu rétrécie postérieurement.

- Corselet un peu plus court, moins en cœur , moins rétréci postérieurement, un peu plus plane , avec les impressions postérieures un peu moins marquées.

Élytres un peu plus courtes, moins ovales, moins rétrécies antérieurement, plus planes et d'un noir-obscur très-légèrement bleuâtre; les stries un peu moins marquées , très-légèrement ponctuées , et les intervalles un peu relevés ; des ailes sous les élytres.

Pattes plus courtes, avec les jambes intermédiaires tout-à-fait droites.

« Il se trouve en Portugal, en Espagne , dans le midi de la France , en Italie, en Sicile, en Égypte et sur la côte de Barbarie

16. P. ELEGANS.

Pl. 109. fig. 4.

Apterus, angustatus , ferrugineus; thorace elongato, sub-
cordato, postice utrinque impresso; elytris elongato-
oblongis , subconvexis , subtiliter striato-punctatis; ti-
biis intermediis rectis.

DEJ. *Spec.* III. p. 59. n° 17.
Sphodrus Longicollis. MEGERLE.

Long. 5 , 5 $\frac{1}{2}$ lignes. Larg. 1 $\frac{1}{3}$, 1 $\frac{3}{4}$ ligne.

Plus petit, beaucoup plus étroit et plus allongé que toutes les autres espèces de ce genre, et entièrement d'un brun ferrugineux un peu roussâtre.

Tête étroite, allongée postérieurement, presque cylindrique, avec les antennes plus longues que la moitié du corps.

Corselet plus large que la tête, plus long que large, très-légèrement en cœur, sinué près de la base, très-peu rétréci postérieurement et presque lisse; les impressions postérieures peu marquées; le bord antérieur assez fortement échancré, et les angles antérieurs assez aigus; les angles postérieurs un peu relevés et coupés carrément.

Élytres un peu plus larges que le corselet, en ovale très-allongé et légèrement convexes; les stries fines, peu marquées et légèrement ponctuées.

Dessous du corps d'une couleur un peu plus claire que le dessus.

Pattes presque d'un rouge ferrugineux, très-longues et assez fortes pour la grandeur de l'insecte; jambes intermédiaires tout-à-fait droites.

Ce joli insecte se trouve, mais très-rarement, dans les montagnes de la Carniole.

17. P. VENUSTUS.

Pl. 109. fig. 5.

Apterus, cyaneus; thorace subcordato, postice utrinque obsolete impresso; elytris suboblongo-ovatis, planiusculis, profunde striatis, striis punctatis, crenulatis; tibiis intermediis rectis.

DEJ. *Spec.* III. p. 60. n° 18.
Sphodrus Venustus. CLAIRVILLE.
Sphodrus Subcyaneus. STÉVEN.
Læmostenus Cæruleus. BONELLI.

Long. 6, 6 ½ lignes. Larg. 2 ¼, 2 ½ lignes.

A peu près de la grandeur du *Complanatus,* et d'un bleu quelquefois assez clair, et quelquefois presque noirâtre.

Tête presque noirâtre, peu allongée, assez rétrécie postérieurement, avec les antennes et les pattes d'un brun roussâtre.

Corselet à peu près comme celui du *Complanatus,* un peu plus plane, avec les impressions postérieures moins marquées; les bords latéraux plus relevés.

Élytres moins ovales, moins rétrécies antérieurement, moins arrondies, un peu sinuées vers l'extrémité; les stries plus fortement marquées, plus fortement ponctuées et presque crénelées; les intervalles un peu relevés.

Dessous du corps d'un noir obscur un peu bleuâtre.

Pattes assez courtes, assez fortes et d'un brun noirâtre; jambes intermédiaires tout-à-fait droites.

Il se trouve, mais très-rarement, dans le midi de la France, en Italie, dans les provinces méridionales de la Russie, principalement sous les écorces.

X. CALATHUS. *Bonelli.*

Harpalus. *Gyllenhal.* Carabus. *Fabricius.*

Les trois premiers articles des tarses antérieurs dilatés dans les mâles. Crochets des tarses dentelés en dessous. Dernier article des palpes allongé, presque cylindrique et tronqué à l'extrémité. Antennes assez allongées, filiformes et légèrement comprimées. Lèvre supérieure en carré moins long que large, très-légèrement échancrée antérieurement. Mandibules peu avancées, légèrement arquées et assez aiguës. Une dent bifide au milieu de l'échancrure du menton. Corselet trapézoïde ou presque carré, peu ou point rétréci postérieurement. Élytres assez allongées, légèrement ovales, peu rétrécies antérieurement et arrondies à l'extrémité.

Nous devons à Bonelli la création de ce genre bien distinct, et depuis long-temps adopté par tous les entomologistes.

Les *Calathus* sont des carabiques de moyenne taille, très-vifs et très-agiles; ordinairement d'une couleur noire ou brunâtre, très-rarement métallique, et qui présentent tous les caractères suivans.

La lèvre supérieure est presque plane ou très-légèrement convexe; en carré moins long que large, et très-légèrement échancrée antérieurement. Les mandibules sont
peu avancées, légèrement arquées et assez aiguës. Le menton est assez grand, légèrement concave, fortement échancré, et il a une forte dent assez distinctement bifide au
milieu de son échancrure. Les palpes sont assez grands;
leurs articles sont presque égaux et le dernier est allongé,
presque cylindrique et tronqué à l'extrémité. Les antennes sont filiformes et à peu près de la longueur de la moitié
du corps; leurs articles sont allongés, presque cylindriques
et un peu comprimés; le second est plus court que tous
les autres; le troisième n'est presque pas plus long que les
suivans. La tête est ovale, plus ou moins allongée et un
peu rétrécie postérieurement. Les yeux sont peu saillans.
Le corselet est trapézoïde ou presque carré, peu ou point
rétréci postérieurement. Les élytres sont plus ou moins
allongées, assez larges à la base, légèrement ovales et ordinairement arrondies à l'extrémité. Les pattes sont assez
longues et assez fortes. Les jambes antérieures sont assez
fortement échancrées. Les articles des tarses sont allongés, presque cylindriques ou légèrement triangulaires; les
trois premiers des tarses antérieurs des mâles sont fortement dilatés et cordiformes ou triangulaires: le premier
n'est pas sensiblement plus long que les suivans. Les crochets des tarses sont fortement dentelés en dessous.

Les *Calathus* se trouvent communément courant par
terre, sous les pierres et les débris de végétaux, dans les
champs et aux bords des rivières; on les trouve aussi dans
les bois, sous les écorces, les mousses et dans les troncs

d'arbres. Quelques espèces sont particulières aux montagnes. Tous les insectes de ce genre paraissent habiter exclusivement l'Europe, la Sibérie, le nord de l'Afrique et l'Amérique septentrionale.

1 C. Giganteus. *Parreyss.*

Pl. 109. fig. 6.

Apterus, nigro-piceus; thorace quadrato, antice angustato, postice profunde punctato ; elytris latioribus ; brevioribus, subparallelis, subconvexis, profunde striato-punctatis, subsulcatis.

Dej. *Spec.* iii. p. 64. n° 1.

Long. 6, 6 ½ lignes. Larg. 2 ¾, 3 lignes.

Un peu plus grand que le *Latus,* et proportionnellement beaucoup plus large.

Corselet un peu plus court, plus large, ses côtés plus déprimés et sa base plus fortement ponctuée.

Élytres plus courtes, plus larges, plus convexes, moins arrondies postérieurement, un peu sinuées près de l'extrémité, plus fortement striées et presque sillonnées; les stries fortement ponctuées; les intervalles relevés, presque arrondis, lisses et ordinairement sans points enfoncés distincts.

Pattes d'un brun noirâtre.

Il se trouve dans les îles Ioniennes.

CALATHUS.

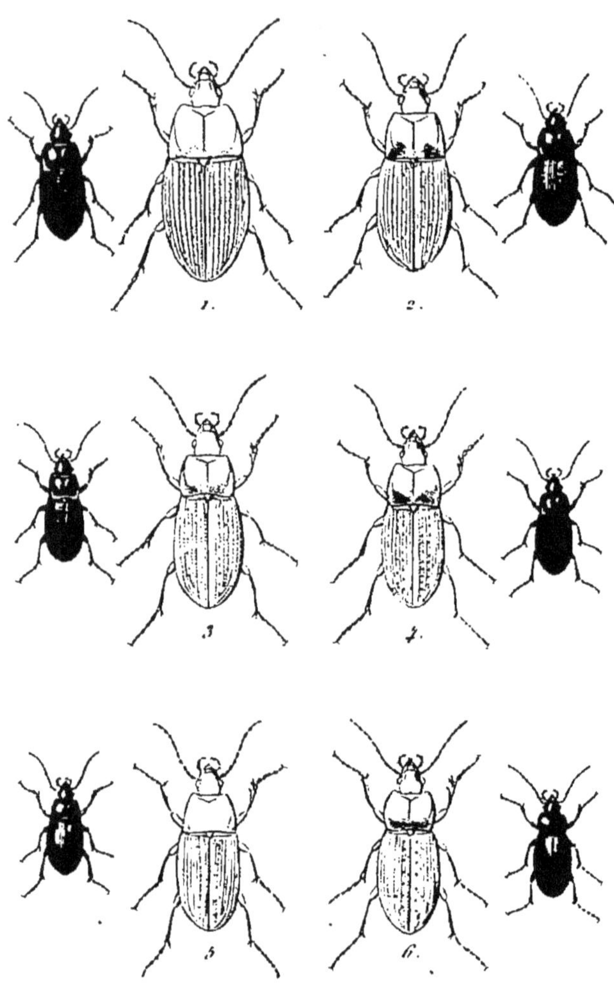

1. C. Ovalis.
2. C. Latus.
3. C. Grœcus.

4. C. Cisteloides.
5. C. Glabricollis.
6. C. Luctuosus.

P. Dumenil Pinxit et Direxit

2. C. Ovalis.

Pl. 110. fig. 1.

*Apterus, nigro-piceus ; thorace quadrato, antice angustato,
postice profunde punctato ; elytris subparallelis, striato-
punctatis, interstitiis tertio quintoque punctis remotis
impressis.*

Dej. *Spec.* v. *Suppl.* p. 708. n° 20.

Long. 7 lignes. Larg. 3 lignes.

Ressemble beaucoup au *Latus,* dont il n'est peut-être
qu'une variété un peu plus grande.

Tête et antennes à peu près comme dans cette espèce.

Corselet plus large postérieurement, avec toute la base
couverte de points enfoncés un peu plus marqués, coupée
presque carrément et ne paraissant nullement échancrée
dans son milieu.

Élytres un peu plus larges antérieurement, striées et
ponctuées à peu près de la même manière.

Dessous du corps et pattes à peu près comme dans le
Latus.

Il se trouve en Morée.

5. C. Latus.

Pl. 110. fig. 2.

*Apterus, nigro-piceus; thorace quadrato, antice angustato,
postice punctato; elytris subparallelis, striato-punctatis,
interstitiis tertio quintoque punctis remotis impressis.*

Dej. *Spec.* iii. p. 64. n° 2.
Dej. *Cat.* p. 11.
C. Punctipennis. German. *Coleopt. Sp. Nov.* p. 13.
n° 21.
C. Angusticollis. Sturm. *Catal.* p. 107.

Long. 5 ½, 6 ½ lignes. Larg. 2 ¼, 2 ¾ lignes.

Ressemble beaucoup au *Cisteloides*, dont il n'est peut-
être qu'une variété un peu plus grande et proportionnellement un peu plus large.

Corselet ayant la base plus fortement et entièrement
ponctuée, avec les impressions longitudinales postérieures
moins distinctes.

Élytres plus larges et un peu plus ovales; les stries plus
fortement marquées, plus fortement ponctuées; les intervalles plus relevés; les points enfoncés des troisième et
cinquième intervalles plus rapprochés des stries, et paraissant même quelquefois placés sur ces stries.

Pattes toujours d'un brun noirâtre.

Il se trouve communément dans le midi de la France
et en Italie.

4. C. Græcus.

Pl. 110. fig. 3.

Apterus, nigro-piceus; thorace quadrato, antice subangustato, postice punctato; elytris subparallelis, striato-punctatis, interstitiis tertio quintoque punctis remotis impressis.

Dej. *Spec.* v. *Suppl.* p. 708. n° 21.

Long. 5 $\frac{1}{2}$, 6 $\frac{1}{4}$ lignes. Larg. 2 $\frac{1}{4}$, 2 $\frac{2}{3}$ lignes.

Ressemble beaucoup au *Latus.*

Tête et antennes à peu près comme dans cette espèce.

Corselet un peu moins large postérieurement; les côtés un peu moins largement déprimés; les angles postérieurs un peu plus arrondis.

Élytres à peu près de la même forme; striées et ponctuées à peu près de la même manière.

Dessous du corps et pattes comme dans le *Latus.*

Il se trouve communément en Morée.

5. C. Cisteloides.

Pl. 110. fig. 4.

Apterus, nigro-piceus; thorace quadrato, antice angustato, postice utrinque punctato; elytris subparallelis, sub-

*tiliter striato-punctatis, interstitiis tertio quintoque punc-
tis remotis impressis; pedibus rufis, vel piceis.*

DEJ. *Spec.* III. p. 65. n° 3.

DEJ. *Cat.* p. 11.

Carabus Cisteloides. ILLIGER. *Kæfer Preus.* 1. p. 163.
n° 27.

SCH. *Syn. Ins.* 1. p. 195. n° 159.

DUFTSCHMID. II. p. 122. n° 153.

Harpalus Cisteloides. GYLLENHAL. II. p. 125. n° 37. et
IV. p. 441. n° 37.

SAHLBERG. *Dissert. entom. Ins. Fennica.* p. 239. n° 58.

Carabus Flavipes. OLIV. III. 35. p. 76. n° 100. T. 8.
fig. 86.

Calathus Frigidus. STURM. v. p. 107. n° 1. T. 121.

Le Bupreste noir à pattes brunes. GEOFF. I. p. 161.
n° 39.

VAR. A. *C. Frigidus.* DEJ. *Cat.* p. 11.

Carabus Frigidus? FABR. *Sys. El.* I. p. 189. n° 103.

C. Nitens. ZIEGLER.

VAR. B. *C. Planipennis.* GERMAR. *Coleopt. Sp. Nov.*
p. 14. n° 22.

Long. 5, 6 lignes. Larg. 2, 2 ½ lignes.

Varie pour la grandeur, et entièrement en dessus d'un
noir un peu brunâtre.

Tête ovale, un peu rétrécie postérieurement, presque
lisse, avec les palpes d'un jaune ferrugineux; antennes à
peu près de la longueur de la moitié du corps.

Corselet presque carré, à peuprès le double plus large

que la tête, aussi long que large, presque lisse; deux impressions longitudinales peu marquées de chaque côté près des angles postérieurs; le fond de ces impressions et tous les côtés de la base assez fortement ponctués; le bord antérieur assez fortement échancré; les bords latéraux déprimés postérieurement; les angles postérieurs coupés carrément et la base un peu sinuée et presque échancrée dans son milieu.

Élytres plus noires, plus brillantes et quelquefois un peu bleuâtres dans les mâles, moins noires et plus ternes dans les femelles, assez allongées, de la longueur du corselet à leur base, presque parallèles dans les mâles, un peu ovales et un peu plus larges au-delà du milieu dans les femelles, très-légèrement sinuées près de l'extrémité, très-légèrement convexes et presque planes, ayant à leur base un rebord assez large, lisse, déprimé et un peu arqué, et sur chacune neuf stries, et le commencement d'une dixième près de l'écusson; ordinairement les quatrième et septième se réunissent et ne vont pas jusqu'à l'extrémité; les cinquième et sixième sont plus courtes et se réunissent entre les deux ci-dessus; toutes ces stries assez fines, peu profondes et très-finement ponctuées; les intervalles lisses, presque planes ou très-légèrement relevés; une ligne de points enfoncés plus ou moins marqués, plus ou moins nombreux, toujours assez éloignés sur le troisième et le cinquième intervalle; point d'ailes sous les élytres, ou seulement des rudimens. Dessous du corps d'un brun noirâtre.

Pattes assez grandes, ordinairement d'un rouge ferrugineux, et quelquefois d'un brun noirâtre.

Il se trouve très-communément sous les pierres, dans presque toute l'Europe. Les individus à pattes d'un rouge ferrugineux se rencontrent plus particulièrement en France, dans le nord de l'Allemagne et en Suède.

Dans la variété A , *C. Frigidus* du Catalogue, les pattes sont d'un brun noirâtre, les antennes sont plus obscures, les stries plus fortement marquées et ne paraissent pas sensiblement ponctuées, les intervalles sont plus relevés et les points que l'on voit sur les troisième et cinquième sont un peu plus rares, et disparaissent quelquefois entièrement. Tout l'insecte est aussi un peu plus court et un peu plus large; mais ces différences ne sont pas constantes, et en examinant un grand nombre d'individus de différents pays, on trouve tous les passages, et il devient impossible d'en former une espèce particulière. Cette variété est commune en Autriche , et dans toutes les parties méridionales et orientales de l'Europe.

La variété B a été envoyée à M. Dejean comme venant de la Crimée, et sous le nom de *C. Planipennis,* par M. le comte de Mannerheim. Elle est un peu plus petite, les stries ne paraissent pas sensiblement ponctuées, et les points des troisième et cinquième intervalles sont plus marqués et un peu plus rares; elle ne paraît pas non plus pouvoir constituer une espèce particulière.

C'est à tort qu'Olivier rapporte à cette espèce le *Bupreste en deuil* de Geoffroy.

6. C. GLABRICOLLIS. *Ullrich.*

Pl. 110. fig. 5.

*Apterus, nigro-piceus; thorace quadrato, antice angus-
tato, postice impunctato; elytris subparallelis, striatis,
instertitio tertio punctis remotis impresso : pedibus rufis.*

DEJ. *Spec.* III. p. 68. n° 4.
STURM. *Catal.* p. 107.

Long. 5 ½, 6 lignes. Larg. 2 ¼, 2 ½ lignes.

Ressemble beaucoup au *Cisteloides*, mais un peu plus
court et plus large.

Corselet presque lisse à sa base, ayant seulement deux
ou trois points enfoncés, peu marqués de chaque côté
près des angles postérieurs, et quelques rides longitudinales très peu apparentes dans son milieu; les angles postérieurs un peu plus déprimés, coupés plus carrément et
presque aigus.

Élytres avec les stries insensiblement ponctuées; les
troisième et quatrième, cinquième et sixième se réunissant deux à deux, et n'allant pas tout-à-fait jusqu'à l'extrémité; les intervalles presque planes vers la base, et un
peu relevés vers l'extrémité; une ligne de points enfoncés, assez éloignés sur le troisième intervalle.

Pattes d'un rouge ferrugineux, un peu plus obscur que
dans le *Cisteloides*.

Il se trouve aux environs de Trieste.

7. C. Luctuosus. *Hoffmansegg.*

Apterus, nigro - piceus; thorace subquadrato, antice angus-
tato, postice utrinque punctato, angulis posticis subro-
tundatis; elytris suboratis, subconvexis, striato-punctatis,
interstitiis tertio quintoque punctis remotis impressis.

Dej. *Spec.* iii. p. 69. n° 5.
Dej. *Cat.* p. 11.

Long. 5, 6 lignes. Larg. 2, 2 ½ lignes.

Ressemble aussi beaucoup au *Cisteloides.*
Corselet un peu moins carré, un peu moins large postérieurement, un peu arrondi et un peu relevé sur les
côtés; les côtés de la base ponctués, à peu près comme
dans le *Cisteloides;* les angles postérieurs légèrement arrondis.

Élytres plus larges, plus ovales, un peu rétrécies à
leur base et plus convexes; les stries assez marquées, assez distinctement ponctuées; les intervalles un peu relevés; la ligne de points enfoncés du troisième intervalle
placée près de la troisième strie; la ligne de points du
cinquième intervalle disparaissant quelquefois entièrement. Pattes d'un brun noirâtre.
Il se trouve en Portugal.

CALATHUS

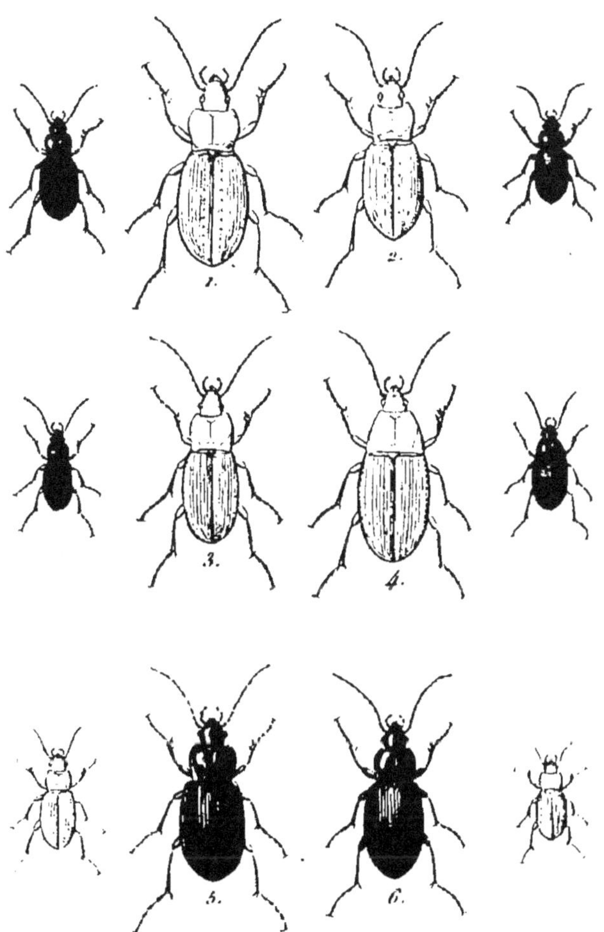

1. C. Rubripes.
2. C. Montivagus.
3. C. Fulvipes.
4. C. Fuscus.
5. C. Limbatus.
6. C. Metallicus.

8. C. Rubripes.

Pl. 111. fig. 1.

Apterus, nigro-piceus; thorace angustato, quadrato, postice impunctato, angulis posticis rotundatis; elytris oblongo-ovalis, striatis, interstitio tertio punctis remotis impressis, pedibus rufis.

Dej. Spec. v. Suppl. p. 709. n° 22.
C. Glabricollis. Géné.

Long. 6 lignes. Larg. 2 $\frac{1}{2}$ lignes.

A peu près de la taille du *Glabricollis*, mais d'une forme beaucoup plus allongée; tête plus allongée, avec les antennes d'un brun rougeâtre.

Corselet plus étroit que dans les espèces voisines, le double plus large que la tête, aussi long que large, légèrement arrondi sur les côtés, un peu rétréci antérieurement et postérieurement, presque carré, presque plano, avec la base lisse; le bord antérieur assez échancré; les angles antérieurs presque aigus et souvent un peu arrondis; les côtés rebordés, assez largement déprimés et un peu relevés vers les angles postérieurs, qui sont arrondis.

Élytres presque le double plus larges que le corselet, en ovale allongé, un peu convexes; striées et ponctuées à peu près comme celles du *Glabricollis*.

Dessous du corps d'un noir un peu brunâtre, avec les pattes d'un rouge ferrugineux assez clair.

Il se trouve en Lombardie.

9. C. Montivagus. *Dahl.*

Apterus, nigro-piceus; thorace oblongo, subquadrato, postice utrinque punctato, lateribus rufescentibus; elytris oblongis, striatis, interstitio tertio punctis quinque impresso; pedibus rufo-piceis.

Dej. *Spec.* v. *Suppl.* p. 710. n° 23.

Long. 4 ⅓ lignes. Larg. 2 lignes.

A peu près de la grandeur du *Fulvipes*, et d'un noir un peu brunâtre en dessus, avec les côtés du corselet légèrement roussâtres.

Tête un peu plus allongée que celle du *Fulvipes*, avec les palpes et les antennes d'un rouge ferrugineux un peu plus obscur.

Corselet plus étroit que celui du *Fulvipes*, plus large que la tête, aussi long que large, à peine rétréci antérieurement, légèrement arrondi sur les côtés, presque carré et presque plane; les côtés de la base couverts de points enfoncés assez marqués, qui se confondent entre eux; le bord antérieur fortement échancré; les angles antérieurs assez avancés, presque aigus; les côtés légèrement rebordés, un peu relevés et largement déprimés vers les angles postérieurs; la base échancrée dans son milieu, et légèrement arrondie sur les côtés.

Élytres plus larges que le corselet, assez allongées,

légèrement ovales et peu convexes; les stries assez marquées et paraissant lisses; les intervalles planes; cinq
points enfoncés bien distincts sur le troisième intervalle.

Dessous du corps et pattes d'un brun roussâtre.

Il se trouve dans les montagnes de la Sicile.

10. C. FULVIPES.

(Pl. III. fig. 3.

*Apterus, nigro-piceus; thorace quadrato, antice suban-
gustato; elytris subparallelis, striatis, punctisque duobus
impressis; antennis pedibusque rufis.*

Dej. *Spec.* III. p. 70. n° 6.

Dej. *Cat.* p. 11.

Harpalus Fulvipes. GYLLENHAL. II. p. 128. n° 39. et IV.
p. 441. n° 39.

Carabus Fulvipes. Sch. *Syn. Ins.* 1. p. 182. n° 72.

Carabus Flavipes. DUFTSCHMID. II. p. 122. n° 154.

Calathus Flavipes. STURM. V. p. 112. n° 3. T. 122.
fig. a. A.

Harpalus Erratus. SAHLBERG. *Dissert. entom. Ins.
Fennica.* p. 240. n° 40.

Long. 3 ½, 5 lignes. Larg. 1 ½, 2 lignes.

Plus petit et proportionnellement un peu plus étroit
que le *Cisteloides*, avec les palpes et les antennes entièrement d'un roux ferrugineux.

Corselet un peu moins rétréci antérieurement et moins

large postérieurement; ses bords latéraux un peu roussâtres vers l'angle postérieur.

Élytres d'un noir quelquefois un peu bleuâtre et brillant dans les mâles, plus terne dans les femelles, un peu moins larges et plus parallèles que celles du *Cisteloides*; les stries lisses et assez marquées; les troisième et quatrième, cinquième et sixième se réunissant deux à deux; deux points enfoncés distincts entre la seconde et la troisième strie; une ligne de points enfoncés le long du bord extérieur, près de la huitième strie.

Dessous du corps d'un brun noirâtre, avec les pattes d'un rouge ferrugineux.

Il se trouve communément en Suède, en France, en Allemagne, en Russie et en Sibérie, particulièrement dans les bois et les montagnes.

11. C. Fuscus.

Pl. 111. fig. 4.

Alatus, fusco-piceus; thorace quadrato, antice angustato, lateribus rufescentibus; elytris subparallelis, subtiliter striatis, punctisque duobus impressis; antennis pedibusque pallide testaceis.

Dej. *Spec.* III. p. 71. n. 7.

Sturm. v. p. 109. n° 2.

Carabus Fuscus. Fabr. *Syst. El.* 1. p. 191. n° 113.

Sch. *Syn. Ins.* I. p. 195. n° 158.

Duftschmid. II. p. 121. n° 152.

Harpalus Fuscus. GYLLENHAL. II. p. 126. n° 38. et IV.
p. 441. n° 38.

SAHLBERG. *Dissert. entom. Ins. Fennica.* p. 240. n° 39.

Carabus Ambiguus. PAIK. *Fauna Suecica.* I. p. 165.
n° 85.

OLIV. III. 35. p. 77. n° 101. T. 12. fig. 147.

Calatus Ambiguus. DEJ. *Cat.* p. 11.

C. Anceps. ZIEGLER.

Long. 4 ¼, 5 lignes. Larg. 1 ¾, 2 lignes.

Ressemble beaucoup au *Fulvipes*, et souvent confondu
avec lui; mais toujours plus large et d'une couleur plus
brune et moins foncée.

Corselet plus large vers sa base, plus roussâtre sur les
côtés, avec les impressions postérieures moins marquées.

Élytres un peu plus larges, un peu moins parallèles
et presque ovales, avec les stries moins marquées; des
ailes sous les élytres.

Il se trouve un peu moins communément que le précédent, sous les pierres, les feuilles sèches et les débris
de végétaux, en Suède, en France, en Allemagne, en
Russie et en Dalmatie.

12. C. LIMBATUS.

Pl. III. fig. 5.

*Alatus, fusco-piceus; thoracis elytrorumque marginibus
testaceis; thorace subquadrato, angulis posticis, subro-*

*tundatis ; elytris oblongo-ovatis, striatis , punctisque
duobus impressis; antennis pedibusque pallide testaceis.*

Dej. *Spec.* III. p. 72. n° 8.

Dej. *Cat.* p. 11.

C. Circumseptus. Germar. *Coleopt. Sp. Nov.* p. 15.
n° 23.

C. Marginellus. Sturm. *Catal.* p. 107.

Long. 4 ½, 5 ½ lignes. Larg. 1 ¾, 2 ¼ lignes.

Ordinairement un peu plus petit que le *Cisteloides*, et
d'un brun plus ou moins noirâtre en dessus, avec les
bords latéraux presque d'un jaune testacé.

Corselet un peu plus court, moins rétréci antérieurement, moins large postérieurement, un peu arrondi sur
les côtés, avec les angles postérieurs presque arrondis.

Élytres moins parallèles, plus ovales et un peu rétrécies
antérieurement, avec les stries assez marquées et disposées comme celles du *Fulvipes*; deux points enfoncés
distincts près de la seconde strie, du côté extérieur.

Dessous du corps d'un brun plus ou moins noirâtre,
avec les pattes et les antennes d'un jaune testacé.

Il se trouve assez communément sous les pierres, au
bord des rivières, en Espagne, dans le midi de la France,
en Italie et en Dalmatie.

13. C. Metallicus.

Pl. 111. fig. 6.

Apterus, supra æneus ; thorace subquadrato ; elytris oblongo-ovatis, striatis, punctisque tribus impressis.

Dej. *Spec.* iii. p. 74. n° 10.

Dahl. *Coleoptera und Lepidoptera.* p. 7.

Long. 4 ½ lignes. Larg. 1 ¾ ligne.

A peu près de la taille du *Fulvipes*, proportionnellement plus étroit, et en dessus d'une couleur bronzée ordinairement verte et brillante dans les mâles, un peu cuivreuse et plus obscure dans les femelles.

Corselet plus étroit, surtout vers la base, avec les angles postérieurs plus relevés et presque arrondis.

Élytres plus allongées, plus étroites, un peu rétrécies antérieurement et très-légèrement ovales, avec les stries assez marquées, quelquefois lisses et quelquefois très-légèrement ponctuées ; trois points enfoncés distincts près de la troisième strie du côté de la suture.

Dessous du corps d'un brun noirâtre un peu métallique, avec les jambes et les tarses d'un brun roussâtre.

Il se trouve en Hongrie, dans le Bannat.

14. C. Rotundicollis.

Pl. 112. fig. 1.

Apterus, fusco-piceus; thorace subquadrato, angulis posti-cis rotundatis; elytris oblongo-ovatis, subtiliter striatis, punctisque quinque impressis; pedibus rufo-piceis.

Dej. *Spec.* iii. p. 75. n° 11.
Dej. *Cat.* p. 11.

Long. 4, 4 ½ lignes. Larg. 1 ½, 1 ¾ ligne.

Ordinairement un peu plus petit que le *Fulvipes*, et d'une couleur plus brune et moins foncée.

Corselet plus étroit, moins large vers la base, avec les angles postérieurs arrondis et un peu relevés.

Élytres plus ovales, plus rétrécies antérieurement, avec les stries lisses et peu marquées; cinq points enfoncés distincts entre la seconde et la troisième strie.

Dessous du corps d'un brun obscur, avec les pattes d'un brun roussâtre.

Il se trouve sous les pierres et sous les écorces, en France et en Angleterre.

15. C. Elongatus.

Pl. 112. fig. 2.

Apterus, nigro-piceus; thorace quadrato, margine ru-fescente, postice utrinque impresso, angulis posticis sub-

CALATHUS.

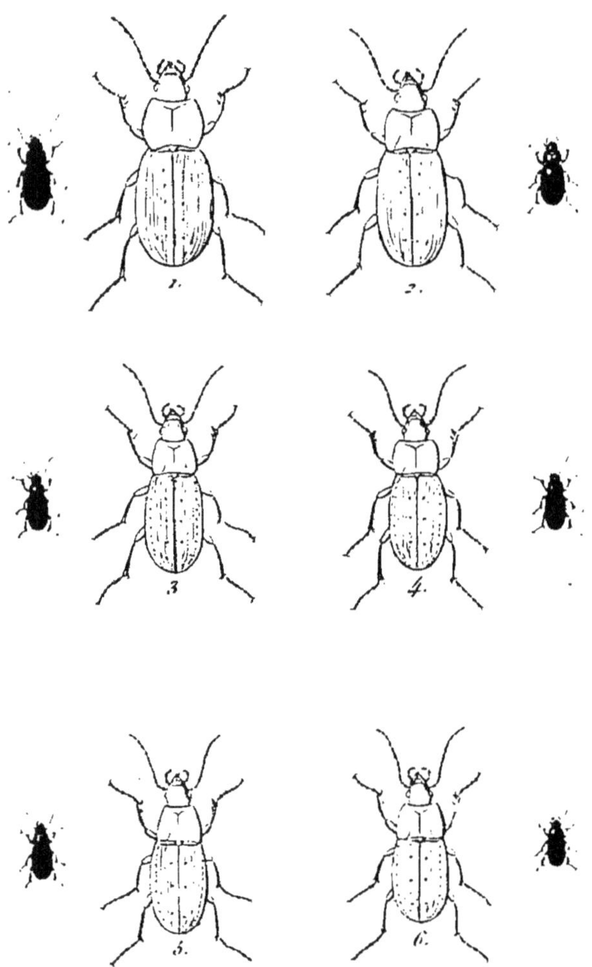

1. C. Rotundicollis .
2. C. Elongatus.
3. C. Microcephalus .

4. C. Ochropterus .
5. C. Melanocephalus
6. C. Alpinus .

P. Dumenil Direxit et Pinxit .

rotundatis ; elytris elongato - ovatis , subtiliter striatis , punctisque quatuor impressis ; antennis pedibusque pallide testaceis.

Dej. *Spec.* iii. p. 76. n° 12.
Dej. *Cat.* p. 11.

Long. 4 lignes. Larg. 1 $\frac{2}{3}$ ligne.

Un peu plus grand que le *Melanocephalus* , proportionnellement un peu plus étroit et un peu plus allongé, et d'un noir obscur un peu brunâtre en dessus, avec les antennes d'un jaune testacé.

Corselet un peu plus allongé, plus carré et moins large postérieurement ; ses bords latéraux d'un rouge ferrugineux, surtout vers les angles postérieurs.

Élytres un peu plus étroites et un peu plus allongées, ayant chacune quatre points enfoncés distincts sur le troisième intervalle.

Pattes d'un jaune testacé assez pâle.

Il se trouve en Allemagne.

16. C. Microcephalus. *Ziegler.*

Pl. 112. fig. 3.

Apterus, nigro-piceus ; thorace brevi , quadrato , margine rufescente , angulis posticis subrotundatis ; elytris oblongo-ovatis, subtiliter striatis, punctisque tribus impressis ; antennis pedibusque pallide testaceis.

Dej. *Spec.* iii. p. 78. n° 16.

Dej. *Cat.* p. 11.

C. *Micropterus.* Sturm. v. p. 113. n° 4. t. 122. fig. b. B.

Carabus Micropterus. Duftschmid. ii. p. 123. n° 155.

Harpalus Micropterus. Gyllenhal. iv. p. 442. n° 39-40.

Sahlberg. *Dissert. entomolog. Ins. Fennica.* p. 241. n° 41.

Harpalus Melanocephalus. var. *b.* Gyllenhal. ii. p. 129. n° 40.

Calathus Fuscatus. Bonelli.

Long. 3, 3 ½ lignes. Larg. 1 ⅓, 1 ⅔ ligne.

A peu près de la taille du *Melanocephalus*, et d'un noir un peu brunâtre en dessus.

Corselet un peu plus court, moins large vers sa base, avec les angles postérieurs un peu plus arrondis, et les bords latéraux d'un brun ferrugineux.

Élytres à peu près de la même forme, striées et ponctuées de la même manière ; quelquefois quatre points enfoncés au lieu de trois sur le troisième intervalle.

Pattes et antennes à peu près de la même couleur.

Il se trouve en Suède, en France, en Suisse, en Allemagne, en Autriche, particulièrement dans les bois et les montagnes.

M. Ziegler, qui le premier a nommé cet insecte, l'avait appelé *Microcephalus*, et l'avait envoyé sous cette désignation à M. Duftschmid, qui y a substitué le nom de *Micropterus*.

17. C. Ochropterus. *Ziegler.*

Pl. 112. fig. 4.

Apterus, fusco-piceus; thorace quadrato, antice subangustato, margine rufescente, angulis posticis subrotundalis; elytris oblongo-ovatis, subtiliter striatis, punctisque tribus impressis; antennis pedibusque pallide testaceis.

Dej. *Spec.* iii. p. 79. n° 17.
Sturm. v. p. 115. n° 5. t. 123. fig. a. A.
Dej. *Cat.* p. 11.
Carabus Ochropterus. Duftschmid. ii. p. 124. n° 156.

Long. 3, 4 lignes. Larg. 1 $\frac{1}{4}$, 1 $\frac{3}{4}$ ligne.

Ressemble beaucoup au *Melanocephalus*, avec lequel on le confond souvent; d'un brun obscur en dessus.

Tête et élytres jamais aussi noires.

Corselet moins rouge, avec les bords latéraux seulement d'un brun roussâtre, moins large postérieurement.

Élytres plus ovales, un peu moins larges antérieurement, striées et ponctuées de la même manière.

Pattes et antennes à peu près de la même couleur.

Il se trouve en Angleterre, en France, principalement dans les parties méridionales, en Autriche, en Dalmatie, en Espagne, et il a été rapporté de Tanger par M. Goudot.

18. C. Melanocephalus.

Pl. 112. fig. 5.

Apterus, nigro-piceus; thorace rufo, quadrato, antice sub-angustato, angulis subrotundatis; elytris oblongo-ovatis, subtiliter striatis, punctisque tribus impressis; antennis pedibusque pallide testaceis.

Dej. *Spec.* iii. p. 80. n° 18.

Sturm. v. p. 116. n° 6.

Dej. *Cat.* p. 11.

Carabus Melanocephalus. Fab. *Sys. El.* 1. p. 190. n° 112.

Oliv. iii. 35. p. 91. n° 124. t. 2. fig. 14. a. b.

Sch. *Syn. Ins.* 1. p. 195. n° 157.

Duftschmid. ii. p. 124. n° 157.

Harpalus Melanocephalus. Gyllenhal. ii. p. 129. n° 40. et iv. p. 442. n° 40.

Sahlberg. *Dissert. entomolog. Ins. Fennica.* p. 241. n° 42.

Le Bupreste noir à corcelet rouge. Geoff. 1. p. 162. n° 42.

Long. 3; 4 lignes. Larg. 1 $\frac{1}{4}$, 1 $\frac{3}{4}$ ligne.

Plus petit que le *Fulvipes*, avec la tête et les élytres ordinairement d'un noir un peu brunâtre, et quelquefois d'un brun noirâtre plus ou moins foncé.

Corselet d'un rouge ferrugineux, presque carré, un peu rétréci antérieurement , très-légèrement convexe , presque lisse.

Élytres en ovale allongé , avec les bords latéraux ordinairement un peu roussâtres ; les stries lisses, assez fines, peu enfoncées, disposées comme celles du *Fulvipes* ; les intervalles planes et lisses ; ordinairement deux points enfoncés sur le troisième, près de la troisième strie.

Antennes et pattes d'un jaune testacé pâle.

Il se trouve communément sous les pierres, dans presque toute l'Europe et la Sibérie.

19. C. Alpinus.

Pl. 112. fig. 6.

Apterus, nigro-piceus ; thorace obscure ferrugineo, quadrato, antice subangustato, angulis posticis subrotundatis ; elytris brevioribus, oblongo-ovatis, subtiliter striatis, punctisque tribus impressis ; pedibus testaceis.

Dej. *Spec.* iii. p. 82. n° 19.
Dej. *Cat.* p. 11.

Long. 2 ¾, 3 ¼ lignes. Larg. 1 , 1 ¼ ligne.

Ressemble beaucoup au *Melanocephalus*, mais plus petit et proportionnellement un peu plus court.

Corselet d'un rouge ferrugineux très-obscur, un peu

plus convexe, avec les côtés un peu moins déprimés et les angles postérieurs et la base coupés un peu plus carrément.

Élytres un peu plus courtes, striées et ponctuées de la même manière.

Pattes d'un jaune testacé un peu moins pâle.

Il a été découvert par M. Dejean dans les Alpes du cercle de Judenbourg, en Styrie.

XI. PRISTODACTYLA. *Dejean.*

Les trois premiers articles des tarses antérieurs dilatés dans les mâles. Crochets des tarses dentelés en dessous. Dernier article des palpes allongé, presque cylindrique et tronqué à l'extrémité. Antennes filiformes et assez allongées. Lèvre supérieure en carré moins long que large et presque transversale. Mandibules peu avancées, légèrement arquées et assez aiguës. Une dent bifide au milieu de l'échancrure du menton. Corselet ovalaire, arrondi postérieurement. Elytres en ovale allongé et légèrement convexes.

L'insecte sur lequel M. Dejean a établi ce genre a les plus grands rapports avec la *Taphria Vivalis ;* mais il a cru devoir en former un nouveau genre, auquel il a donné le nom de *Pristodactyla,* tiré des deux mots grecs Πριϛηϛ, scie, et Δακτυλον, doigt.

Les caractères de ce genre ne diffèrent presque pas de ceux de la *Taphria Vivalis.*

FÉRONIENS.

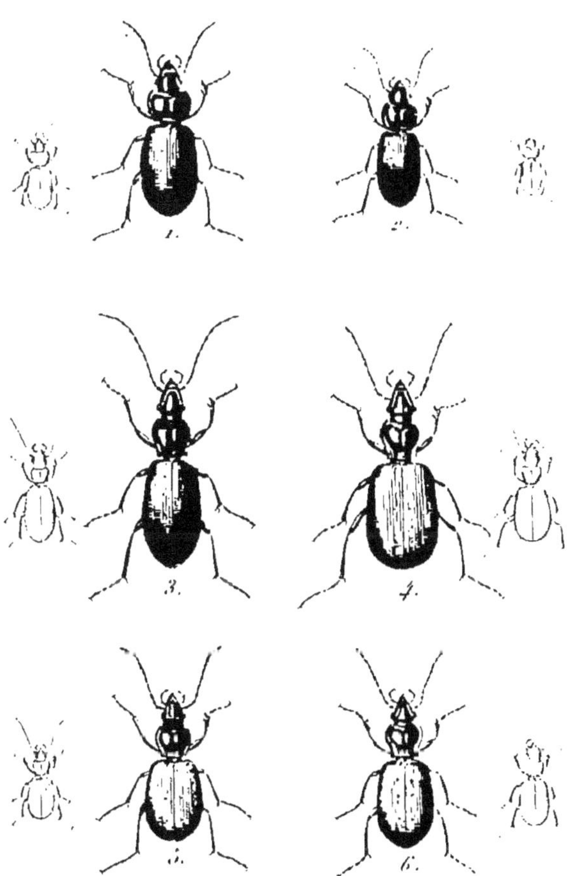

1. Pristodactyla Americana.
2. Taphria Vivalis.
3. Platynus Elongatus.
4. Platynus Complanatus.
5. _________ Depressus.
6. _____ _ Scrobiculatus.

P. Duménil Pinxit et Direxit

Les palpes sont un peu plus allongés, surtout le dernier article, qui est presque cylindrique et tronqué à l'extrémité. Les trois premiers articles des tarses antérieurs des mâles sont un peu plus allongés, surtout le premier; le second et le troisième sont un peu plus triangulaires et moins cordiformes.

P. Americana.

Pl. 115. fig. 1.

Nigro-picea; thorace rotundato; elytris oblongo-ovatis, subconvexis, profunde striatis, punctisque duobus impressis; antennis pedibusque rufis.

Dej. *Spec.* iii. p. 83. n° 1.

Long. 4 ¾ lignes. Larg. 2 lignes.

Elle se trouve dans l'Amérique septentrionale.

XII. TAPHRIA. *Bonelli.*

Synuchus. *Gyllenhal.* Agonum. *Sturm.*

Les trois premiers articles des tarses antérieurs dilatés dans les mâles. Crochet des tarses dentelés en dessous. Dernier article des palpes labiaux assez fortement sécuriforme dans les deux sexes. Antennes filiformes et assez

" allongées. Lèvre supérieure en carré moins long que large
et presque transversale. Mandibules peu avancées, légè-
rement arquées et assez aiguës. Une dent bifide au milieu
de l'échancrure du menton. Corselet ovalaire, arrondi
postérieurement. Élytres en ovale allongé, et légèrement
convexes.

Bonelli a établi ce genre sur le *Carabus Vivalis* d'Illiger, et Gyllenhal presque en même temps lui avait donné
le nom de *Synuchus*; mais le nom de *Taphria* a été généralement adopté.

L'espèce unique qui forme ce genre a quelques rapports avec certaines espèces d'*Agonum* exotiques; mais
elle présente des caractères génériques bien marqués.

La lèvre supérieure est très-légèrement convexe, en
carré moins long que large, presque transversale et coupée carrément à sa partie antérieure. Les mandibules sont
peu avancées, légèrement arquées et assez aiguës. Le menton est assez grand, légèrement concave, fortement échancré, et il a une dent très-distinctement bifide au milieu
de son échancrure. Les palpes sont assez grands : le dernier article des maxillaires est assez allongé, presque cylindrique et tronqué à l'extrémité; celui des labiaux est
un peu plus court, un peu renflé, fortement séeuriforme
dans les deux sexes, et tronqué obliquement à l'extrémité. Les antennes sont filiformes, et à peu près de la
longueur de la moitié du corps; leurs articles sont assez
allongés et presque cylindriques : le second est plus court
que tous les autres, et le troisième n'est pas sensiblement
plus long que les suivans. La tête est presque triangulaire, et un peu rétrécie postérieurement. Les yeux sont

assez saillans. Le corselet est ovalaire et arrondi postérieurement. Les élytres sont en ovale allongé et légèrement convexes. Les pattes sont assez fortes et peu allongées. Les jambes antérieures sont assez fortement échancrées. Les articles des tarses sont assez allongés, presque cylindriques ou légèrement triangulaires; les trois premiers des tarses antérieurs sont assez fortement dilatés
dans les mâles, et à peu près de la même longueur : le
premier est triangulaire et les deux suivans assez fortement cordiformes.

T. VIVALIS.

Pl. 115. fig. 2.

*Nigro-picea ; thorace subrotundato ; elytris oblongo-ova-
tis, striatis, punctisque duobus impressis ; antennis pedibusque rufis.*

DEJ. *Spec.* III. p. 85. n° 1.

DEJ. *Cat.* p. 10.

Carabus Vivalis. ILLIGER. *Kæfer Preus.* I. p. 197.
n° 79.

DUFTSCHMID. II. p. 140. n° 183.

Synuchus Vivalis. GYLLENHAL. II. p. 77. n° 1. et IV.
p. 424. n°. 1.

SAHLBERG. *Dissert. entomol. Ins. Fennica.* p. 216.
n° 1.

Agonum vivale. STURM. V. p. 215. n° 22.

Carabus Rotundatus. var. b. SCH. *Syn. Ins.* I. p. 214.
n° 258.

Long. 3, 3 ¾ lignes. Larg. 1 ¼, 1 ½ ligne. —

Ressemble beaucoup par la forme à l'*Olisthopus Rotundatus*, mais un peu plus grande et d'un brun plus ou
moins foncé, souvent assez noir et quelquefois assez
clair.

Tête très-légèrement convexe, presque lisse, avec les
antennes d'un rouge ferrugineux.

Corselet plus large que la tête, un peu moins long que
large, arrondi sur les côtés, assez convexe, presque lisse,
avec les bords latéraux un peu roussâtres.

Élytres un peu plus larges que le corselet, en ovale
allongé, légèrement convexes, ayant chacune neuf stries
et le commencement d'une dixième près de l'écusson ;
les troisième et quatrième, cinquième et sixième se
réunissant deux à deux, et n'allant pas tout-à-fait jusqu'à l'extrémité ; ordinairement deux points enfoncés distincts sur le troisième intervalle près de la seconde strie ;
une rangée de points fortement marqués le long du bord
extérieur.

Dessous de l'abdomen d'un brun ferrugineux, avec le
corselet et la poitrine d'un brun noirâtre.

Pattes d'un rouge ferrugineux.

Elle se trouve sous les pierres, les mousses et les
feuilles sèches, particulièrement dans les bois et les
montagnes, en Suède, en Angleterre, en France, en
Suisse, en Allemagne et en Russie.

XIII. MORMOLYCE. *Hagenbach.*

Palpes extérieurs très-courts ; le dernier article cylindrique et presque arrondi à l'extrémité. Antennes sétacées, presque aussi longues que le corps ; le troisième article aussi long que les deux suivans ; le quatrième plus long que les deux suivans. Lèvre supérieure presque carrée, échancrée antérieurement. Mandibules courtes, arquées, assez aiguës, et dentées intérieurement. Une dent simple au milieu de l'échancrure du menton. Corps très-déprimé. Tête étroite, allongée, très-prolongée postérieurement. Corselet presque en losange. Élytres planes, minces, très-dilatées, beaucoup plus larges et plus longues que l'abdomen.

Ce nouveau genre a été établi par M. Hagenbach, dans un petit opuscule ayant pour titre : *Mormolyce novum Coleopterorum genus*, sur un insecte extraordinaire qui paraît appartenir, au premier aspect, à la famille des *Mantis*, mais qui est cependant un coléoptère et même un véritable carabique, ainsi qu'il est facile de s'en convaincre par ses caractères génériques.

La lèvre supérieure est plane, presque carrée et assez fortement échancrée antérieurement. Les mandibules sont courtes, arquées, aiguës, et elles ont une dent assez forte et assez saillante vers la base. Le menton est presque plane, très-fortement échancré, et il a une dent aiguë et assez saillante au milieu de son échancrure. Les palpes extérieurs sont très-courts ; le dernier article est peu allongé, cylindrique et presque arrondi à l'extré-

mité. Les antennes sont sétacées et presque aussi longues
que le corps; le premier article est assez long , renflé
vers l'extrémité et presque en massue; le second est obconique et très-court; tous les autres sont minces, allongés et cylindriques; le troisième est aussi long que les
deux suivans réunis, le quatrième est presque aussi long
que les trois suivans réunis; tous les autres sont presque
égaux et à peu près de la longueur du premier; le dernier est terminé par une espèce de petit crochet à peine
sensible. Les cuisses sont longues et presque cylindriques.
Les jambes sont également presque cylindriques, et les
antérieures sont assez fortement échancrées vers l'extrémité. Le premier article des tarses est assez allongé et
presque cylindrique ; le second est plus court et très-légèrement triangulaire; le troisième est presque moitié plus
court que le second et légèrement triangulaire, et le quatrième est encore un peu plus court que le troisième. Les
crochets des tarses ne sont pas dentelés en dessous. Les
tarses des mâles et des femelles n'offrent aucune diffé-
rence.

MORMOLYCE PHYLLODES.

Pl. 113. fig. 1.

*Picea; capite angustato, longissimo; thoracis marginibus den-
ticulatis ; elytris ovatis, margine dilatatissimo , foliaceo.*

Dej. *Spec.* v. *Suppl.* p. 524. n° 1.

Hagenbach. *Mormolyce novum Coleopterorum genus.*

Ce coléoptère extraordinaire habite la partie occiden-
tale de l'île de Java.

MORMOLYCE

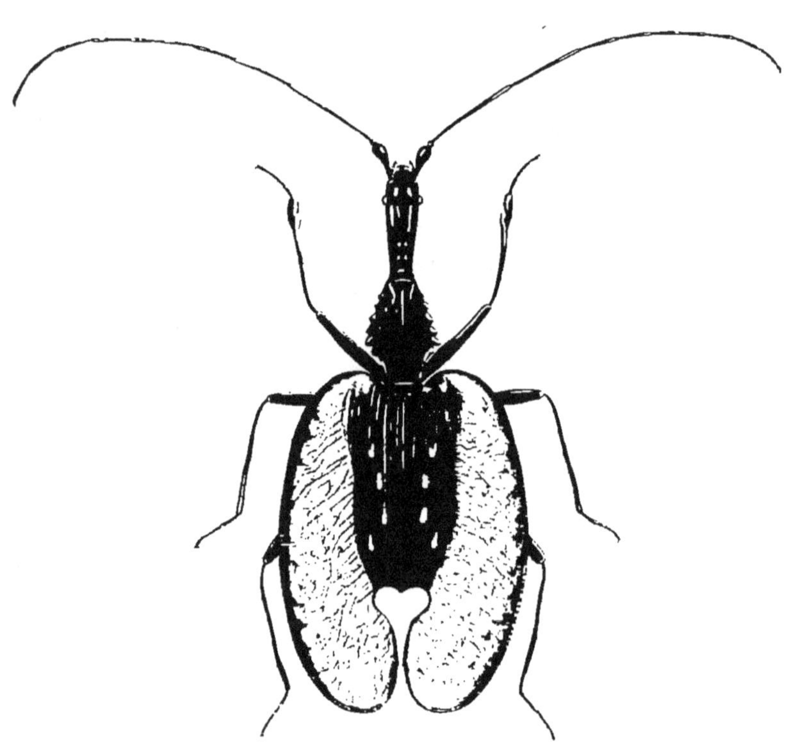

M. Phyllodes.

C. Dumenil Pinxit et Direxit.

XIV. SPHODRUS. *Clairville.*

HARPALUS. *Gyllenhal.* CARABUS. *Fabricius.*

Les trois premiers articles des tarses antérieurs dilatés dans les mâles, aussi longs que larges et fortement triangulaires ou cordiformes. Dernier article des palpes allongé, presque cylindrique et tronqué à l'extrémité. Antennes filiformes, assez allongées ; le troisième article au moins aussi long que les deux suivans. Lèvre supérieure presque transversale, coupée presque carrément ou légèrement échancrée. Mandibules assez avancées, plus ou moins arquées et assez aiguës. Une dent bifide au milieu de l'échancrure du menton. Corselet plus ou moins cordiforme. Élytres en ovale allongé.

Ce genre, établi par Clairville sur le *Carabus Planus* de Fabricius, a été adopté depuis long-temps par Latreille, Bonelli, Sturm et presque tous les autres entomologistes ; mais ils l'ont un peu trop étendu, en y faisant entrer le *Carabus Terricola* d'Olivier, et les autres espèces placées dans le genre *Pristonychus*.

M. Dejean a restreint le genre *Sphodrus*, ainsi qu'il parait que l'avait conçu Clairville, au *Planus* et à quelques grandes espèces de Sibérie et de la Russie méridionale, dont les crochets des tarses ne sont jamais dentelés et qui présentent tous les caractères suivans.

La lèvre supérieure est plane, presque transversale, coupée carrément à sa partie antérieure ou légèrement

échancrée. Les mandibules sont grandes, assez avancées,
plus ou moins arquées à l'extrémité et assez aiguës. Le
menton est grand, légèrement concave, profondément
échancré, et il a une forte dent distinctement bifide au
milieu de son échancrure. Les palpes sont assez saillans;
le dernier article est allongé, presque cylindrique, tronqué à l'extrémité et un peu plus court que le précédent.
Les antennes sont filiformes et à peu près de la longueur
de la moitié du corps; leurs articles sont allongés et presque cylindriques : le second est très-court; le troisième,
au contraire, est toujours au moins aussi long que les
deux suivans réunis; tous les autres sont égaux entre
eux. La tête est plus ou moins allongée et n'est point rétrécie postérieurement. Les yeux sont petits et peu saillans. Le corselet est plus ou moins cordiforme. Les élytres sont plus ou moins ovales et plus ou moins allongées.
Les pattes sont grandes et assez fortes. Les jambes antérieures sont assez profondément échancrées. Les articles
des tarses sont allongés, très-légèrement triangulaires et
bifides à l'extrémité; les trois premiers des tarses antérieurs sont légèrement dilatés dans les mâles : le premier
est en triangle allongé, et un peu plus long que les autres; les suivants sont assez fortement cordiformes. Les
crochets des tarses ne sont pas dentelés en dessous.

Les *Sphodrus* se trouvent ordinairement sous les pierres, dans les endroits humides, et principalement dans les
caves et les souterrains. Des six espèces que M. Dejean
possède, une appartient à l'Europe, quatre à la Sibérie,
et la dernière à la Géorgie russe.

SPHODRUS.

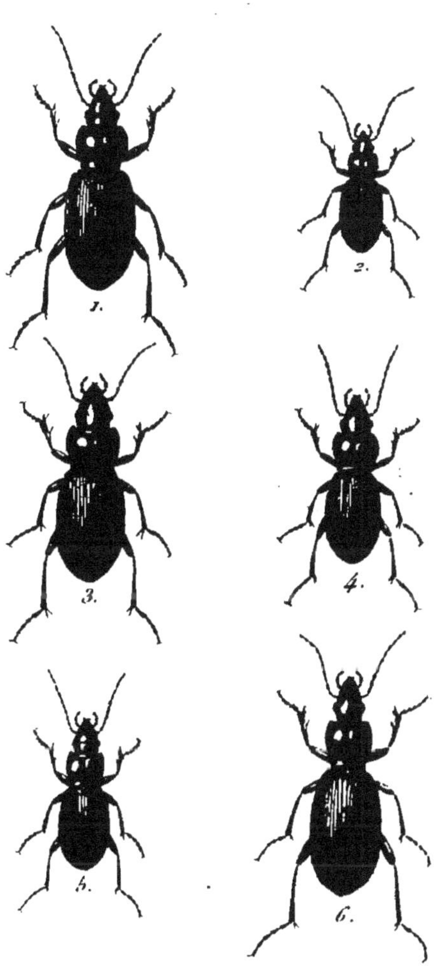

1. S. Planus.
2. S. Picicornis.
3. S. Laticollis.
4. S. Tilesii.
5. S. Parallelus.
6. S. Longicollis.

P. Dumenil Pinxit et Direxit.

1. S. Planus.

Pl. 114. fig. 1.

Alatus, niger; thorace cordato, postice coarctato; elytris oblongo-ovatis, subparallelis, subtilissime striato-punctatis.

Dej. *Spec.* iii. p. 88. n° 1.

Clairville. *Entom. helvétique.* ii. p. 86. t. 12.

Sturm. v. p. 149. n° 1. t. 128. fig. a-n.

Dej. *Cat.* p. 10.

Latreille. *Descript. d'Ins. d'Afrique,* recueillis par M. Calliaud. p. 4. n° 4.

Carabus Planus. Fabr. *Sys. El.* 1. p. 179. n° 47.

Sch. *Syn. Ins.* 1. p. 180. n° 63.

Carabus Leucophtalmus. Linné. *Sys. Nat.* ii. p. 668. n° 4.

Duftschmid. ii. p. 165. n° 217.

Harpalus Leucophtalmus. Gyllenhal. ii. p. 81. n° 1. et iv. p. 424. n° 1.

Sahlberg. *Dissert. entom. Ins. Fennica.* p. 218. n° 1.

Carabus Spiniger. Payk. *Fauna Suecica.* 1. p. 114. n° 23.

Oliv. iii. 35. p. 44. n° 45. t. 5. fig. 58. et t. 12. fig. 58. b.

Long. 10, 12 lignes. Larg. $3\frac{1}{2}$, $4\frac{1}{2}$ lignes.

Aussi grand que le *Carabus Auratus,* et entièrement en dessus d'un noir assez brillant.

Tête grande, allongée, presque lisse, avec les palpes d'un brun roussâtre.

Corselet plus large que la tête, moins long que large, cordiforme, assez fortement rétréci postérieurement, assez plane, presque lisse, couvert de rides transversales ondulées, très-peu marquées; les bords latéraux fortement déprimés et un peu relevés; le bord antérieur un peu échancré; les angles postérieurs coupés carrément avec la base très-légèrement en arc de cercle.

Élytres plus larges que le corselet, assez allongées, légèrement ovales, presque parallèles, un peu sinuées près de l'extrémité et très-légèrement convexes, ayant chacune neuf stries fines, peu marquées, très-légèrement ponctuées et le commencement d'une dixième près de l'écusson; les troisième et quatrième, cinquième et sixième se réunissant deux à deux et n'allant pas tout-à-fait jusqu'à l'extrémité; les intervalles presque planes; des ailes sous les élytres.

Dessous du corps d'un noir un peu brunâtre, avec les pattes noires; les trocanters très-allongés et terminés en pointe aiguë un peu arquée.

Il se trouve presque par toute l'Europe, principalement dans les parties méridionales.

2. S. Picicornis. *Klug.*

Pl. 114. fig. 2.

Alatus, niger; thorace subcordato; elytris oblongo-ovatis, subparallelis, subtilissime striato-punctatis; antennis pedibusque piceis; tibiis posticis subincurvis.

Dej. *Spec.* v. *Suppl.* p. 715. n° 6.

Long. 6 ½ lignes. Larg. 2 ⅓ lignes.

Beaucoup plus petit que le *Planus*, auquel il ressemble un peu.

Tête un peu plus allongée que celle du *Planus*, et un peu plus rétrécie postérieurement, avec les antennes un peu plus roussâtres.

Corselet plus lisse, plus étroit et beaucoup moins arrondi sur les côtés antérieurement, paraissant moins cordiforme et moins rétréci postérieurement; les côtés beaucoup moins largement déprimés et un peu moins relevés.

Élytres à peu près de la même forme, à peine sinuées à l'extrémité, les stries un peu plus marquées; les intervalles plus planes.

Dessous de la tête, du corselet et poitrine d'un brun noirâtre; abdomen et pattes d'un brun un peu roussâtre; les trocanters à peu près comme dans le *Planus*; les jambes postérieures légèrement arquées.

M. Dejean l'a reçu de M. Klug.

3. S. LATICOLLIS.

Pl. 114. fig. 3.

*Apterus, niger; thorace latiore, subcordato; elytris bre-
vioribus, subparallelis, subtilissime striato-punctatis.*

DEJ. *Spec.* III. p. 90. n° 2.
S. *Gigas?* FISCHER. *Entomographie de la Russie.* II.
p. 105. n° 1. T. 36. fig. 9. a. b.

Long. 10 ½ lignes. Larg. 4 lignes.

Un peu plus petit que le *Planus*, et proportionnellement
plus court et un peu plus large.

Tête moins allongée, un peu plus grosse.

Corselet plus grand, plus large et moins rétréci postérieurement, avec les rides ondulées à peine sensibles; les
bords latéraux plus relevés et la base assez fortement
échancrée.

Élytres plus courtes, plus parallèles, moins ovales,
moins sinuées et plus arrondies à l'extrémité; pas d'ailes
sous les élytres.

Il se trouve en Sibérie.

4. S. Tilesii. *Bœber.*

Pl. 114. fig. 4.

Apterus, niger; thorace subcordato; elytris oblongo-ovatis,
subtilissime striato-punctatis.

Dej. *Spec.* iii. p. 91. n° 3.
Germar. *Colcop. Sp. Nov.* p. 12. n° 19.
Fischer? *Entomographie de la Russie.* ii. p. 108. n° 3.
т. 36. fig. 4.
S. *Dauricus?* Fischer. *idem.* p. 107. n° 2. т. 36. fig. 6.

Long. 9, 11 lignes. Larg. 3, 4 lignes.

. Varie pour la grandeur, mais toujours plus petit que le
Planus.

Tête proportionnellement un peu plus grosse, moins
allongée.

Corselet un peu plus allongé, moins large antérieurement, moins rétréci postérieurement; les stries ondulées
moins marquées; les bords latéraux un peu moins déprimés et un peu plus relevés; la base un peu échancrée et
les angles postérieurs presque aigus.

Élytres un peu plus courtes, un peu plus étroites, plus
rétrécies antérieurement et plus ovales; leur extrémité
moins sinuée et plus arrondie. Pas d'ailes sous les élytres.
Les trocanters plus courts, ne se terminant pas par une
pointe.

Il se trouve en Sibérie.

5. S. Parallelus.

Pl. 114. fig. 5.

Apterus; niger; thorace subquadrato, margine subreflexo; elytris oblongo-ovatis, subtilissime striato-punctatis.

Dej. *Spec.* iii. p. 92. n° 4.

S. *Tilesii. var.* Gebler.

Long. 9 lignes. Larg. 3 lignes.

Plus petit et proportionnellement plus étroit que le *Tilesii.*

Tête un peu plus allongée.

Corselet plus étroit, surtout antérieurement et presque carré; les bords plus relevés et presque en carène; les angles postérieurs plus aigus.

Élytres un peu moins larges et un peu plus parallèles.

Il se trouve en Sibérie.

6. S. Longicollis. *Stéven.*

Pl. 114. fig. 6.

Apterus, niger; thorace elongato, subcordato; elytris elongato-ovatis, subconvexis, profunde striatis, striis tenue punctatis.

Dej. *Spec.* iii. p. 92. n° 5.

Fischer. *Entomographie de la Russie.* ii. p. 109. n° 4. t. 36. f. 1.

S. *Elongatus.* Stéven.

Long. 11 lignes. Larg. 4 lignes.

A peu près de la longueur du *Planus*, mais beaucoup plus étroit.

Tête un peu plus petite, un peu moins allongée.

Corselet plus allongé, beaucoup plus étroit, légèrement en cœur et un peu convexe, avec quelques rides transversales ondulées, très-peu marquées; le bord antérieur très-légèrement échancré; les côtés légèrement rebordés; les angles postérieurs presque aigus et la base très-légèrement échancrée.

Élytres un peu plus larges que le corselet, en ovale très-allongé et assez convexes; les stries fortement marquées et légèrement ponctuées; quelques points enfoncés peu distincts entre la septième et la huitième strie. Pas d'ailes sous les élytres.

Pattes très-grandes, avec les trocanters un peu allongés, oblongs et arrondis à l'extrémité.

Il se trouve dans la Géorgie russe.

XV. PLATYNUS. *Bonelli.*

Anchomenus. *Sturm.* Carabus. *Fabricius.*

Les trois premiers articles des tarses antérieurs dilatés dans les mâles, plus longs que larges et légèrement triangu-

laires et cordiformes. Dernier article des palpes allongé, presque cylindrique et tronqué à l'extrémité. Antennes allongées, filiformes et presque sétacées. Lèvre supérieure plane, en carré moins long que large. Mandibules légèrement arquées et assez aiguës. Une dent simple au milieu de l'échancrure du menton. Corselet plane, à bords relevés, cordiforme et fortement rétréci postérieurement; angles postérieurs toujours marqués. Élytres planes, en ovale plus ou moins allongé, point d'angle antérieur marqué. Point d'ailes propres au vol.

Les *Platynus* de Bonelli ont les plus grands rapports avec ses *Anchomenus;* cependant ils présentent assez de caractères distincts pour en être séparés.

Ils sont toujours aptères. Leur forme est plus aplatie. Les palpes sont un peu plus allongés et leur dernier article est plus cylindrique. Les antennes sont plus longues, plus minces et presque sétacées. La tête est ordinairement moins triangulaire et un peu plus allongée. Les yeux sont généralement moins saillans. Le corselet est ordinairement plus plane, plus cordiforme et plus rétréci postérieurement. Les élytres sont plus planes; leur forme est plus ovale, plus rétrécie antérieurement, l'anglé de la base n'est jamais marqué, et leur extrémité est sinuée ou tronquée obliquement. Les pattes sont plus longues et un peu plus fortes.

Les *Platynus* habitent l'Europe et l'Amérique septentrionale.

1. P. Elongatus. *Stéven.*

Pl. 115. fig. 3.

*Niger ; thorace cordato ; elytris elongato-oblongis, striatis,
striis obsolete punctatis, interstitio tertio punctis quinque
impresso ; antennis tarsisque rufo-piceis.*

Dej. *Spec.* v. *Suppl.* p. 716. n° 6.

Long. 5 ½ lignes. Larg. 2 lignes.

Assez allongé, déprimé, et d'un noir assez brillant en
dessus.

Tête assez grande, oblongue, rétrécie postérieurement,
presque lisse.

Corselet plus large que la tête, aussi long que large,
arrondi antérieurement sur les côtés, rétréci postérieurement, fortement cordiforme et presque plane ; le bord
antérieur légèrement échancré ; les côtés rebordés et un
peu relevés, formant un angle droit avec la base. Élytres
plus larges que le corselet, en ovale très-allongé, presque
planes et arrondies à l'extrémité, ayant chacune neuf
stries assez fortement marquées, légèrement ponctuées,
et le commencement d'une dixième près de la base ; les
troisième et quatrième, cinquième et sixième se réunissant deux à deux et n'allant pas jusqu'à l'extrémité ; les
intervalles planes, cinq points enfoncés assez marqués,
placés sur le troisième.

Dessous du corps et pattes noirs, avec les trocanters et les tarses d'un brun roussâtre.

Il se trouve dans le Caucase.

2. P. Complanatus. *Bonelli.*

Pl. 115. fig. 4.

Nigro-piceus ; thorace angustato, subcordato, margine re-flexo, angulis posticis rectis ; elytris oblongo-ovatis, striatis, punctisque duobus impressis.

Dej. *Spec.* iii. p. 99. n° 4.
Dej. *Cat.* p. 10.

Long. 5 ¼, 5 ¾ lignes. Larg. 2, 2 ⅓ lignes.

Un peu plus grand et plus allongé que le *Scrobiculatus* et à peu près de la même couleur.

Tête plus étroite, plus allongée, avec deux taches rougeâtres entre les antennes.

Corselet plus allongé, moins en cœur, moins large antérieurement et un peu plus plane ; les rides ondulées un peu plus marquées ; les angles postérieurs moins relevés. Élytres un peu moins larges et plus allongées ; les stries tout-à-fait lisses ; deux points enfoncés sur le troisième intervalle.

Dessous du corps et cuisses d'un brun noirâtre, avec les trocanters, les jambes et les tarses d'un brun ferrugineux.

Il habite les montagnes du Piémont.

3. P. Depressus. *Lasserre.*

Pl. 115. fig. 5.

*Niger ; thorace subcordato , margine reflexo ; elytris ovatis,
profunde striatis , punctisque duobus impressis ; palpis
tarsisque rufis.*

Dej. *Spec.* v. *Suppl.* p. 717. n° 7.

Long. 4 ⅔ lignes. Larg. 2 lignes.

Plus petit que le *Complanatus*, proportionnellement
moins allongé et d'un noir assez brillant en dessus.

Tête comme celle du *Complanatus.*

Corselet un peu plus court.

Élytres à peu près comme celles du *Scrobiculatus ;* les
stries plus fortement marquées et tout-à-fait lisses ; les intervalles relevés, presque arrondis ; deux points enfoncés
placés sur le troisième.

Dessous du corps, cuisses et jambes d'un noir un peu
brunâtre, avec les tarses d'un rouge ferrugineux.

Il se trouve en Suisse.

4. P. Scrobiculatus.

Pl. 115. fig. 6.

Nigro-piceus ; thorace cordato, margine reflexo ; elytris ovatis, striatis, punctisque tribus impressis ; antennis pedibusque rufis.

Dej. *Spec.* iii. p. 100. n° 5.
Dej. *Cat.* p. 10.
Carabus Scrobiculatus. Fabr. *Sys. El.* i. p. 178. n° 44.
Sch. *Syn. Ins.* i. p. 179. n° 56.
Duftschmid. ii. p. 173. n° 232.
Anchomenus Scrobiculatus. Sturm. v. p. 166. n° 1.

Long. 4 ½, 5 lignes. Larg. 1 ¾, 2 lignes.

A peu près de la forme et de la taille de l'*Anchomenus Angusticollis*, et d'un brun noirâtre plus ou moins foncé.

Tête ovale peu allongée, assez fortement rétrécie postérieurement, presque lisse et légèrement convexe.

Corselet plus large que la tête, moins long que large, en cœur fortement rétréci postérieurement; le bord antérieur assez fortement échancré; les bords latéraux largement déprimés, assez fortement ponctués, relevés et presque en carêne; les angles postérieurs relevés et coupés carrément, ainsi que la base.

Élytres presque le double plus larges que le corselet,

ovales, peu allongées et presque planes; leur extrémité un peu sinuée et presque tronquée obliquement, ayant chacune neuf stries et le commencement d'une dixième près de l'écusson, les troisième et quatrième, cinquième et sixième se réunissant deux à deux; les intervalles planes; trois points enfoncés distincts sur le troisième.

Dessous du corps d'un brun roussâtre, avec les pattes d'un roux ferrugineux.

Il se trouve assez communément en Autriche, sous les pierres et les feuilles sèches, particulièrement dans les bois humides des montagnes.

XVI. ANCHOMENUS. *Bonelli.*

HARPALUS. *Gyllenhal.* CARABUS. *Fabricius.*

Les trois premiers articles des tarses antérieurs dilatés dans les mâles, plus longs que larges et légèrement triangulaires ou cordiformes. Dernier article des palpes allongé, cylindrique, légèrement ovalaire et tronqué à l'extrémité. Antennes filiformes et assez allongées. Lèvre supérieure plane, en carré moins long que large. Mandibules légèrement arquées et assez aiguës. Une dent simple au milieu de l'échancrure du menton. Corselet plus ou moins cordiforme; angles postérieurs toujours marqués. Élytres légèrement convexes, en ovale plus ou moins allongé; angles antérieurs arrondis, mais toujours marqués. Le plus souvent des ailes propres au vol.

Nous devons à Bonelli la création de ce genre, adopté maintenant par presque tous les entomologistes.

Les *Anchomenus* sont des carabiques généralement au-
dessous de la taille moyenne, rarement parés de couleurs
brillantes, presque toujours ailés, et qui présentent tous
les caractères suivans.

La lèvre supérieure est plane ou très-légèrement convexe, en carré moins long que large et coupée carrément
à sa partie antérieure. Les mandibules ne sont pas très-
saillantes; elles sont légèrement arquées et assez aiguës.
Le menton est assez grand, légèrement concave, fortement échancré, et il a une forte dent simple au milieu de
son échancrure. Les palpes sont assez grands et composés
d'articles presque égaux; le dernier est assez allongé,
presque cylindrique, très-légèrement ovalaire et tronqué
à l'extrémité. Les antennes sont filiformes et à peu près
de la longueur de la moitié du corps, quelquefois un peu
plus, quelquefois un peu moins; leurs articles sont allongés et presque cylindriques : le premier est un peu plus
gros que les autres; le second est le plus court de tous,
et les suivans sont presque égaux. La tête est ovale ou légèrement triangulaire, et un peu rétrécie postérieurement. Les yeux sont plus ou moins saillans. Le corselet
est plus ou moins cordiforme, et ses angles postérieurs
sont toujours marqués. Les élytres sont légèrement convexes, en ovale plus ou moins allongé, quelquefois presque parallèles, jamais rétrécies antérieurement; l'angle
de leur base est toujours marqué, quoique souvent très-
arrondi, et l'extrémité est légèrement sinuée et presque
arrondie. Les pattes sont peu allongées. Les jambes antérieures sont assez fortement échancrées. Les articles des
tarses sont allongés, presque cylindriques ou très-légère-

ANCHOMENUS.

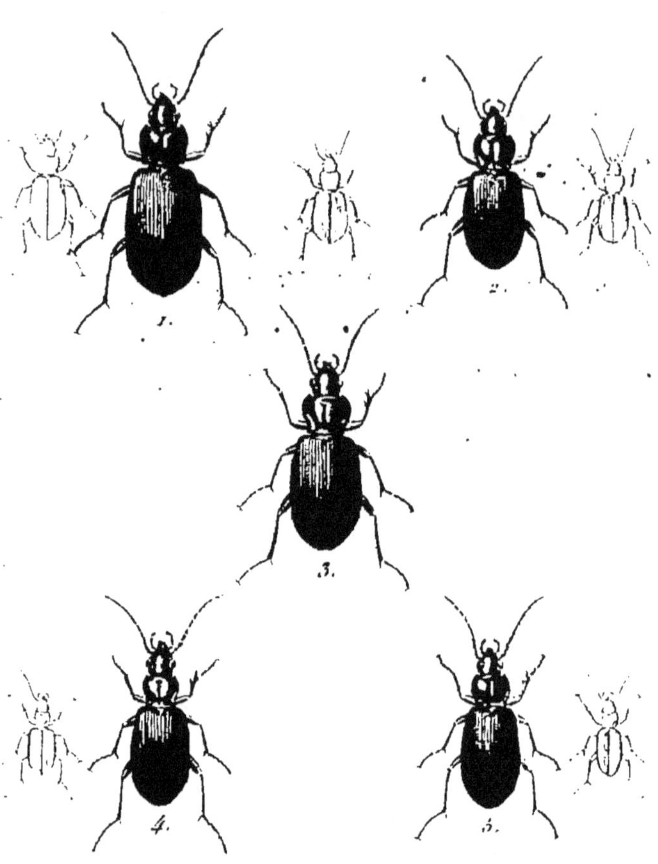

1. A. Longiventris.

2. A. Mannerheimii.

3. A. Angusticollis.

4. A. Cyaneus.

5. A. Memnonius

P. Dumenil Pinxit et Direxit.

ment triangulaires ; les trois premiers articles des tarses antérieurs sont assez fortement dilatés dans les mâles : le premier est plus long que les autres, assez allongé, presque trapézoïde, et les deux suivans sont légèrement cordiformes et presque en carré dont les angles sont arrondis. Les crochets des tarses ne sont pas dentelés en dessous.

On trouve ordinairement ces insectes dans les lieux humides, aux bords des eaux, sous les pierres et les débris de végétaux ; quelques-uns se rencontrent aussi sous les écorces et dans les troncs d'arbres.

Toutes les espèces sont d'Europe, de Sibérie et des deux Amériques.

1. A. Longiventris. *Eschscholtz.*

Pl. 116. fig. 1.

Alatus, niger ; thorace brevi, subquadrato, marginato, postice subangustato ; elytris parallelis, elongato-quadratis, striatis, punctisque tribus impressis.

Dej. *Spec.* iii. p. 103. n° 1.
Platynus Longiventris. Sturm. *Catal.* p. 185.
Platynus Microthorax. Steven.

Long. 5 ½, 6 lignes. Larg. 2, 2 ⅓ lignes.

Toujours un peu plus grand que l'*Angusticollis*, auquel il ressemble beaucoup.

Corselet moins en cœur, moins rétréci postérieurement et presque carré.

Élytres plus longues, plus parallèles, presque en carré allongé, avec le fond des stries presque tout-à-fait lisse.

Le reste comme dans l'*Angusticollis*.

Il se trouve en Sibérie, dans la Russie méridionale et quelquefois, mais très-rarement, en Suède et même en Allemagne.

2. A. Mannerheimii. *Sahlberg*.

Pl. 116. fig. 2.

Alatus, niger; thorace brevi, subcordato, angulis posticis subrotundatis; elytris oblongo-ovatis, striatis, punctisque tribus impressis.

Dej. *Spec.* iii. p. 104. n° 2.

Long. 5 lignes. Larg. 2 lignes.

A peu près de la même taille que l'*Angusticollis*, auquel il ressemble beaucoup.

Corselet un peu plus rétréci postérieurement, avec les bords latéraux moins largement déprimés et moins relevés; les angles postérieurs presque arrondis et nullement saillans.

Élytres un peu plus étroites, avec le fond des stries tout-à-fait lisse.

Il se trouve en Finlande.

3. A. ANGUSTICOLLIS.

Pl. 116. fig. 3.

Alatus, niger; thorace brevi, cordato, marginato, angulis posticis subproductis; elytris oblongo-ovatis, striatis, striis obsolete punctatis, punctisque tribus impressis.

DEJ. *Spec.* III. p. 104. n° 5.

STURM. v. p. 168. n° 2. T. 130.

Carabus Angusticollis. FABR. *Sys. El.* 1. p. 182. n° 64.

SCH. *Syn. Ins.* 1. p. 185. n° 88.

DUFTSCHMID. II. p. 173. n° 131.

Harpalus Angusticollis. GYLLENHAL. II. p. 81. n° 2. et IV. p. 424. n° 2.

SAHLBERG. *Dissert. entom. Ins. Fennica.* p. 118. n° 2.

Platynus Angusticollis. DEJ. *Cat.* p. 10.

Carabus Assimilis. PAYKULL. *Fauna Suecica.* 1. p. 119. n° 30.

VAR. *Platynus Rufipes.* OESKAY.

Long. 4 ½, 5 lignes. Larg. 1 ¾, 2 lignes.

Un peu plus long que l'*Agonum Marginatum*, et entièrement d'un noir assez brillant.

Tête grande, ovale, un peu rétrécie postérieurement, avec les antennes noirâtres.

Corselet plus large que la tête, moins long que large, assez court, en cœur et assez fortement rétréci postérieu-

rement, légèrement convexe au milieu, couvert de lignes
ondulées; le bord antérieur un peu échancré; les côtés
largement déprimés, quelquefois un peu brunâtres, souvent un peu rugueux, et un peu relevés, surtout vers les
angles postérieurs, qui sont presque coupés carrément et
un peu saillans; la base très-légèrement sinuée.

Élytres à peu près le double plus larges que le corselet,
en ovale un peu allongé, sinuées à l'extrémité et très-légèrement convexes, ayant chacune neuf stries et le commencement d'une dixième; les stries assez marquées paraissant très-légèrement ponctuées à la loupe; les troisième et
quatrième, cinquième et sixième se réunissant deux à
deux; les intervalles un peu relevés; trois points enfoncés
distincts sur le troisième. Des ailes sous les élytres.

Dessous du corps d'un brun noirâtre, avec les jambes
et les cuisses d'un brun plus ou moins foncé, et les tarses
plus clairs.

Il se trouve assez communément dans les bois, sous
les écorces et les feuilles sèches, et sous les pierres au
bord des rivières, en Suède, en France, en Suisse, en
Italie, en Allemagne, en Russie et même en Sibérie.

4. A. Cyaneus. *Dejean.*

Pl. 116. fig. 4.

*Alatus, supra cyaneus; thorace subquadrato; elytris sub-
parallelis, striatis, punctisque quatuor impressis; antennis pedibusque nigris.*

Dej. *Spec.* iii. p. 106. n° 4.

Long. 4, 4 ½ lignes. Larg. 1 ⅔, 1 ¾ ligne.

Un peu plus petit que l'*Angusticollis*, et d'un bleu un peu verdâtre en dessus.

Tête assez allongée, un peu rétrécie postérieurement, presque triangulaire, presque lisse, avec les yeux assez saillans et les antennes noirâtres.

Corselet un peu plus large que la tête, moins long que large, presque carré, un peu sinué sur les côtés près de la base, mais point rétréci postérieurement, couvert de rides transversales ondulées assez rapprochées ; le bord antérieur un peu échancré ; les côtés légèrement rebordés ; les angles postérieurs un peu relevés et coupés presque carrément ; la base coupée un peu obliquement.

Élytres le double plus larges que le corselet, presque comme celles de l'*Angusticollis*, un peu plus larges à la base, un peu plus parallèles, plus arrondies et moins sinuées à l'extrémité ; les stries assez fortement marquées et presque lisses ; les intervalles très-peu relevés et presque planes ; quatre points enfoncés sur le troisième.

Dessous du corps et pattes d'un noir obscur.

Cette belle espèce a été découverte dans les Basses-Pyrénées, par M. Puzos.

5. A. Memnonius. *Knoch.*

Pl. 116. fig. 5.

*Alatus, nigro-piceus ; thorace oblongo-ovato, angulis pos-
ticis subrotundatis ; elytris elongatis, subparallelis,*

*striatis, punctisque tribus impressis; fronte rufo-bimacu-
lata; antennis pedibusque rufo-pallidis.*

DEJ. *Spec.* III. p. 110. n° 8.
STURM. v. p. 170. n° 3. T. 131.
DEJ. *Cat.* p. 10.
Agonum Bipunctatum. STURM. v. p. 184. n° 2. T. 133.
fig. b. B.
Harpalus Livens. GYLL. II. p. 149. n° 57. et IV. p. 447.
n° 57.
SAHLBERG. *Dissert. entom. Ins. Fennica.* p. 252. n° 61.

Long. 3 ½, 4 ½ lignes. Larg. 1 ¼, 1 ¾ ligne.

Un peu plus petit et plus allongé que l'*Angusticollis*,
et d'un brun tantôt assez clair et tantôt presque noirâtre.

Tête assez allongée, presque triangulaire, rétréci postérieurement, avec les antennes d'un roux ferrugineux.

Corselet un peu plus large que la tête, moins long que
large, presque ovale, un peu rétréci postérieurement et
très-légèrement convexe; le bord antérieur très-légèrement échancré; les côtés rebordés et un peu déprimés
vers les angles postérieurs, qui sont légèrement arrondis
et presque tronqués; le milieu de la base coupé carrément.

Élytres un peu plus larges que le corselet, allongées,
très-légèrement ovales, presque parallèles, un peu sinuées
à l'extrémité et presque planes; les stries lisses et peu
marquées; les intervalles très-peu relevés et presque planes; trois points enfoncés distincts sur le troisième.

ANCHOMENUS.

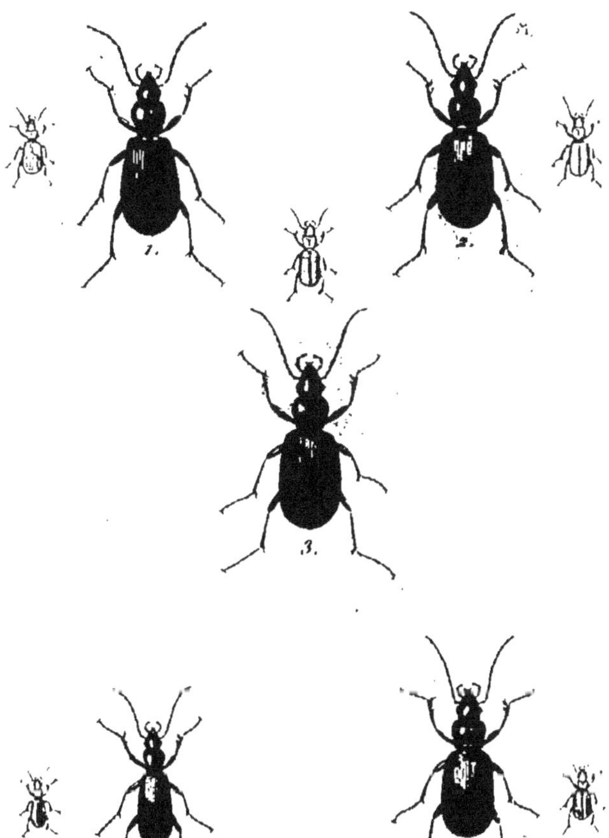

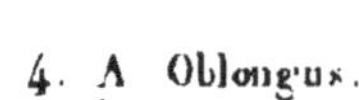

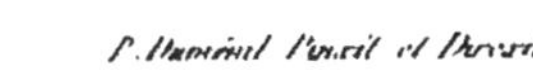

1. A Prasinus.

2. A Melanocephalus.

5. A Pallipes.

4. A Oblongus.

5. A Bicolor.

P. Dumeril Pinxit et Direxit.

Dessous du corps d'un brun plus ou moins roussâtre, avec les pattes d'un rouge ferrugineux.

Il habite la Suède, l'Allemagne, la Russie et la Sibérie.

6. A. Prasinus.

Pl. 117 . fig. 1.

Alatus ; capite thoraceque viridi-æneis ; thorace angustato, subcordato ; elytris ferrugineis , oblongo-ovatis, striatis, punctis quatuor impressis, maculaque magna communi postica viridicyanea ; antennarum basi pedibusque flavo-pallidis.

Dej. *Spec.* iii. p. 116. n° 14.

Sturm. v. p. 171. n° 4.

Dej. *Cat.* p. 10.

Carabus Prasinus. Fabr. *Sys. El.* 1. p. 206. n° 195.

Oliv. iii. 35. p. 105. n° 146. t. 13. fig. 152.

Sch. *Syn. Ins.* 1. p. 215. n° 264.

Duftschmid. ii. p. 174. n° 233.

Harpalus Prasinus. Gyllenhal. ii. p. 83. n° 4 et iv. p. 424. n° 4.

Sahlberg. *Dissert. entom. Ins. Fennica.* p. 219. n° 4.

Carabus Viridanus. Oliv. iii. 35. p. 102. n° 142. t. 5. fig. 55.

Le Bupreste à étuis verts et bruns. Geoff. i. p. 148. n° 13.

Long. 3, 3 ½ lignes. Larg. 1 ¼, 1 ½ ligne.

Tête d'un vert-bronzé mat et assez clair, presque triangulaire, avec la base des antennes d'un jaune pâle.

Corselet de la couleur de la tête, un peu plus large qu'elle, plus long que large, rétréci postérieurement, légèrement en cœur; le bord antérieur un peu échancré; les côtés légèrement rebordés; les angles postérieurs un peu obtus, avec la base coupée obliquement sur les côtés et carrément dans son milieu.

Élytres d'une couleur ferrugineuse assez claire, le double plus larges que le corselet, en ovale allongé, presque planes, très-légèrement sinuées à l'extrémité, avec une grande tache commune, arrondie, quelquefois de la couleur du corselet, quelquefois d'un bleu un peu verdâtre, qui occupe toute leur moitié postérieure, sans cependant se confondre avec le bord, et qui se prolonge quelquefois sur la suture près de l'écusson; les stries assez fortement marquées; les intervalles planes; quatre points enfoncés sur le troisième; des ailes sous les élytres.

Dessous du corps d'un noir-obscur un peu verdâtre, avec les pattes d'un jaune-pâle un peu roussâtre.

Il se trouve très-communément sous les pierres et les débris de végétaux dans une grande partie de l'Europe.

7. A. MELANOCEPHALUS.

Pl. 117. fig. 2.

Alatus, ferrugineus; capite nigro; thorace oblongo-ovato; elytris oblongo-ovatis, subtiliter striatis, punctisque quatuor impressis; pedibus rufo-pallidis.

Des. *Spec.* III. p. 118. n° 15.
Des. *Cat. p.* 10.

Long. 5 ½ lignes. Larg. 1 ½ ligne.

A peu près de la grandeur du *Pallipes*.

Tête d'un noir obscur, assez allongée, presque triangulaire, un peu rétrécie postérieurement, presque lisse, avec les mandibules d'un brun roussâtre et les antennes d'un brun obscur.

Corselet d'un rouge ferrugineux, un peu plus large que la tête, un peu plus long que large, en ovale allongé, un peu rétréci postérieurement; le bord antérieur assez échancré; les côtés légèrement rebordés; les angles postérieurs presque arrondis, et la base coupée carrément.

Élytres à peu près de la couleur du corselet, plus larges que lui, en ovale allongé, légèrement convexes et un peu sinuées à l'extrémité; les stries lisses, fines et peu marquées; les intervalles presque planes; quatre points enfoncés sur le troisième. Dessous du corps d'un brun roussâtre, avec les pattes d'un jaune-ferrugineux assez pâle.

Il a été découvert en Espagne par M. le comte Dejean.

8. A. PALLIPES.

Pl. 117. fig. 3.

Alatus, nigro-piceus; thorace cordato, postice punctato; elytris oblongo-ovalis, striatis punctisque duobus impressis; antennis pedibusque flavo-pallidis.

DEJ. *Spec.* III. p. 119. n° 16.
DEJ. *Cat.* p. 10.

Carabus Pallipes. **Fabr.** *Sys. El.* i. p. 187. n° 91.
Carabus Albipes. **Illiger.** *Magazin.* i. p. 54. n° 54 55.
Sch. *Syn. Ins.* i. p. 190. n° 116.
Duftschmid. ii. p. 175. n° 234.
Harpalus Albipes. **Gyllenhal.** ii. p. 82. n° 3. et iv. p. 424.
Sahlberg. *Dissert. entom. Ins. Fennica.* p. 219. n° 3.
A. Albipes. **Sturm.** v. p. 175. n° 6.

Long. 3 $\frac{1}{4}$, 3 $\frac{3}{4}$ lignes. Larg. 1 $\frac{1}{3}$, 1 $\frac{2}{3}$ ligne.

Un peu plus grand que le *Prasinus*, et ordinairement d'un brun-foncé presque noir et quelquefois d'un brun-roussâtre plus ou moins clair.

Corselet plus large que la tête, moins long que large, en cœur assez fortement rétréci postérieurement, et légèrement convexe; le bord antérieur assez échancré; les côtés rebordés; les angles postérieurs un peu relevés et coupés carrément; la base coupée un peu obliquement sur ses côtés et très-légèrement échancrée dans son milieu.

Élytres le double plus larges que le corselet, en ovale allongé, très-légèrement convexes et presque arrondis à l'extrémité; les stries lisses et assez marquées; les intervalles planes; deux points enfoncés sur le troisième. Des ailes sous les élytres.

Dessous du corps d'un brun plus ou moins obscur, plus ou moins roussâtre, avec les pattes et les antennes d'un jaune très-pâle.

Il se trouve très-communément sous les pierres, dans

presque toute l'Europe, principalement sur les bords des
rivières et dans les lieux humides.

9. A. Oblongus.

Pl. 117. fig. 4.

*Apterus; capite thoraceque nigro-piceis; thorace angustato,
cordato, postice punctato; elytris brunneis, crenato-
striatis, punctisque tribus impressis; antennis pedibusque
rufo-pallidis.*

Dej. *Spec.* iii. p. 121. n° 17.
Sturm. v. p. 173. n° 5.
Dej. *Cat.* p. 10.
Carabus Oblongus. Fabr. *Sys. El.* i. p. 186. n° 90.
Sch. *Syn. Ins.* i. p. 190. n° 115.
Duftschmid. ii. p. 181. n° 244.
Harpalus Oblongus. Gyllenhal. ii. p. 99. n° 18. et iv.
p. 429.
Sahlberg. *Dissert. entom. Ins. Fennica.* p. 228. n° 19.
Carabus Tæniatus. Payk. *Fauna Succica.* i. p. 113.
n° 21.

Long. 2 ¾ lignes. Larg. 1 ¼ ligne.

Plus petit que le *Prasinus.* Tête d'un brun noirâtre,
assez allongée, presque triangulaire, rétrécie postérieurement, presque lisse, avec les antennes d'un jaune-ferrugineux assez pâle.

Corselet un peu plus large que la tête, plus long que

large, un peu rétréci postérieurement, en cœur allongé et légèrement convexe, avec la base fortement ponctuée; le bord antérieur très-légèrement échancré; les côtés rebordés; les angles postérieurs coupés carrément; la base très-légèrement échancrée dans son milieu et coupée un peu obliquement sur les côtés.

Élytres d'une couleur plus claire que le corselet, surtout sur leurs bords, à peu près le double plus larges que lui, en ovale allongé, très-légèrement convexes et presque arrondies à l'extrémité; les stries fortement marquées, très-fortement ponctuées et presque crénelées; les intervalles un peu relevés; trois points enfoncés sur le troisième. Point d'ailes sous les élytres.

Dessous du corps d'un brun roussâtre, avec les pattes d'un jaune-ferrugineux assez pâle.

Il se trouve sous les pierres, dans les endroits humides, en Suède, en France, en Allemagne, en Russie et en Sibérie. Il n'est pas très-commun.

10. A. Bicolor. *Eschscholtz.*

Pl. 117. fig. 5.

Alatus; capite thoraceque viridi-æneis; thorace subcordato; elytris fusco-æneis, oblongo-ovatis, striatis, punctisque quinque impressis; antennis pedibusque rufo-pallidis.

Dej. *Spec.* iii. p. 126. n° 22.

A. Riparius. Gebler.

Long. 3, 3 ¼ lignes. Larg. 1 ¼, 1 ⅓ ligne.

A peu près de la grandeur de l'*Agonum Picipes*, auquel il ressemble un peu.

Tête d'un vert-bronzé un peu obscur, avec les antennes d'un brun un peu ferrugineux.

Corselet de la couleur de la tête, plus large qu'elle, moins long que large, un peu rétréci postérieurement et très-légèrement en cœur; le bord antérieur très-légèrement échancré; les côtés un peu roussâtres, légèrement rebordés et un peu relevés, surtout vers les angles postérieurs; la base coupée un peu obliquement sur les côtés et presque carrément dans son milieu. Élytres d'un brun-obscur un peu bronzé, presque le double plus larges que le corselet, en ovale allongé, très-légèrement convexes et un peu sinuées à l'extrémité; les stries lisses; les intervalles très-légèrement relevés, presque planes; cinq points enfoncés sur le troisième.

Dessous du corps d'un vert-bronzé obscur, avec les pattes d'un rouge-ferrugineux assez pâle.

Il se trouve au Kamtschatka.

XVII. AGONUM. *Bonelli.*

Harpalus. *Gyllenhal.* Carabus. *Fabricius.*

Les trois premiers articles des tarses antérieurs dilatés dans les mâles, plus longs que larges et légèrement triangu-

*laires ou cordiformes. Dernier article des palpes allongé,
cylindrique, plus ou moins ovalaire et tronqué à l'extrémité. Antennes filiformes et assez allongées. Lèvre supérieure légèrement convexe, en carré moins long que large
et presque transversale. Mandibules peu avancées, légèrement arquées et assez aiguës. Une dent simple au milieu
de l'échancrure du menton. Corselet plus ou moins arrondi; point d'angles postérieurs marqués. Élytres en
ovale plus ou moins allongé.*

Les *Agonum* de Bonelli ont de si grands rapports avec
ses *Anchomenus,* qu'il est souvent difficile de les distinguer.

Voici cependant quelques caractères qui paraissent leur
être particuliers.

La lèvre supérieure est ordinairement plus conxexe, un
peu plus courte et presque transversale. Le dernier article
des palpes est un peu moins cylindrique et un peu plus
ovalaire. Le corselet est toujours plus ou moins arrondi,
et ses angles postérieurs ne sont jamais sensiblement marqués. Je ne dois point cependant dissimuler que dans
quelques espèces, et principalement dans quelques espèces
exotiques, ces caractères s'oblitèrent, et qu'il est quelquefois extrêmement difficile de décider si une espèce appartient au genre *Anchomenus* ou au genre *Agonum.* Il
conviendrait donc peut-être de réunir ces deux genres.

Tous les *Agonum* sont au-dessous de la taille moyenne;
leur démarche est assez agile, leur couleur est souvent
métallique et très-brillante, souvent noire et très-rarement
brune ou variée. On les trouve ordinairement dans les
endroits humides et aux bords des eaux, courant sur la

AGONUM.

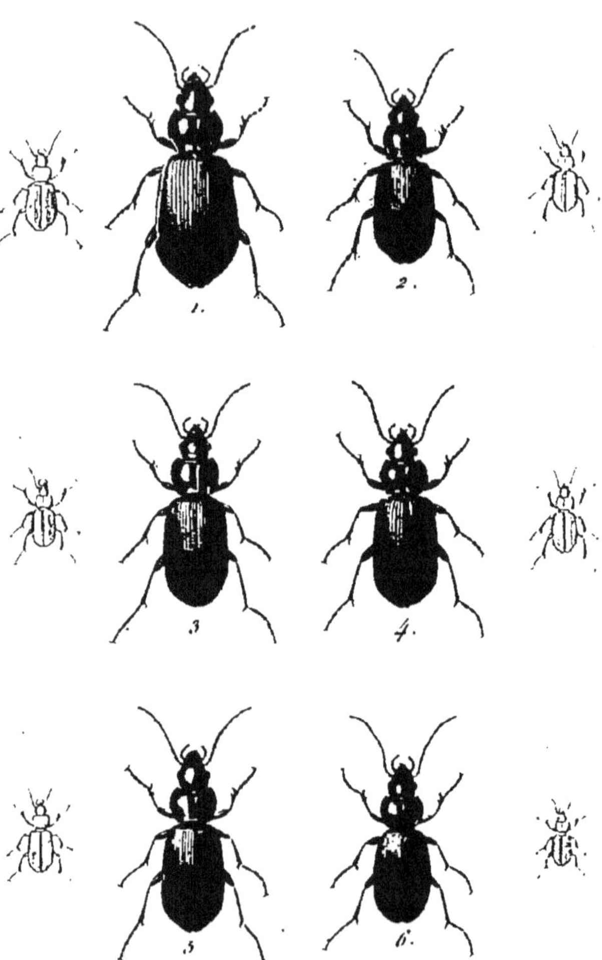

1. A. Marginatum.	4. A. Modestum.
2. A. Impressum.	5. A. Sexpunctatum.
3. A. Austriacum.	6. A. Bifoveolatum.

P. Dumenil Pinxit et Direxit.

vase ou sous les pierres et les débris de végétaux. Toutes
les espèces que M. Dejean possède sont d'Europe, de Sibérie, de l'Amérique septentrionale et du nord de l'Afrique.

1. A. Marginatum.

Pl. 118. fig. 1.

*Viridi-æneum; thorace subrotundato; clytris oblongo-ovatis,
flavo-marginatis, subtilissime striato-punctatis, punctisque tribus impressis; tibiis flavo-pallidis.*

Dej. *Spec.* iii. p. 133. n° 1.
Sturm. v. p. 200. n° 13.
Dej. *Cat.* p. 10.
Carabus Marginatus. Fabr. *Sys. El.* 1. p. 199. n° 162.
Oliv. iii. 35. p. 35. n° 115. T. 9. fig. 98.
Sch. *Syn. Ins.* i. p. 207. n° 221.
Duftschmid. ii. p. 136. n° 174.
Harpalus Marginatus. Gyllenhal. ii. p. 154. n° 62.
et iv. p. 452. n° 62.
Sahlberg. *Dissert. entom. Ins. Fennica.* p. 257. n° 72.
Le Bupreste vert pointillé à huit stries et pattes fauves?
Geoff. i. p. 147. n° 11.

Long. 4, 4 ½ lignes. Larg. 1 ¾, 2 lignes.

A peu près de la taille du *Chlænius Vestitus*, et d'un vert-
bronzé assez clair, un peu cuivreux sur le corselet et les
élytres.

Tête assez grande, triangulaire, avec les antennes d'un brun noirâtre.

Corselet à peu près le double plus large que la tête, moins long que large, arrondi sur les côtés; le bord antérieur assez échancré; les côtés légèrement jaunâtres, rebordés et un peu relevés vers les angles postérieurs; la base coupée obliquement sur les côtés, et presque échancrée dans son milieu.

Élytres presque le double plus larges que le corselet, en ovale allongé, très-légèrement convexes, presque planes et un peu sinuées près de l'extrémité, avec une bordure d'un jaune pâle s'étendant presque jusqu'à la septième strie, et quelquefois une nuance cuivreuse qui va depuis la suture jusqu'à la quatrième; la suture plus brillante et plus cuivreuse; les stries fines et peu marquées, très-légèrement ponctuées; les intervalles un peu relevés; trois points enfoncés sur le troisième.

Dessous du corps d'un vert bronzé, avec la base un peu jaunâtre; les jambes d'un jaune pâle, avec leur extrémité et les tarses d'un brun obscur.

Il se trouve communément dans presque toute l'Europe, sur le bord des rivières, des étangs et dans les lieux humides.

2. A. Impressum.

Pl. 118. fig. 2.

Cupro-æneum; thorace subrotundato; elytris oblongo-ovatis, striatis, striis subtilissime punctatis, foveisque pluribus profunde impressis.

Dej. *Spec.* iii. p. 135. n° 2.

Sturm. v. p. 204. n° 15.

Dej. *Cat.* p. 10.

Carabus Impressus. Panzer. *Fauna Germ.* 37. n° 17.

Sch. *Syn. Ins.* i. p. 206. n° 215.

Duftschmid. ii. p. 134. n° 171.

Long. 4 lignes. Larg. 1 ⅔ ligne.

Un peu plus petit et proportionnellement un peu plus étroit que le *Marginatum*, d'une couleur moins verte, plus obscure, plus bronzée et plus cuivreuse, surtout sur le corselet et sur les élytres.

Antennes entièrement d'un brun noirâtre.

Corselet moins large et un peu plus convexe; ses bords latéraux un peu déprimés et plus relevés vers les angles postérieurs; ceux-ci plus arrondis, avec la base un peu plus échancrée dans son milieu.

Élytres un peu plus étroites, avec les stries plus marquées et plus distinctement ponctuées; les intervalles plus planes; six à huit gros points enfoncés sur le troisième; quelquefois en outre deux gros points enfoncés sur le cinquième intervalle.

Dessous du corps d'un vert-bronzé obscur, avec les jambes et les tarses d'un brun noirâtre.

Il se trouve, mais assez rarement, en Allemagne, en Autriche, en Russie et en Sibérie.

3. A. Austriacum.

Pl. 118. fig. 3.

Capite thoraceque subrotundato, cupreo-æneis; elytris oblongo-ovatis, viridi-æneis, vitta communi suturali cupreo-ænea, subtiliter striato-punctatis punctisque sex impressis; antennis pedibusque nigris.

Dej. *Spec.* iii. p. 137. n° 4.
Sturm. v. p. 207. n° 17. t. 136. fig. c. C.
Carabus Austriacus. Fabr. *Sys. El.* 1. p. 198. n° 157.
Duftschmid. ii. p. 155. n° 173. var. b.
Var. *A. Dalmatinum.* Dej. *Cat.* p. 10.

Long. 3 ¾, 4 ¼ lignes. Larg. 1 ½, 1 ¾ ligne.

Ressemble beaucoup au *Modestum.*

Tête et corselet un peu moins cuivreux; celui-ci plus large, surtout antérieurement, et plus arrondi sur les côtés.

Élytres un peu plus ovales, moins parallèles et un peu plus convexes, d'une couleur moins verte et plus bronzée, avec une large suture d'un bronzé-obscur un peu cuivreux, s'étendant ordinairement jusqu'à la quatrième strie; les intervalles un peu moins planes.

Le *Dalmatinum* est une variété bronzée assez obscure, dans laquelle la large suture n'est presque pas distincte de la couleur du fond.

Il se trouve en Autriche et en Dalmatie.

4. A. Modestum.

Pl. 118. fig. 4.

Capite thoraceque subquadrato, cupreo æneis; elytris sub-
parallelis, viridibus, sutura cupreo-ænea, subtiliter
striatio-punctatis, punctisque sex impressis; antennis pe-
dibusque nigris.

Dej. *Spec.* iii. p. 138. n° 5.
Sturm. v. p. 205. n° 16.
Carabus Austriacus. Sch. *Syn. Ins.* i. p. 206. n° 213.
Duftschmid. ii. p. 135. n° 173.
A. Austriacum. Dej. *Cat.* p. 10.
Carabus Nigricornis. Panzer. *Fauna German.* 6. n° 4.
Oliv. iii. 35. p. 83. n° 113. t. 12. fig. 143.
Le Bupreste à corselet cuivreux? Geoff. i. p. 149. n° 15.

Long. 3 ¾, 4 ¼ lignes. Larg. 1 ½, 1 ¾ ligne.

Plus petit que le *Marginatum*, et proportionnellement
plus étroit.

Tête plus brillante, avec les antennes entièrement d'un
noir obscur.

Corselet moins arrondi sur les côtés; ceux-ci plus rebordés, plus relevés et un peu rugueux; les angles postérieurs plus relevés et moins arrondis. Élytres plus
étroites, presque parallèles, plus planes et d'une belle
couleur verte, avec une suture d'un bronzé-obscur un
peu cuivreux, qui ne s'étend pas jusqu'à la première

strie; l'extrémité un peu plus fortement sinuée; les stries un peu plus marquées et un peu plus distinctement ponctuées; les intervalles plus planes, six points enfoncés sur le troisième.

Dessous du corps d'un vert bronzé-obscur, avec les pattes noires.

Il se trouve communément dans le midi de la France et en Espagne; il est plus rare dans le nord de la France; on le trouve aussi quelquefois en Allemagne, en Autriche et dans les parties orientales de l'Europe.

Les individus des contrées méridionales sont plus grands et plus brillans que ceux que l'on trouve plus au nord.

5. A. Sexpunctatum.

Pl. 118. fig. 5.

Capite thoraceque subrotundato, viridi - æneis; elytris oblongo-ovatis, rubro-cupreis, viridi-æneo tenue marginatis, subtiliter striato - punctatis, punctisque sex impressis.

Dej. *Spec.* iii. p. 140. n° 7.

Sturm. v. p. 202. n° 14.

Dej. *Cat.* p. 10.

Carabus Sexpunctatus. Fabr. *Sys. El.* i. p. 199. n° 159.

Oliv. iii. 35. p. 84. n° 114. t. 5. fig. 50.

Sch. *Syn. Ins.* i. p. 206. n° 216.

Duftschmid. ii. p. 133. n° 170.

Harpalus Sexpunctatus. Gyllenhal. ii. p. 156. n° 63. et iv. p. 452. n° 63.

Sahlberg. *Dissert. entom. Ins. Fennica.* p. 257. n° 73.

Le Bupreste à étuis cuivreux. Geoff. i. p. 149. n° 14.

Long. 3 ¼, 4 ¼ lignes. Larg. 1 ½, 2 lignes.

Un peu plus grand et un peu plus large que le *Parum-punctatum.*

Tête et corselet d'un vert-bronzé assez clair et assez brillant; quelquefois un peu bleuâtre et quelquefois un peu doré.

Corselet presque le double plus large que la tête, un peu moins long que large et arrondi sur les côtés; le bord antérieur assez échancré; les côtés rebordés, déprimés et un peu relevés, surtout vers les angles postérieurs; la base légèrement échancrée dans son milieu.

Élytres d'un rouge-cuivreux plus ou moins brillant, avec une bordure de la couleur du corselet, ne dépassant pas la huitième strie, plus large que le corselet, en ovale allongé, sinuées près de l'extrémité et légèrement con-vexes; les stries fines peu marquées et distinctement ponc-tuées; les intervalles presque planes; six points enfoncés sur le troisième.

Dessous du corps et cuisses d'un vert-bronzé obscur, avec les jambes et les tarses noirâtres.

Quelquefois les couleurs de la tête, du corselet et des élytres sont beaucoup moins brillantes et presque ob-scures.

Ce joli insecte se trouve assez communément dans presque toute l'Europe et en Sibérie, sous les pierres et les débris de végétaux, aux bords des rivières et dans les endroits humides.

6. A. Bifoveolatum.

Pl. 118. fig. 6.

Cupreo-æneum; thorace oblongo-ovato; elytris elongato-ovatis, subtiliter striato-punctatis, punctisque sex impressis.

Dej. *Spec.* iii. p. 142. n° 8.

Harpalus Bifoveolatus. Sahlberg. *Dissert. entom. Ins. Fennica.* p. 258. n° 74.

Harpalus Sexpunctatus, var. c. Gyllenhal. ii. p. 156. n° 63. et iv. p. 452. n° 63. *var.* d.

Long. 3, 3 ½ lignes. Larg. 1 ¼, 1 ½ ligne.

Plus petit que le *Sexpunctatum*, et proportionnellement un peu plus étroit et plus allongé. Tête et corselet d'une couleur bronzée cuivreuse, quelquefois un peu dorée, quelquefois un peu verdâtre.

Corselet un peu plus étroit et moins arrondi sur les côtés; les bords latéraux un peu moins déprimés, et les angles postérieurs un peu moins arrondis.

Élytres ordinairement un peu plus cuivreuses que le corselet, quelquefois un peu verdâtres, mais jamais aussi brillantes que celles du *Sexpunctatum*; le bord extérieur toujours de la couleur du reste des élytres, plus étroites, plus allongées et coupées un peu moins obliquement à

AGONUM.

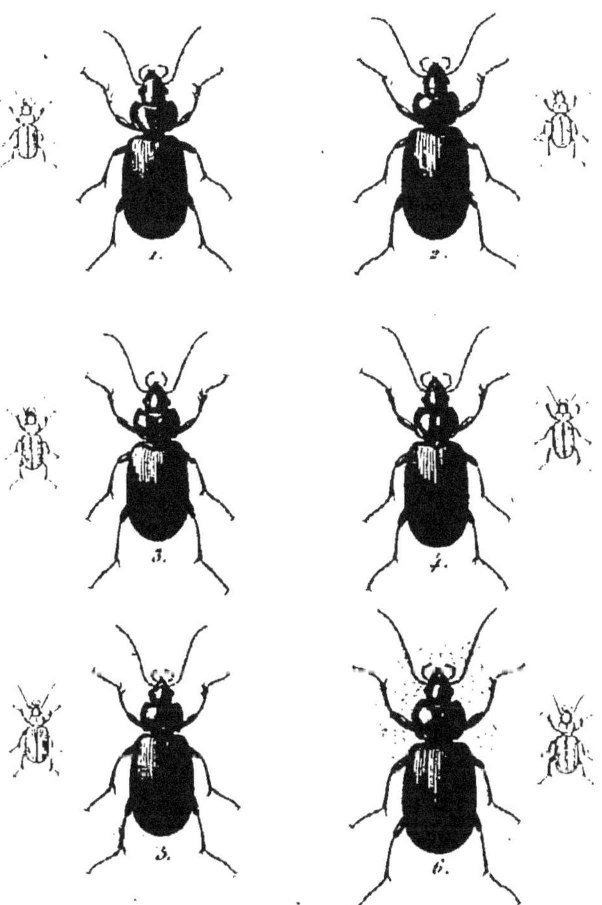

1. A. Parumpunctatum.

2. A. Elongatum.

5. A. Olivaceum.

4. A. Latipenne.

5. A. Triste.

6. A. Viduum.

P. Duménil Pinxit et Direxit.

l'extrémité; striées à peu près de la même manière, avec six points de même sur le troisième intervalle.

Dessous du corps et pattes comme dans le *Sexpunctatum.*

Il se trouve en Laponie.

7. A. PARUMPUNCTATUM.

Pl. 119. fig. 1.

Capite thoraceque subrotundato, obscure viridi-æneis; elytris oblongo-ovatis, obscure æneis, striatis, punctisque tribus impressis.

DEJ. *Spec.* III. p. 143. n° 10.

STURM. V. p. 210. n° 19.

DEJ. *Cat.* p. 10.

Carabus Parumpunctatus. FABR. *Sys. El.* I. p. 199. n° 158.

SCH. *Syn. Ins.* I. p. 206. n° 214.

DUFTSCHMID. II. p. 135. n° 172.

Harpalus Parumpunctatus. GYLLENHAL. II. p. 157. n° 64. et IV. p. 453. n° 64.

SAHLBERG. *Dissert. entom. Ins. Fennica.* p. 258. n° 75.

VAR. *A. Tibiale.* ZIEGLER.

Long. 3 ¼, 4 lignes. Larg. 1 ½, 1 ¾ ligne.

Plus petit que le *Marginatum,* avec la tête et le corselet d'un vert-bronzé plus ou moins clair, plus ou moins obscur, quelquefois un peu bleuâtre et même quelquefois presque noirâtre.

Tête presque triangulaire, avec les antennes d'un noir obscur. Corselet à peu près le double plus large que la tête, moins long que large, arrondi sur les côtés; le bord antérieur assez fortement échancré; les côtés rebordés et légèrement relevés vers les angles postérieurs; la base coupée presque carrément dans son milieu.

Élytres ordinairement moins vertes et plus bronzées que le corselet, quelquefois un peu cuivreuses, quelquefois un peu bleuâtres, ou même presque noires; en ovale allongé, très-légèrement convexes et un peu sinuées près de l'extrémité; les stries très-fines, peu marquées; les intervalles presque planes, très-lisses; trois points enfoncés sur le troisième.

Dessous du corps d'un vert-bronzé plus ou moins obscur, avec les cuisses d'un brun-obscur légèrement bronzé, les jambes et les tarses d'un brun-roussâtre plus ou moins obscur.

Il se trouve très-communément dans presque toute l'Europe.

Le *Tibiale* de M. Ziegler n'est qu'une variété de cette espèce dont la couleur est d'un bleu–verdâtre obscur et presque noirâtre, et dont le milieu des jambes est d'un jaune roussâtre assez clair.

8. A. ELONGATUM.

Pl. 119. fig. 2.

Elongatum, æneum; thorace subquadrato, oblongo-ovato;

elytris elongato - ovatis , subtiliter striatis , punctisque quinque impressis.

Dej. *Spec.* iii. p. 146. n° 13.
Dej. *Cat.* p. 10.
Fischer? *Entom. de la Russie.* ii. p. 126. n° 2. t. 19. fig. 3.
A. Micans. Germar.
A. Productum. Gebler.
A. Parvicolle. Ziegler.

Long. 3 $\frac{1}{2}$, 4 lignes. Larg. 1 $\frac{1}{3}$, 1 $\frac{2}{3}$ ligne.

Plus étroit, plus allongé que le *Parumpunctatum*, et d'un bronzé-obscur légèrement cuivreux.

Tête assez petite, avec les antennes d'un brun noirâtre.

Corselet plus large que la tête, assez étroit, aussi long que large, peu arrondi sur les côtés et presque carré; le bord antérieur légèrement échancré et un peu sinué; les côtés assez largement déprimés, légèrement rebordés et assez relevés, surtout vers les angles postérieurs; la base coupée obliquement sur ses côtés et presque échancrée dans son milieu.

Élytres en ovale très-allongé, presque planes et légèrement sinuées près de l'extrémité; les stries lisses et assez marquées; les intervalles planes; cinq points enfoncés sur le troisième.

Dessous du corps d'un noir - obscur un peu verdâtre, avec les cuisses d'un brun-noirâtre; les jambes et les tarses d'un brun un peu roussâtre.

·· Il se trouve en Hongrie, en Volhynie, en Russie et en Sibérie.

9. A. Olivaceum. *Eschscholtz.*

Pl. 119. fig. 3.

Obscure æneum; thorace quadrato, subtransverso; elytris oblongo-ovatis, subtiliter striatis, striis obsolete punctatis, punctisque tribus impressis; pedibus rufescentibus.

Dej. *Spec.* iii. p. 148. n° 14.

Long. 3 ½ lignes. Larg. 1 ½ ligne.

Ressemble beaucoup au *Triste,* et entièrement en dessus d'une couleur bronzée assez obscure.

Corselet un peu plus court, presque transversal et plus carré; les côtés et les angles postérieurs un peu moins arrondis, et la base coupée un peu plus obliquement sur les côtés.

Élytres avec les stries moins distinctement ponctuées, et les trois points enfoncés du troisième intervalle un peu plus gros et plus marqués.

Pattes d'un brun roussâtre.

Il se trouve au Kamtschatka.

10. A. Latipenne. *Eschscholtz.*

Pl. 119. fig. 4.

Obscure æneum; thorace subquadrato; elytris oblongo-ovatis, subparallelis, subtiliter striatis, striis obsolete punctatis, punctisque tribus impressis ; pedibus rufescentibus.

DEJ. *Spec.* III. p. 148. n° 10.

Long. 3 ¼, 3 ½ lignes. Larg. 1 ⅓, 1 ½ ligne.

Ressemble beaucoup à l'*Olivaceum*, mais plus petit et d'un bronzé moins obscur.

Corselet un peu moins court.

Élytres plus planes, plus larges antérieurement, moins ovales et presque parallèles; les stries un peu moins marquées, moins distinctement ponctuées, quelquefois paraissant presque tout-à-fait lisses.

Pattes d'un brun-roussâtre, un peu plus clair sur les cuisses.

Il se trouve en Sibérie.

11. A. TRISTE.

Pl. 119 . fig. 5.

Obscure æneum ; thorace subquadrato ; elytris oblongo-ovatis, subtiliter striato-punctatis, punctisque tribus impressis.

DEJ. *Spec.* III. p. 149. n° 16.
DEJ. *Cat.* p. 10.
Harpalus Dolens? SAHLBERG. *Dissert. entomolog. Ins. Fennica.* p. 256. n° 71.

Long. 3 ½ lignes. Larg. 1 ½ ligne.

Ordinairement un peu plus petit que le *Viduum*, et entièrement d'un bronzé plus ou moins obscur et quelquefois presque noirâtre.

Corselet un peu plus court, moins large et presque carré ; les côtés et les angles postérieurs moins arrondis , et la base coupée un peu obliquement sur ses côtés et presque échancrée dans son milieu.

Élytres avec les stries moins profondément marquées et plus distinctement ponctuées.

Pattes d'un brun-roussâtre.

Il se trouve en Suède.

12. A. VIDUUM.

Pl. 119. fig. 6.

Nigro-subæneum; thorace subrotundato; clytris ovatis, profunde striatis, striis obsolete punctatis, punctisque tribus impressis.

DEJ. *Spec.* III. p. 149. n° 17.

STURM. v. p. 185. n° 3. T. 132. fig. B.-N.

DEJ. *Cat.* p. 10.

Carabus Viduus. PANZER. *Fauna Germ.* 57. 18.

SCH. *Syn. Ins.* I. p. 207. n° 217.

DUFTSCHMID. II. p. 137. n° 175.

Harpalus Viduus. GYLL. II. p. 153. n° 61. et IV. p. 449. n° 61.

SAHLBERG. *Dissert. entom. Ins. Fennica.* p. 254. n° 67.

VAR. A. *A. Unicolor.* ESCHSCHOLTZ.

A. Mœstum? Ziegler. Sturm. v. p. 187. n° 4. t. 134. f. b. B.

Carabus Mœstus? Duftschmid. ii. p. 158. n° 177.

Harpalus Mœstus. Gyllenhal. iv. p. 450. n° 61-62.

Sahlberg. *Dissert. entom. Ins. Fennica.* p. 255. n° 68.

Var. B. *A. Metallescens.* Ziegler. Dej. *Cat.* p. 10.

Long. 3 ½, 4 ¼ lignes. Larg. 1 ½, 2 lignes.

Ordinairement un peu plus grand et plus large que le *Parumpunctatum,* et d'un noir assez brillant légèrement bronzé.

Tête triangulaire presque lisse, avec les antennes d'un brun-noirâtre.

Corselet le double plus large que la tête, moins long que large, assez fortement arrondi sur les côtés; le bord antérieur assez fortement échancré; les côtés rebordés, déprimés et un peu relevés, surtout vers les angles postérieurs, qui sont très-arrondis; la base légèrement arrondie.

Élytres d'une couleur un peu plus bronzée que le corselet, plus larges que lui, en ovale un peu allongé, assez convexes et un peu sinuées à l'extrémité; les stries fortement marquées, quelquefois presque lisses et quelquefois légèrement ponctuées; les intervalles assez relevés; trois points enfoncés sur le troisième.

Dessous du corps et cuisses noirs, avec les jambes et les tarses d'un brun noirâtre.

Il se trouve au bord des eaux et dans les endroits humides, en Suède, en France, en Allemagne, en Russie et en Sibérie.

La variété A, *Unicolor* d'Eschscholtz, *Harpalus Mœstus* de Gyllenhal, et je crois de Duftschmid et Sturm, n'en diffère que par la couleur, qui est entièrement d'un noir un peu bleuâtre.

La variété B, *Metallescens* du catalogue de M. Dejean, n'en diffère que par sa taille plus petite et sa couleur plus obscure.

13. A. Læve. *Ziegler.*

Pl. 120. fig. 1.

Obscure æneum; thorace subrotundato ; elytris oblongo-ovatis, subtiliter striato-punctatis, punctisque tribus impressis.

Dej. *Spec.* iii. p. 151. n° 18.

Dej. *Cat.* p. 10.

A. Versutum. Sturm. v. p. 191. n° 7. t. 132. fig. 2. A. *Harpalus Versutus.* Gyllenhal. iv. p. 451. n° 61 62.

Sahlberg. *Dissert. entom. Ins. Fennica.* p. 255. n° 70.

Harpalus Viduus. var. c. Gyllenhal. ii. p. 153. n° 61.

A. Nitidulum. Megerle.

Long. 3 ¼ lignes. Larg. 1 ½ ligne.

Plus petit que le *Viduum*, et entièrement d'un bronzé presque noirâtre.

Corselet un peu plus court.

Élytres moins larges et moins ovales; les stries moins

AGONUM.

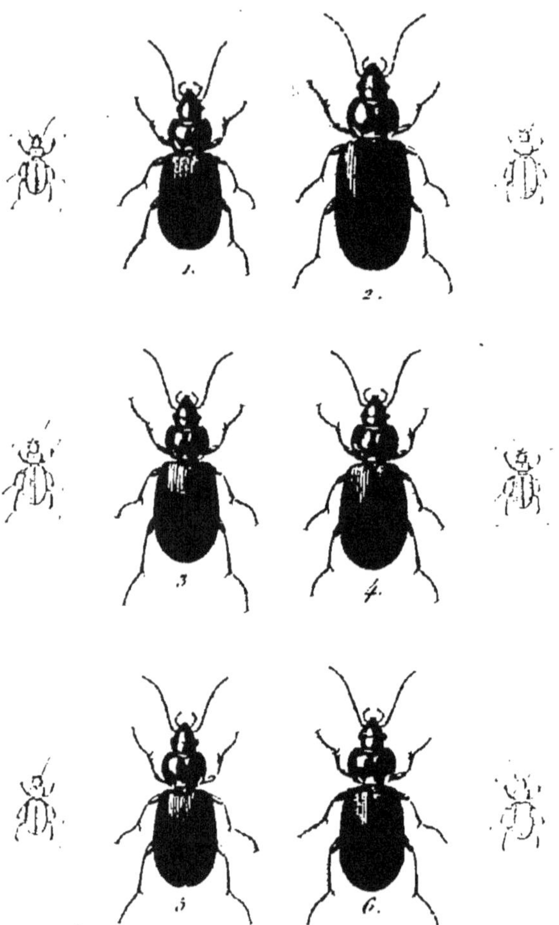

1. A. Læve.	4. A. Lugubre.
2. A. Lugens.	5. A. Sordidum.
3. A. Emarginatum.	6. A. Carbonarium.

profondément marquées et plus distinctement ponctuées; les intervalles plus planes.

Il se trouve en Suède, en Allemagne et en Autriche.

14. A. LUGENS. *Ziegler.*

Pl. 120. fig. 2.

Nigrum; thorace subquadrato; elytris elongatis, subparallelis, striatis, striis obsolete punctatis, punctisque tribus impressis; antennis pedibusque nigro-piceis.

DEJ. *Spec.* III. p. 153. n° 21.
STURM. V. p. 182. n° 1. T. 153. fig. a. A.
DEJ. *Cat.* p. 10.
Carabus Lugens. DUFTSCHMID. II. p. 139. n° 181.

Long. 4, 4 ½ lignes. Larg. 1 ⅔, 2 lignes.

Ordinairement un peu plus grand que le *Viduum*, et entièrement d'un noir assez brillant.

Corselet plus étroit, moins arrondi sur les côtés et presque carré; les angles postérieurs moins arrondis, ayant à leur sommet une très-petite dent à peine sensible.

Élytres plus allongées, plus étroites et presque parallèles; les stries moins marquées et les intervalles plus planes.

Les palpes, les antennes et les pattes d'un noir un peu brunâtre.

Il se trouve en France, en Allemagne, en Autriche et dans le midi de la Russie. Il n'est pas très-commun.

15. A. Emarginatum.

Pl. 120. fig. 3.

*Nigrum ; thorace subrotundato, postice sublatiore ; elytris
oblongo-ovatis, antice emarginatis, angulis humeralibus
subproductis, striatis, striis obsolete punctatis, punctisque tribus impressis.*

Dej. *Spec.* iii. p. 154. n° 22.
Harpalus Emarginatus. Gyllenhal. iv. p. 450. n° 61-62.

Long. 3 ¼, 3 ¾ lignes. Larg. 1 ½, 1 ¾ ligne.

Ressemble beaucoup au *Lugubre.*

Corselet plus large, nullement rétréci postérieurement ;
les angles postérieurs et la base plus arrondis et un peu
plus relevés.

Élytres un peu plus larges, avec la base un peu plus
fortement échancrée en arc de cercle, et l'angle huméral
un peu plus marqué.

Le reste comme dans le *Lugubre.*

Il habite la Suède et le nord de l'Allemagne.

16. A. Lugubre. *Andersch?*

Pl. 120. fig. 4.

*Nigrum ; thorace rotundato ; elytris oblongo-ovatis, striatis,
striis obsolete punctatis, punctisque tribus impressis.*

Dej. *Spec.* iii. p. 154. n° 23.

Sturm. *Catal.* p. 89.

Dej. *Cat.* p. 10.

Carabus Lugubris? Duftschmid. ii. p. 137. n° 176.

Carabus Afer? Ziegler. Duftschmid. ii. 138. n° 178.

A. Afer? Sturm. v. p. 188. n° 5. t. 134. fig. a. A.

Harpalus Lœvis? Gyllenhal. iv. p. 451. n° 61-62.

Sahlberg. *Dissert. entom. Ins. Fennica.* p. 255. n° 69.

Long. 3 ¼, 3 ¾ lignes. Larg. 1 ½, 1 ¾ ligne.

Ordinairement un peu plus petit et un peu plus allongé que le *Viduum*, et entièrement d'un noir assez brillant.

Corselet plus étroit, un peu rétréci postérieurement, avec les angles postérieurs et la base plus arrondis et un peu plus relevés.

Élytres moins larges, avec les stries moins marquées et les intervalles un peu moins relevés.

Il se trouve très-communément en France; il habite aussi la Suède, l'Angleterre, l'Italie, l'Allemagne, l'Autriche et la Russie.

17. A. Sordidum. *Parreyss.*

Pl. 120. fig. 5.

Capite thoraceque ovato, nigro-subæneis; elytris obscure flavescentibus, oblongo-ovatis, subtiliter striato-punctatis, punctisque tribus impressis; pedibus pallide testaceis.

Dej. *Spec.* iii. p. 155. n° 24.

Long. 3 ¼, 3 ¾ lignes. Larg. 1 ½, 1 ¾ lignes.

Ressemble au *Lugubre*, par la forme et la grandeur.

Tête et corselet d'un noir assez brilllant et très-légèrement métallique.

Antennes d'un brun roussâtre.

Corselet un peu plus étroit et un peu rétréci postérieurement; les bords latéraux un peu roussâtres et les angles postérieurs un peu moins arrondis.

Élytres d'un jaune obscur plus ou moins brunâtre, à peu près de même forme; les stries un peu plus marquées, assez fortement ponctuées; trois points enfoncés de même sur le troisième intervalle.

Dessous du corps d'un brun obscur, avec les pattes d'un jaune-testacé assez pâle.

Il se trouve dans les îles Ioniennes.

18. A. Carbonarium. *Eschscholtz.*

Pl. 120. fig. 6.

Nigrum; thorace subovato; elytris subparallelis, subtiliter striatis, punctisque tribus impressis.

Dej. *Spec.* iii. p. 156. n° 25.

Long. 3 ½ lignes. Larg. 1 ½ ligne.

Ressemble beaucoup au *Lugubre.*

AGONUM.

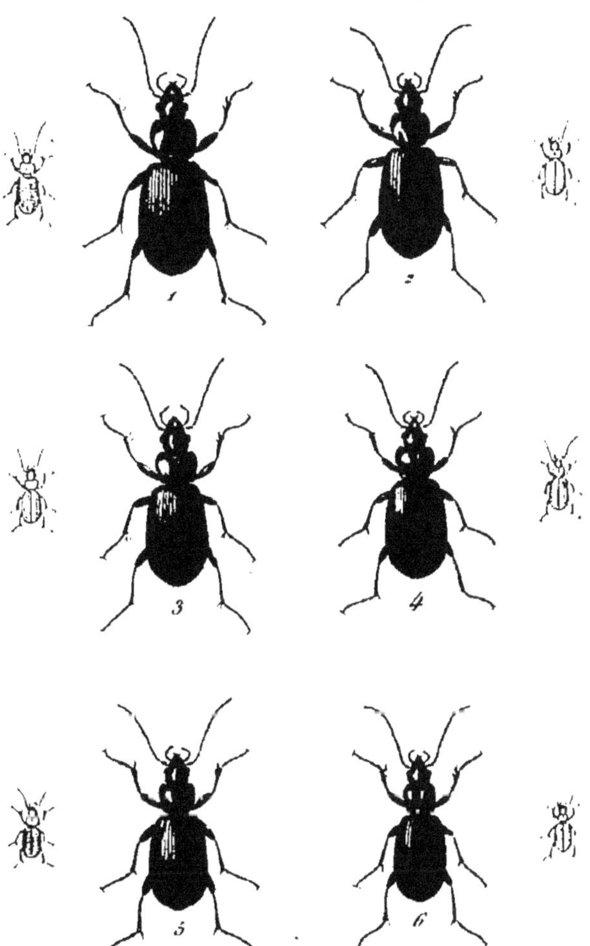

1. A. Angustatum.

2. A. Nigrum.

3. A. Subœneum.

4. A. Pelidnum.

5. A. Scitulum.

6. A. Gracile.

P. Dumenil Pinxit et Direxit.

Corselet plus étroit ; ses côtés, ses angles postérieurs et sa base moins arrondis et moins relevés.

Élytres plus étroites, moins ovales et presque parallèles ; les stries moins marquées et pas sensiblement ponctuées.

Le reste comme dans le *Lugubre.*

Il se trouve au Kamtschatka.

19. A. ANGUSTATUM. *Dejean.*

Pl. 121. fig. 1.

Nigrum ; thorace subovato ; elytris elongato-ovatis, striatis, striis obsolete punctatis, punctisque tribus impressis.

DEJ. *Spec.* III. p. 156. n° 26.
A. Elongatum. DAHL.

Long. 3 ¾ lignes. Larg. 1 ⅓ ligne.

Ressemble beaucoup au *Lugubre*, mais plus allongé et d'un noir très-légèrement bleuâtre en dessus.

Corselet plus étroit, un peu rétréci postérieurement ; ses côtés, ses angles postérieurs et sa base moins relevés et moins arrondis.

Élytres un peu plus longues, moins larges et un peu plus planes, striées et ponctuées de la même manière.

Il se trouve en Hongrie, dans le Bannat.

20. A. Nigrum.

Pl. 121. fig. 2.

Nigrum; thorace oblongo - ovato; elytris oblongo - ovalis, striatis, striis obsolete punctatis, punctisque tribus impressis; antennis pedibusque piceis.

Dej. *Spec.* iii. p. 157. n° 27.
Dej. *Cat.* p. 10.
A. Atratum. Megerle. Dahl. *Coleopt. und Lepidoptera.* p. 7.
Sturm. v. p. 189. n° 6. t. 155. fig. a. A.
Carabus Atratus. Duftschmid. ii. p. 138. n° 179.

Long. 3 , 3 ½ lignes. Larg. 1 ⅓ , 1 ⅔ ligne.

Un peu plus petit et un peu plus allongé que le *Lugubre*, et d'un noir un peu plus obscur et moins brillant.

Corselet beaucoup plus étroit; ses côtés, ses angles postérieurs et sa base moins relevés et moins arrondis.

Élytres un peu moins convexes, avec les stries moins marquées et les intervalles un peu plus planes; le troisième point enfoncé du troisième intervalle ordinairement plus loin de l'extrémité.

Pattes et antennes d'un brun noirâtre.

Il se trouve en France, en Allemagne, en Autriche, en Espagne, en Italie et dans le nord de l'Afrique.

21. A. Subæneum. *Ziegler.*

Pl. 121. fig. 3.

Obscure viridi-cyaneum; thorace subrotundato; elytris ova-
tis, striato-punctatis, punctisque tribus impressis.

Dej. *Spec.* iii. p. 158. n° 28.
Dej. *Cat.* p. 10.
Dahl. *Coleoptera und Lepidoptera.* p. 7.
A. Subcyaneum. Sturm. *Catal.* p. 89.
A. Discopunctatum. Dahl.
A. Crenatum. Latreille.

Long. 2 $\frac{3}{4}$, 3 $\frac{1}{4}$ lignes. Larg. 1 $\frac{1}{4}$, 1 $\frac{1}{2}$ ligne.

Plus petit que le *Lugubre,* et entièrement en dessus
d'un bleu obscur, quelquefois un peu verdâtre métallique.

Corselet plus étroit; ses côtés et ses angles postérieurs
moins arrondis et moins relevés; sa base coupée un peu
obliquement sur ses côtés et très-légèrement échancrée
dans son milieu.

Élytres un peu moins allongées, plus ovales, avec les
stries toujours plus fortement ponctuées.

Il se trouve en Hongrie, dans le Bannat.

22. A. Pelidnum.

Pl. 121. fig. 4.

Obscure æneo-virescens; thorace oblongo-ovato; elytris
oblongo-ovatis, subtiliter striatis, punctisque quinque im-
pressis; pedibus rufescentibus.

Dej. *Spec.* iii. p. 161. n° 32.

Sturm. v. p. 194. n° 9. t. 135. fig. b. B.

Dej. *Cat.* p. 10.

Carabus Pelidnus. Duftschmid. ii. p. 144. n° 188.

A. Micans. Germar.

A. Inauratum. Eschscholtz.

Long. 2 ¾, 3 lignes. Larg. 1 ¼, 1 ⅓ ligne.

A peu près de la taille du *Picipes,* mais d'une forme entièrement différente et d'un bronzé-obscur un peu verdâtre en dessus.

Tête plus large, avec les antennes plus obscures.

Corselet plus large, plus court, un peu plus convexe, avec les angles postérieurs plus arrondis.

Élytres moins allongées, plus larges, plus ovales et plus convexes, avec les stries un peu plus marquées et les intervalles un peu plus relevés.

Dessous du corps d'un noir obscur, avec les pattes d'un brun roussâtre.

Il se trouve en France, en Allemagne, en Autriche et en Sibérie.

23. A. Scitulum.

Pl. 121. fig. 5.

Obscure æneo-virescens; thorace oblongo-ovato, postice angustato; elytris oblongo-ovatis, subtiliter striatis, punctisque quinque impressis; pedibus nigro-piceis.

Dej. *Spec.* iii. p. 162. n° 33.

Long. 2 ¾ lignes. Larg. 1 ¼ ligne.

Ressemble beaucoup au *Pelidnum*, mais un peu plus petit et d'une couleur un peu plus obscure.

Corselet un peu rétréci postérieurement, presque cordiforme, avec les angles postérieurs un peu moins arrondis.

Élytres un peu plus étroites antérieurement; les stries paraissant très-légèrement ponctuées.

Antennes et pattes d'un noir-obscur un peu brunâtre.

Il se trouve aux environs de Hambourg.

24. A. Gracile.

Pl. 121. fig. 6.

Nigro-piceum; thorace oblongo-ovato; elytris elongato-ovatis, subtiliter striatis, punctisque quinque impressis.

Dej. *Spec.* iii. p. 162. n° 34.
Sturm. v. p. 197. n° 11. t. 136. fig. a. A.
Harpalus Gracilis. Gyllenhal. iv. p. 449. n° 59-60.
Harpalus Picipes. var. *b.* Gyllenhal. ii. p. 151. n° 59.
Sahlberg. *Dissert. entom. Ins. Fennica.* p. 253. n° 64.

Long. 2 ½, 3 lignes. Larg. 1, 1 ¼ ligne.

Presque aussi allongé que le *Picipes*, et d'un noir assez brillant, quelquefois un peu brunâtre.

Corselet un peu moins allongé, plus arrondi sur les

côtés, plus convexe, avec les angles postérieurs plus arrondis.

Élytres un peu plus ovales et un peu plus convexes,
mais plus allongées et plus étroites que celles du *Pelidnum*.

Dessous du corps et cuisses d'un noir quelquefois un
peu brunâtre, avec les jambes et les tarses d'un brun un
peu roussâtre.

Il se trouve en Suède, en Finlande et dans le nord de
l'Allemagne.

25. A. Fuliginosum. *Knoch.*

Pl. 122. fig. 1.

*Nigro-piceum ; thorace oblongo-ovato ; elytris oblongo-ova-
tis, subtiliter striatis, punctisque quinque impressis ; pedibus rufescentibus.*

Dej. *Spec.* iii. p. 163. n° 35.
Sturm. v. p. 192. n° 8.
Dej. *Cat.* p. 10.
Carabus Fuliginosus. Panzer. *Fauna Germ.* 108. n° 5.
Harpalus Fuliginosus. Gyllenhal. iv. p. 448. n° 58-59.
A. Brunnipes. Dej. *Cat.* p. 10.
A. Convexum. Eschscholtz.

Long. 2 ½, 3 lignes. Larg. 1 ¼, 1 ⅓ ligne.

Ressemble beaucoup au *Gracile*, dont il n'est peut-être
qu'une variété un peu plus large, moins allongée et d'une
couleur moins brillante et moins noire.

AGONUM.

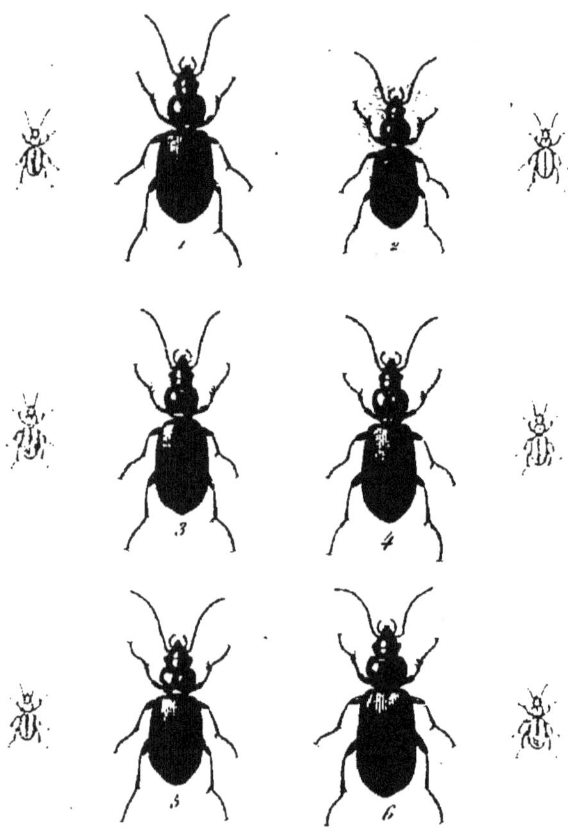

1. A. Fuliginosum.
2. A. Picipes.
3. A. Thoreyi.
4. A. Puellum.
5. A. Quadripunctatum
6. A. Bogemanni.

Élytres souvent d'un brun-roussâtre assez clair, plus ovales et plus convexes.

Corselet un peu plus large et un peu plus arrondi sur les côtés.

Pattes d'un brun roussâtre.

Il se trouve en Suède, en France, en Allemagne, en Autriche, en Russie et en Sibérie.

26. A. Picipes.

Pl. 122. fig. 2.

Capite thoraceque oblongo-subquadrato, nigro-piceis; elytris fusco-testaceis, elongato-oblongis, subtiliter striatis, punctisque quinque impressis; pedibus pallide testaceis.

Dej. *Spec.* iii. p. 164. n° 36.

Sturm. v. p. 196. n° 10.

Dej. *Cat.* p. 10.

Carabus Picipes. Fabr. *Sys. El.* i. p. 203. n° 183.

Sch. *Syn. Ins.* i. p. 211. n° 246.

Duftschmid. ii. p. 143. n° 187.

Harpalus Picipes. Gyll. ii. p. 151. n° 59. et iv. p. 448. n° 59.

Sahlberg. *Dissert. entom. Ins. Fennica.* p. 253. n° 64.

Carabus Lutescens. Panzer. *Fauna Germ.* 30. n° 20.

A. Cancllipes. Eschscholtz.

Long. 2 $\frac{2}{3}$, 3 lignes. Larg. 1, 1 $\frac{1}{4}$ ligne.

Beaucoup plus petit et plus allongé que le *Parumpunctatum*.

Corselet d'un brun noirâtre ainsi que la tête, avec les bords latéraux un peu roussâtres, aussi long que large, très-légèrement arrondi sur les côtés, presque carré et presque plane; le bord antérieur légèrement échancré; les côtés rebordés et un peu relevés; les angles postérieurs un peu arrondis; la base coupée carrément dans son milieu et presque obliquement sur ses côtés.

Élytres d'un jaune-obscur quelquefois assez clair, quelquefois presque noirâtre, plus larges que le corselet, très-allongées, très-légèrement ovales, presque parallèles, presque planes et un peu sinuées à l'extrémité; les stries lisses, fines et peu marquées; les intervalles planes; cinq points enfoncés sur le troisième intervalle.

Dessous du corps d'un brun noirâtre, avec les pattes d'un jaune-testacé assez pâle.

Il se trouve en Suède, en France, en Allemagne, en Autriche, en Russie et en Sibérie.

27. A. Thoreyi. *Von Winthem.*

Pl. 122. fig. 3.

Capite thoracque oblongo-ovato, nigro-piceis; elytris rufescentibus, oblongo-ovatis, subtiliter striatis, punctisque quatuor impressis; antennarum basi pedibusque flavo-testaceis.

Dej. *Spec.* iii. p. 165. n° 37.

Long. 3 ¼ lignes. Larg. 1 ¼ ligne.

Un peu plus grand que le *Picipes*.

Tête un peu plus large, moins rétrécie postérieurement et d'un brun-noirâtre plus obscur et moins brillant.

Corselet de la couleur de la tête, avec les bords latéraux un peu roussâtres, un peu plus convexe, un peu moins arrondi sur les côtés et un péu rétréci postérieurement; le bord antérieur moins échancré; les angles postérieurs un peu plus arrondis.

Élytres d'un brun plus ou moins roussâtre et souvent plus obscur depuis la suture jusqu'à la troisième strie, un peu moins allongées, plus ovales et plus convexes; les stries paraissant très-légèrement ponctuées, avec une forte loupe; ordinairement quatre points enfoncés sur le troisième intervalle.

Dessous du corps d'un brun noirâtre, avec les pattes et la base des antennes d'un jaune testacé.

Il se trouve dans le nord de l'Allemagne, et principalement aux environs de Hambourg.

28. A. Puellum. *Dejean.*

Pl. 122. fig. 4.

Nigro-piceum; thorace oblongo-ovato, postice angustato; elytris elongato-oblongis, subparallelis, subtiliter striatis, punctisque quatuor impressis; pedibus rufescentibus.

Dej. *Spec.* iii. p. 166. n° 58.

Long. 3 lignes. Larg. 1 ligne.

Ressemble beaucoup au *Thoreyi*, mais plus petit et entièrement d'un brun noirâtre.

Corselet plus rétréci postérieurement, presque cordiforme; ses côtés moins arrondis et pas roussâtres.

Élytres plus étroites, moins ovales, presque parallèles et un peu moins convexes; les stries ne paraissant pas ponctuées, même avec une forte loupe. Quatre points enfoncés sur le troisième intervalle.

Pattes d'un brun roussâtre.

Il se trouve aux environs de Berlin.

29. A. Quadripunctatum.

Pl. 122. fig. 5.

Nigro-æneum; thorace breviore, subquadrato; elytris oblongo-ovatis, subtiliter striatis; foveolisque quatuor impressis.

Dej. *Spec.* iii. p. 176. n° 43.
Sturm. v. p. 217. n° 23.
Dej. *Cat.* p. 10.
Carabus Quadripunctatus. Paykull. *Fauna Suecica.*
i. p. 136. n° 51.
Oliv. iii. 35. p. 107. n° 149. t. 13. fig. 158. a. b.
Sch. *Syn. Ins.* i. p. 219. n° 279.
Duftschmid. ii. p. 146. n° 191.

Harpalus Quadripunctatus. Gyllenhál. ii. p. 159. n° 66. et iv. p. 453. n° 66.

Sahlberg. *Dissert. entom. Ins. Fennica.* p. 259. n° 77.

Long. 2, 2 ½ lignes. Larg. ¾, 1 ligne.

Plus petit que tous les précédens, se rapprochant un peu par la forme de quelques espèces de *Dromius*, et entièrement en dessus d'un bronzé-obscur presque noirâtre. Tête grande, assez large, peu avancée, presque triangulaire, assez fortement rétrécie postérieurement, presque lisse, avec les antennes d'un noir obscur.

Corselet plus large que la tête, moins long que large, presque carré et un peu rétréci postérieurement; le bord antérieur assez échancré; les côtés rebordés et relevés vers les angles postérieurs; la base coupée obliquement sur ses côtés et presque carrément dans son milieu.

Élytres presque le double plus larges que le corselet, en ovale allongé, presque planes et sinuées obliquement à l'extrémité; les stries peu marquées et ne paraissant pas ponctuées; les intervalles un peu relevés; quatre gros points enfoncés très-marqués sur le troisième intervalle.

Dessous du corps d'un noir assez brillant, avec les pattes peu allongées et d'un noir obscur.

Il se trouve sous les pierres et dans les troncs d'arbres en Suède, en Finlande, dans le nord de la Russie et en Sibérie.

30. A. Bogemanni.

Pl. 122. fig. 6.

Nigrum; thorace breviore, subcordato; elytris elongatis,

*... parallelis, obsolete striatis, interstitiis alternatim latio-
ribus, punctisque obsoletis tribus impressis.*

DEJ. *Spec.* III. p. 171. n° 44.

Harpalus Bogemanni. GYLLENHAL. III. p. 697. n° 57-58.
IV. p. 448. n° 57-58.

SAHLBERG. *Dissert. entom. Ins. Fennica.* p. 253. n° 63.

Lebia Morio? DUFTSCHMID. II. p. 252. n° 22.

Long. 3, 3 ½ lignes. Larg. 1 ¼, 1 ½ ligne.

Plus grand, plus allongé que le *Quadripunctatum*, et
entièrement d'un noir assez brillant en dessus.

Tête assez grande, assez large, peu avancée, presque
triangulaire, avec les antennes d'un brun roussâtre.

Corselet plus large que la tête, moins long que large,
rétréci postérieurement et presque cordiforme; les angles
postérieurs moins relevés; la base coupée obliquement sur
ses côtés et presque carrément dans son milieu.

Élytres le double plus larges que le corselet, allongées,
parallèles, presque planes et sinuées obliquement à l'extrémité; les stries peu marquées; les premier, troisième,
cinquième et septième intervalles un peu relevés et plus
étroits que les autres; trois points enfoncés peu marqués
sur le troisième intervalle.

Dessous du corps et pattes d'un noir obscur.

Il se trouve, mais assez rarement, en Suède, en Finlande et en Autriche.

XVIII. OLISTHOPUS.

Agonum. *Bonelli.* *Sturm.* Harpalus. *Gyllenhal.*

Les trois premiers articles des tarses antérieurs dilatés dans les mâles, plus longs que larges et légèrement triangulaires ou cordiformes. Dernier article des palpes allongé, ovalaire et terminé presque en pointe. Antennes filiformes et assez allongées. Lèvre supérieure légèrement convexe, en carré moins long que large. Mandibules peu avancées, légèrement arquées et assez aiguës. Point de dent au milieu de l'échancrure du menton. Corselet presque orbiculaire, échancré antérieurement. Élytres en ovale allongé, presque planes ou très-légèrement convexes.

M. Dejean a formé ce nouveau genre, dont le nom est tiré des deux mots grecs Ὄλισθος, glissant, qui s'échappe aisément, et Ποῦς, pied, sur le *Carabus Rotundatus* de Paykull et sur quelques espèces voisines, que Bonelli, Sturm et presque tous les autres entomologistes ont placés parmi les *Agonum*, mais qui en diffèrent par plusieurs caractères essentiels, et principalement par l'absence de dent au milieu de l'échancrure du menton.

La lèvre supérieure est en carré moins long que large et légèrement convexe. Les mandibules sont très-peu avancées, légèrement arquées et assez aiguës. Le menton est assez grand, légèrement concave, fortement échancré et sans dent sensible au milieu de son échancrure. Le dernier article des palpes est un peu plus ovalaire que ceux des *Agonum,* et il se termine presque en pointe. Les antennes sont filiformes, de la longueur de la moitié du corps et à peu près comme celles des *Agonum.* La tête est presque triangulaire et un peu rétrécie postérieurement. Les yeux sont peu saillans. Le corselet est presque orbiculaire et profondément échancré antérieurement. Les élytres sont presque planes ou légèrement convexes, en ovale allongé, assez fortement sinuées ou presque tronquées à l'extrémité. Les pattes sont assez allongées. Les jambes antérieures sont assez fortement échancrées. Les articles des tarses sont allongés, presque cylindriques ou très légèrement triangulaires ; les trois premiers des tarses antérieurs des mâles sont assez fortement dilatés : le premier plus long que les autres est en trapèze allongé ; les deux suivans sont légèrement cordiformes et presque en carré dont les angles sont arrondis. Les crochets des tarses ne sont pas dentelés en dessous.

Les *Olisthopus* sont de petits Carabiques vifs et agiles, que l'on trouve ordinairement sous les pierres. Des six espèces que possède M. Dejean cinq sont d'Europe et l'autre de l'Amérique septentrionale.

1. O. ROTUNDATUS.

Pl. 123. fig. 1.

Fusco-æneus; elytris oblongo-ovatis, subconvexis, striatis, striis obsolete punctatis, interstitiis lævissimis, punctisque distinctis tribus impressis; pedibus flavescentibus.

- *Dej. Spec.* III. p. 177. n° 1.

OLISTHOPUS.

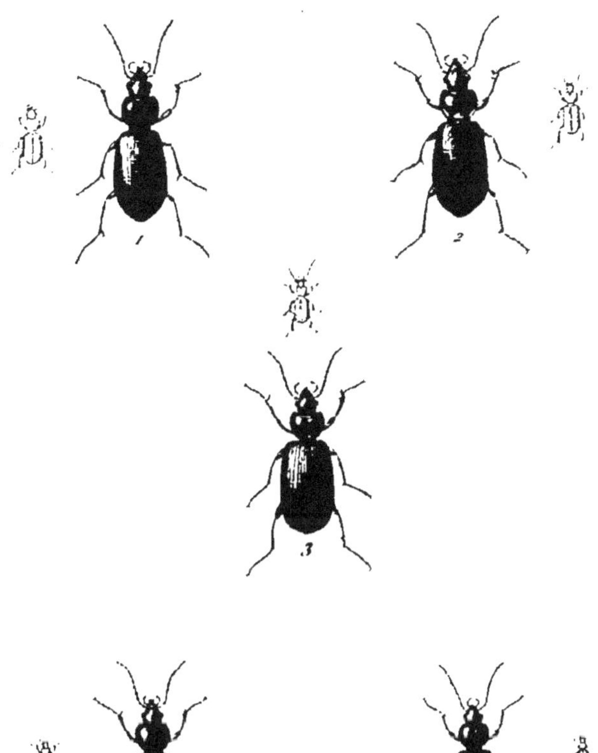

1. O. Rotundatus .

2. O. Hispanicus .

3. O. Punctulatus

4. O. Fuscatus .

5. O. Sturmii .

P. Duménil Pinxt et Dirext

Carabus Rotundatus. **Payk.** *Fauna Suecica.* 1. p. 136.
n° 5o.

Sch. *Syn. Ins.* 1. p. 214. n° 258.

Harpalus Rodundatus. **Gyllenhal.** 11. p. 158. n° 65.
et iv. p. 453. n° 65.

Sahlberg. *Dissert. entom. Ins. Fennica.* p. 259. n° 76.
Agonum Rotundatum. **Sturm.** v. p. 213. n° 21.
Dej. *Cat.* p. 10.
Carabus Vafer. **Duftschmid.** 11. p. 140. n° 182.

Long. 3, 3 ½ lignes. Larg. 1 ¼, 1 ½ ligne.

Ressemble un peu par la forme à la *Taphria Vivalis*,
et d'un bronzé-obscur un peu brunâtre en dessus.

Tête triangulaire, très-peu rétrécie postérieurement.

Corselet d'une couleur un peu plus brune que la tête
et les élytres, quelquefois même un peu roussâtre, plus
large que la tête, moins long que large, presque orbiculaire, assez convexe et fortement échancré antérieurement; les côtés arrondis, légèrement rebordés et un peu
déprimés, surtout vers la base; les angles postérieurs
très-arrondis et le milieu de la base très-légèrement arrondi et presque prolongé.

Élytres un peu plus larges que le corselet, en ovale
assez allongé, légèrement convexes et un peu sinuées
près de l'extrémité, ayant chacune neuf stries et le
commencement d'une dixième à la base près de l'écusson; les troisième et quatrième, cinquième et sixième
se réunissant deux à deux et n'allant pas jusqu'à l'extrémité; ces stries très-légèrement ponctuées; les in-

tervalles très-lisses; trois points enfoncés sur le troisième intervalle.

Dessous du corps d'un brun plus ou moins roussâtre et quelquefois un peu bronzé, avec les pattes d'un jaune-testacé très-pâle.

Il se trouve communément en Suède, en France, en Suisse et en Allemagne.

2. O. Hispanicus.

Pl. 123. fig. 2.

Fusco-æneus; elytris planiusculis, elongato-ovatis, striatis, striis obsolete punctatis, interstitiis obsoletissime punctulatis, punctisque distinctis tribus impressis; pedibus flavescentibus.

Dej. *Spec.* iii. p. 179. n° 2.

Long. 3 ¼ lignes. Larg. 1 ¼ ligne.

Un peu plus petit que le *Rotundatus*.

Corselet un peu plus petit et moins convexe, avec les angles un peu plus relevés et moins arrondis.

Élytres un peu plus étroites, plus allongées et plus planes; les stries plus fines; les intervalles un peu plus planes et paraissant, avec une forte loupe, couverts de très-petits points enfoncés assez éloignés les uns des autres. Le reste comme dans le *Rotundatus*.

Il se trouve en Espagne.

3. O. Punctulatus.

Pl. 123. fig. 3.

Fusco-æneus ; elytris planiusculis, oblongo-ovatis, striatis, striis obsolete punctatis, interstitiis punctulatis, punctisque distinctis tribus impressis ; pedibus flavescentibus.

Dej. Spec. III. p. 179. n° 3.
Carabus Gracilipes? Duftschmid. II. p. 144. n° 189.

Long. 2 ¾ lignes. Larg. 1 ¼ ligne.

Ressemble beaucoup à l'*Hispanicus*, mais un peu plus petit.

Corselet avec les angles postérieurs un peu moins relevés.

Élytres un peu moins allongées, avec les stries un peu plus marquées et les intervalles un peu plus distinctement ponctués.

Il se trouve assez communément dans le midi de la France et en Dalmatie.

4. O. Fuscatus.

Pl. 123. fig. 4.

Obscure æneus ; elytris planiusculis, oblongo-ovatis, margine pallidiore, striatis, interstitiis obsolete punctulatis,

*punctisque distinctis tribus majoribus impressis; pedibus
flavescentibus.*

Dej. *Spec.* iii. p. 180. n° 4.

    Long. 2 ½ lignes. Larg. 1 ligne.

Plus petit que le *Punctulatus.*
Tête et corselet d'une couleur plus obscure.
Celui-ci un peu plus court et un peu plus convexe.
Élytres un peu plus claires et presque jaunâtres sur
leurs bords; les stries ne paraissant pas ponctuées, même
avec une forte loupe; les intervalles moins distinctement
ponctués; les trois points enfoncés plus grands et plus
marqués.
Il se trouve aussi en Dalmatie et dans le midi de la
France.

5. O. Sturmii.

Pl. 123. fig. 5.

*Fusco - æneus; elytris ovatis, brevioribus, subconvexis,
striatis, interstitiis lævissimis, punctisque distinctis tribus
impressis; pedibus flavescentibus.*

Dej. *Spec.* iii. p. 180. n° 5.
Carabus Sturmii. Duftschmid. ii. p. 143. n° 186.
Agonum Sturmii. Sturm. v. p. 198. n° 12. t. 136.
fig. b. B.
Dej. *Cat.* p. 10.
Carabus Flavipes. Panzer. *Fauna Germ.* 108. n° 9.

Long. 2 lignes. Larg. ¾ ligne.

Ressemble beaucoup au *Rotundatus*, mais beaucoup plus petit.

Antennes proportionnellement plus longues.

Élytres plus courtes et un peu plus ovales ; leurs stries ne paraissant pas ponctuées.

Il se trouve en Allemagne et dans les Pyrénées orientales.

XIX. TRIGONOTOMA.

OMASEUS. *Mac Leay.*

Les trois premiers articles des tarses antérieurs dilatés dans les mâles, moins longs que larges et fortement cordiformes. Dernier article des palpes labiaux des mâles, triangulaire ou très-fortement sécuriforme. Antennes filiformes et assez courtes. Lèvre supérieure presque transversale et échancrée antérieurement. Mandibules assez fortement arquées et très-aiguës. Menton trilobé ; lobe intermédiaire presque tronqué. Corselet presque carré ou cordiforme. Élytres assez allongées, très-légèrement ovales et presque parallèles.

M. Dejean a établi ce nouveau genre sur les *Omaseus Planicollis* et *Viridicollis* de son Catalogue, et il lui a donné le nom de *Trigonotoma* tiré des deux mots grecs Τρίγωνος, triangulaire, et Τομή, section, article.

Ces insectes, tous deux des Indes orientales, sont assez

grands, et ressemblent beaucoup, à la première vue, aux *Omaseus* de Ziegler; mais ils présentent des caractères essentiels bien distincts.

La lèvre supérieure est courte, presque transversale et assez fortement échancrée antérieurement. Les mandibules sont peu avancées, assez fortement arquées et très-aiguës. Le menton est assez grand, assez concave et trilobé; ou, si l'on veut, il est échancré, et il a au milieu de son échancrure une dent très-forte, très-large, qui vient presque au niveau des parties latérales, et qui est presque tronquée ou très-légèrement échancrée. Les palpes sont assez grands; le dernier article des maxillaires est allongé, presque cylindrique et tronqué à l'extrémité; celui des labiaux est très-grand dans les mâles, triangulaire ou très-fortement sécuriforme; dans les femelles il est allongé et légèrement sécuriforme. Les antennes sont filiformes, courtes et guère plus longues que la tête et le corselet réunis; leurs articles sont cylindriques et peu allongés; le premier est plus gros que les autres; le second est le plus court de tous; le troisième est un peu plus long que les suivans, qui diminuent insensiblement de longueur en allant vers l'extrémité. La tête est assez allongée, presque ovale et point rétrécie postérieurement. Les yeux sont peu saillans. Le corselet est presque carré ou cordiforme. Les élytres sont assez allongées, très-légèrement ovales et presque parallèles. Les pattes sont grandes et assez fortes. Les jambes antérieures sont assez fortement échancrées. Les articles des tarses sont allongés, presque cylindriques ou très-légèrement triangulaires et bifides à l'extrémité; les trois premiers des tarses antérieurs sont

FÉRONIENS

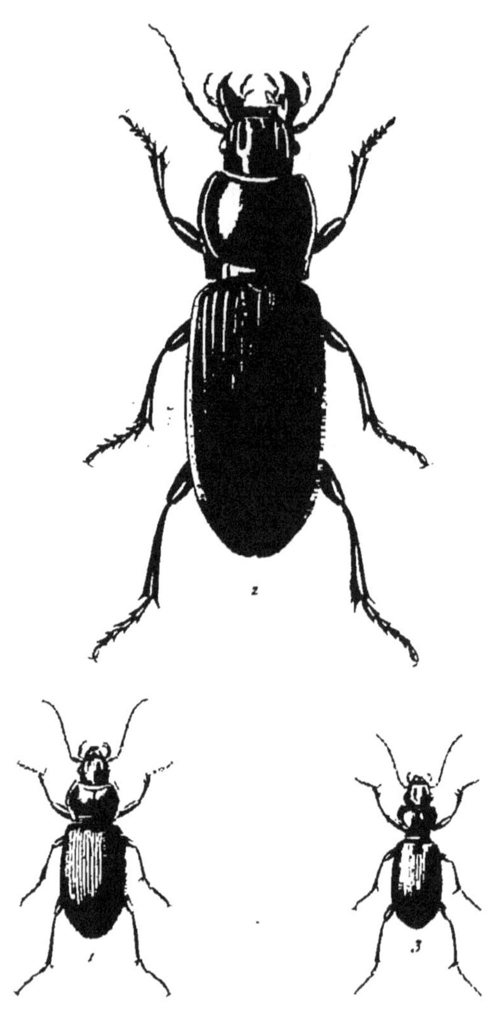

2 Catadromus Tenebrioides.   1 Trigonotoma Planicollis

5. Lesticus Janthinus.

P. Duménil l'ainé et Parent.

fortement dilatés dans les mâles : le premier est un peu plus long que les autres et triangulaire ; les suivans sont plus larges que longs et fortement cordiformes. Les crochets des tarses ne sont pas dentelés en dessous.

T. Planicollis.

Pl. 124. fig. 1.

Nigro-cyanescens ; thorace subquadrato ; elytris subparallelis, profunde striatis, striis punctatis, punctisque tribus impressis.

Dej. *Spec.* III. p. 185. n° 2.
Omaseus Planicollis. Dej. *Cat.* p. 12.

Il se trouve aux Indes orientales.

XX. CATADROMUS. *Mac Leay.*

Carabus. *Olivier.*

Les trois premiers articles des tarses antérieurs dilatés dans les mâles, moins longs que larges et fortement triangulaires ou cordiformes. Dernier article des palpes labiaux allongé et légèrement sécuriforme. Antennes filiformes et assez courtes. Lèvre supérieure transversale et légèrement échancrée antérieurement. Mandibules assez avancées, légèrement arquées et assez aiguës. Menton trilobé ; lobe intermédiaire presque en pointe. Corselet presque carré. Élytres allongées, presque parallèles.

. Ce genre a été établi par M. Mac Leay, sur le *Carabus Tenebrioides* d'Olivier.

La lèvre supérieure est courte, transversale et légèrement échancrée antérieurement. Les mandibules sont assez avancées, légèrement arquées, assez aiguës, et elles ont une dent assez fortement marquée à leur base. Le menton est assez grand, légèrement concave et trilobé; ou, si l'on veut, il est échancré, et il a au milieu de son échancrure une très-forte dent aussi grande et aussi avancée que les parties latérales, qui se termine en pointe obtuse. Le dernier article des palpes maxillaires est presque cylindrique et tronqué à l'extrémité; celui des labiaux est légèrement sécuriforme; l'un et l'autre sont un peu plus courts que le précédent. Les antennes sont filiformes et plus courtes que la tête et le corselet réunis; leurs articles sont cylindriques; le premier est assez court et un peu plus gros que les autres; le second est le plus court de tous; le troisième est au contraire plus long que les suivans, qui sont égaux entre eux. La tête est presque ovale et point rétrécie postérieurement. Les yeux sont arrondis et assez saillans. Le corselet est presque carré et légèrement arrondi sur les côtés. Les élytres sont allongées et presque parallèles. Les pattes sont très-fortes et peu allongées. Les jambes antérieures sont assez fortement échancrées. Les articles des tarses sont peu allongés, presque triangulaires et bifides à l'extrémité; les trois premiers des tarses antérieurs sont légèrement dilatés dans les mâles, triangulaires et légèrement échancrés à l'extrémité : le premier est un peu plus grand que les autres. Les crochets des tarses ne sont pas dentelés en dessous.

C. Tenebrioides.

Pl. 124. fig. 2.

Niger, viridi-marginatus; thorace quadrato; elytris elon-
gato-oblongis, subparallelis, striatis, punctisque duobus
impressis.

Dej. *Spec.* iii. p. 187. n° 1.
Mac Leay. *Annulosa Javanica.* i. p. 18. n° 29. t. i.
fig. 5.
Carabus Tenebrioides. Oliv. iii. 35. p. 17. n° 18. t. 6.
f. 67.
Harpalus Rajah. Wiedemann. *Analecta entomologica.*
p. 7.

Il se trouve à Java.

XXI. LESTICUS.

Les trois premiers articles des tarses antérieurs dilatés dans
les mâles, moins longs que larges et fortement cordifor-
mes. Dernier article des palpes labiaux allongé et légère-
ment sécuriforme. Antennes filiformes et assez allongées.
Lèvre supérieure transversale et légèrement échancrée an-
térieurement. Mandibules peu avancées, assez fortement
arquées et très-aiguës. Menton trilobé; lobe intermédiaire
presque tronqué. Corselet fortement cordiforme, très-

rétréci postérieurement. Élytres assez allongées, très-légèrement ovales et presque parallèles.

M. Dejean a formé ce nouveau genre sur un insecte de Java, qui lui a été envoyé par M. de Haan, et il lui a donné le nom de *Lesticus*, tiré du mot grec Ληστικὸς, brigand, pillard.

La lèvre supérieure est assez courte, transvervale et légèrement échancrée antérieurement. Les mandibules sont peu avancées, assez fortement arquées et très-aiguës. Le menton est assez grand, légèrement concave et trilobé; ou, si l'on veut, il est légèrement échancré, et il a au milieu de son échancrure une forte dent obtuse et presque tronquée, qui s'avance presque au niveau des parties latérales. Les palpes sont assez allongés, leurs articles sont presque égaux; le dernier des maxillaires est presque cylindrique et tronqué à l'extrémité; celui des labiaux est légèrement sécuriforme dans les deux sexes. Les antennes sont filiformes et à peu près de la longueur de la moitié du corps; leurs articles sont presque cylindriques; le premier est un peu plus gros que les autres; le second est le plus court de tous; le troisième est plus long que les suivans, qui sont égaux entre eux et légèrement comprimés. La tête est assez grande et presque arrondie. Les yeux sont assez peu saillans. Le corselet est assez court, fortement cordiforme et très-rétréci postérieurement. Les élytres sont allongées, très-légèrement ovales et presque parallèles. Les pattes sont assez fortes et assez allongées. Les jambes antérieures sont assez fortement échancrées. Les articles des tarses sont presque cylindriques ou très-légè-

rement triangulaires et bifides à l'extrémité; les trois premiers des tarses antérieurs sont assez fortement dilatés
dans les mâles et triangulaires ou cordiformes : le premier
est un peu plus grand que les autres. Les crochets des
tarses ne sont pas dentelés en dessous.

L. Janthinus.

Pl. 124. fig. 3.

*Supra-violaceus; thorace cordato; elytris oblongo-ovatis,
striato-punctatis, punctisque pluribus impressis.*

Dej. *Spec.* iii. p. 190. n° 1.
Omaseus Janthinus. De Haan.

Il se trouve à Java.

XXII. DISTRIGUS.

*Les trois premiers articles des tarses antérieurs dilatés dans
les mâles, plus longs que larges et légèrement triangulaires ou cordiformes. Dernier article des palpes allongé,
presque cylindrique et tronqué à l'extrémité. Antennes
filiformes et assez allongées. Lèvre supérieure plane, en
carré moins long que large. Mandibules peu avancées,
légèrement arquées et assez aiguës. Menton très-légèrement échancré; point de dent sensible au milieu de son
échancrure. Corselet légèrement convexe, presque carré,*

*ı arrondi sur les côtés et coupé carrément postérieurement.
.. Elytres en ovale allongé et assez convexes.*

M. Dejean a formé ce nouveau genre sur quelques petits Carabiques des Indes orientales, qui lui ont paru présenter des caractères assez distincts, et il lui a donné le nom de *Distrigus*, tiré des deux mots grecs Δίς, deux, et Στρίξ — ιγὸς, strie, cannelure.

Les *Distrigus* ressemblent, à la première vue, aux *Argutor* de Megerle; leur couleur est noire et luisante; ils paraissent vifs et agiles, et ils présentent tous les caractères suivans.

La lèvre supérieure est presque plane, en carré moins long que large et coupée presque carrément à sa partie antérieure. Les mandibules sont peu avancées, légèrement arquées et assez aiguës. Le menton est assez grand, légèrement concave, un peu bombé dans son milieu, presque trilobé, faiblement échancré et sans dent sensible au milieu de son échancrure. Les palpes sont assez allongés; leurs articles sont presque égaux, et le dernier est presque cylindrique et tronqué à l'extrémité. Les antennes sont filiformes et à peu près de la longueur de la moitié du corps; le premier article est un peu plus gros que les autres; le second est le plus court de tous; tous les autres sont de la même longueur; le troisième est presque cylindrique et les suivans légèrement comprimés. La tête est presque triangulaire et un peu rétrécie postérieurement. Les yeux sont arrondis et assez saillans. Le corselet est presque carré, légèrement convexe, arrondi sur les côtés et presque coupé carrément postérieurement; il a

FÉRONIENS.

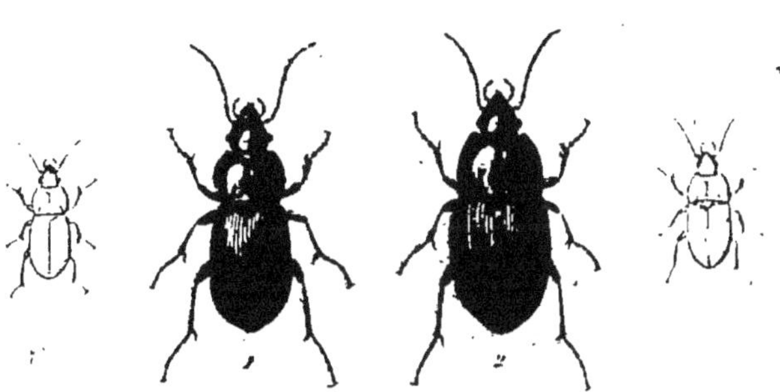

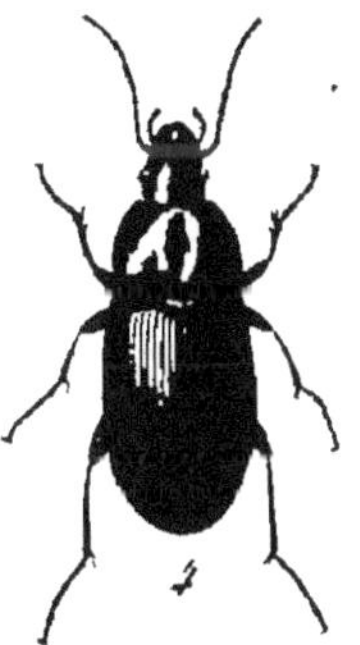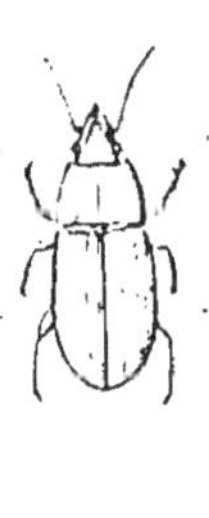

1. Distrigus Impressicollis .   3. Drimostoma Striatocolle .

2. Abacetus Gagates .   4. Microcephalus Depressicollis .

P. Duménil l'ainé et Pirenil .

toujours de chaque côté une strie longitudinale profondé-
.ment marquée. Les élytres sont assez convexes et en ovale
allongé. Les pattes sont assez fortes et peu allongées. Les
jambes sont assez profondément échancrées. Les articles
des tarses sont assez allongés, presque cylindriques ou
légèrement triangulaires; les trois premiers des tarses antérieurs sont assez fortement dilatés dans les mâles; le
premier est plus long que les autres, en trapèze allongé
et presque triangulaire; les deux suivans sont assez fortement cordiformes. Les crochets des tarses ne sont pas
dentelés en dessous.

D. Impressicollis.

Pl. 125. fig. 1.

*Niger; thorace subquadrato; elytris micantibus, oblongo-
ovatis, profunde striatis, striis punctatis, punctoque
unico impresso.*

Dej. iii. p. 195. n° 1.
Pœcilus Impressicollis. Dej. *Cat.* p. 11.

Il se trouve aux Indes orientales.

XXIII. ABACETUS.

*Les trois premiers articles des tarses antérieurs dilatés dans
les mâles, moins longs que larges et fortement triangulaires ou cordiformes. Dernier article des palpes allongé,*

*presque cylindrique et tronqué à l'extrémité.' Antennes
filiformes , assez allongées et légèrement comprimées.
Lèvre supérieure en carré moins long que large. Mandibules peu avancées, légèrement arquées et assez aiguës.
Menton trilobé ; lobe intermédiaire arrondi. Corselet
trapézoïde, presque aussi large que les élytres à sa base.
Élytres peu allongées , se rétrécissant un peu vers l'extrémité et arrondies postérieurement. -*

M. Dejean a donné à ce nouveau genre établi sur un
Carabique de l'Afrique équinoxiale le nom d'*Abacetus,*
tiré du mot grec Ἀβακής—κετος, triste, taciturne.

La lèvre supérieure est presque plane, en carré moins
long que large et coupée carrément à sa partie antérieure.
Les mandibules sont peu avancées, légèrement arquées
et assez aiguës. Le menton est assez grand, court et presque transversal, légèrement concave et trilobé; ou, si
l'on veut, il est légèrement. échancré, et il a au milieu de
son échancrure une dent arrondie, aussi grande et aussi
avancée que les parties latérales. Les palpes sont peu
saillans; leurs articles sont presque égaux; le dernier est
assez allongé, presque cylindrique et tronqué à l'extrémité. Les antennes sont filiformes et à peu près de la longueur de la moitié du corps; le premier article est assez
court et un peu plus gros que les autres; le second est le
plus court de tous ; le troisième est presque cylindrique et
un peu plus long que les suivans, qui sont égaux entre eux ,
comprimés et presque en carré allongé. La tête est presque triangulaire et point rétrécie postérieurement. Les
yeux sont peu saillans. Le corselet est trapézoïde et pres-

que de la largeur des élytres à sa base. Les élytres sont
peu allongées, plus larges à leur base, et elles vont en di-
minuant vers l'extrémité, qui est arrondie. Les pattes sont
peu allongées. Les jambes antérieures sont assez fortement échancrées. Les articles des tarses sont assez allongés, presque cylindriques ou très-légèrement triangulaires;
les trois premiers des tarses antérieurs sont assez fortement dilatés dans les mâles et triangulaires ou cordiformes : le premier est un peu plus grand que les autres. Les
crochets des tarses ne sont pas dentelés en dessous.

A.' Gagates.

Pl. 125. fig. 2.

*Niger ; thorace subquadrato ; elytris oblongo-ovatis, ad
basin latioribus, striatis, punctoque unico impresso.*

Dej. *Spec.* III. p. 197. n° 1.

Il se trouve au Sénégal et à la côte de Guinée.

XXIV. DRIMOSTOMA.

*Les trois premiers articles des tarses antérieurs dilatés dans
les mâles, aussi longs que larges, triangulaires ou cordiformes. Dernier article des palpes extérieurs cylindrique
et assez allongé ; celui des maxillaires terminé presque en
pointe ; celui des labiaux tronqué à l'extrémité. Antennes
assez courtes, presque moniliformes. Lèvre supérieure*

*presque carrée, légèrement échancrée antérieurement.
Mandibules assez saillantes, légèrement arquées et très-
aiguës. Menton trilobé; lobe intermédiaire en pointe assez
aiguë. Tête triangulaire. Corselet presque carré. Élytres
en ovale peu allongé et assez convexes.*

M. Dejean a formé ce nouveau genre sur trois espèces
des parties équinoxiales de l'Afrique, et il lui a donné le
nom de *Drimostoma*, tiré des deux mots grecs Δρίμὺς,
pointu, et Στομα, bouche.

Ces insectes se rapprochent beaucoup par le *facies* des
Cratocerus, mais ils appartiennent à cette tribu, et voici
les caractères génériques qu'ils présentent.

La lèvre supérieure est plane, presque carrée et légèrement échancrée antérieurement. Les mandibules sont
assez avancées, légèrement arquées et très-aiguës. Le
menton est assez court, légèrement concave et trilobé;
ou, si l'on veut, il est échancré, et il a au milieu de son
échancrure une forte dent simple, assez aiguë, qui remonte au niveau des parties latérales. Les palpes extérieurs
sont assez saillans; leur dernier article est cylindrique et
assez allongé; celui des maxillaires est terminé presque en
pointe, et celui des labiaux est tronqué à l'extrémité. Les
antennes sont un peu plus courtes que la moitié du corps;
le premier article est peu allongé, assez gros et presque
cylindrique; les deux suivans sont obconiques et beaucoup
plus minces que tous les autres; le second est le plus
court de tous; le troisième est à peine aussi long que les
suivans; le quatrième est un peu plus gros et plus ou
moins obconique; tous les autres sont presque égaux, au

moins aussi larges que le premier, légèrement comprimés
et presque en carré, dont les angles sont arrondis; le dernier est terminé en pointe obtuse. Tout le corps est peu
allongé. La tête est triangulaire et assez pointue antérieurement. Les yeux sont saillans. Le corselet est presque
carré, et dans toutes les espèces connues il a de chaque
côté de la base un sillon longitudinal très-marqué. Les
élytres sont en ovale peu allongé et assez convexes. Les
pattes sont peu allongées et assez fortes pour la grosseur
de l'insecte. Les jambes antérieures sont fortement échancrées intérieurement. Les trois premiers articles des tarses
antérieurs sont assez fortement dilatés dans les mâles; le
premier est triangulaire et un peu plus long que les deux
autres, qui sont assez fortement cordiformes; les articles
des tarses intermédiaires et postérieurs sont très-légèrement triangulaires et presque cylindriques. Les crochets
des tarses ne sont pas dentelés en dessous.

D. STRIATOCOLLE.

Pl. 125. fig. 3.

*Piceum; thorace subtransverso, postice utrinque striato,
angulis posticis obtusis; elytris ovalis, profunde striatis,
striis punctatis; antennis pedibusque testaceis.*

Dej. *Spec.* v. *Suppl.* p. 747. n° 2..

Il se trouve au Sénégal et aux Indes orientales.

XXV. MICROCEPHALUS. *Latreille.*

Les trois premiers articles des tarses antérieurs dilatés dans les mâles, aussi longs que larges et fortement triangulaires ou cordiformes. Dernier article des palpes peu allongé et assez fortement sécuriforme. Antennes filiformes et assez allongées. Lèvre supérieure en carré moins long que large et légèrement échancrée antérieurement. Mandibules peu avancées, légèrement arquées et assez aiguës. Menton trilobé ; lobe intermédiaire arrondi. Corselet presque carré, aussi large que les élytres à sa base. Élytres assez allongées, très-légèrement ovales et presque parallèles.

Ce genre a été formé par Latreille sur un insecte du Brésil, qui ressemble, à la première vue, aux *Abax* de Bonelli, mais qui présente des caractères génériques bien distincts.

La lèvre supérieure est en carré moins long que large et légèrement échancrée antérieurement. Les mandibules sont peu avancées, légèrement arquées et assez aiguës. Le menton est assez grand, légèrement concave et trilobé; ou, si l'on veut, il est assez fortement échancré, et le milieu de l'échancrure est arrondi et s'avance presque au niveau des parties latérales. Les articles des palpes sont peu allongés; le dernier est assez fortement sécuriforme dans les deux sexes; celui des labiaux l'est beaucoup plus que celui des maxillaires. Les antennes sont filiformes et au plus de la longueur de la moitié du corps; leurs articles sont presque cylindriques; le premier est un

peu plus gros que les autres ; le second est le plus court
de tous ; le troisième est un peu plus long que les suivans,
qui sont égaux entre eux et légèrement comprimés. La
tête est assez allongée, presque ovale et point rétrécie
postérieurement. Les yeux sont arrondis et assez saillans.
Le corselet est presque carré, un peu rétréci antérieurement et aussi large que les élytres à sa base. Les élytres
sont assez allongées, très-légèrement ovales et presque
parallèles. Les pattes sont peu allongées. Les jambes antérieures sont allongées, presque cylindriques ou très-légèrement triangulaires et bifides à l'extrémité ; les trois
premiers des tarses antérieurs sont assez fortement dilatés
dans les mâles ; le premier est triangulaire et plus grand
que les deux autres, qui sont assez fortement cordiforme-
me. Les crochets des tarses ne sont pas dentelés en dessous.

M. DEPRESSICOLLIS.

Pl. 125. fig. 4.

Supra cyaneo-violaceus ; thorace subquadrato, trisulcato ;
elytris oblongo-ovatis, subsulcatis.

Dej. *Spec.* iii. p. 199. n° 1.

Il se trouve au Brésil.

FIN DU DEUXIÈME VOLUME.